2007~2023

건축사 자격시험
과년도 출제문제

2교시 과목 **건축설계1**

한솔아카데미 건축사수험연구회 편

 inup 한솔아카데미

www.inup.co.kr

■ 건축사자격시험 기출문제해설 1, 2, 3교시

년 도	1교시 대지계획	2교시 건축설계1	3교시 건축설계2
2007	제1과제 | 내수면 생태교육센터 배치계획 제2과제 | 주민복지시설 최대 건축가능영역 및 주차계획	제1과제 | 지방공사 신도시 사옥 평면설계	제1과제 | 주민 자치시설 단면설계 제2과제 | 연수시설 계단설계 제3과제 | 친환경 설비계획
2008	제1과제 | 지역주민을 위한 체육시설이 포함된 초등학교 배치계획 제2과제 | 의료시설 최대 건축가능영역	제1과제 | 숙박이 가능한 향토문화체험시설	제1과제 | 청소년 자원봉사센터 단면설계 제2과제 | 지상주차장의 구조계획 제3과제 | 환경친화적 에너지절약 리모델링 계획
2009	제1과제 | ○○대학교 기숙사 및 관련시설 배치계획 제2과제 | 종교시설 신축대지 최대 건축가능영역	제1과제 | 임대형 미술관 평면설계	제1과제 | 어린이집 단면설계 및 설비계획 제2과제 | 증축설계의 구조계획
2010	제1과제 | 어린이 지구환경 학습센터 제2과제 | 공동주택의 최대 건립 세대수	제1과제 | 청소년 창작스튜디오	제1과제 | 근린문화센터의 단면설계와 설비계획 제2과제 | 사회복지회관의 구조계획
2011	제1과제 | 폐교를 이용한 문화체험시설 배치계획 제2과제 | 근린생활시설의 최대 건축가능영역	제1과제 | 소극장 평면설계	제1과제 | 중소기업 사옥의 단면·계단 설계 제2과제 | ○○청사 구조계획
2012	제1과제 | ○○ 비엔날레 전시관 배치계획 제2과제 | 대학 캠퍼스 교사동의 최대 건축가능영역	제1과제 | 기업홍보관 평면설계	제1과제 | 소규모 근린생활시설 단면설계 제2과제 | 소규모 갤러리 구조계획
2013	제1과제 | 중소도시 향토문화 홍보센터 배치계획 제2과제 | 교육연구시설의 최대 건축가능영역	제1과제 | 도시재생을 위한 마을 공동체 센터	제1과제 | 문화사랑방이 있는 복지관 단면설계 제2과제 | 도심지 공장 구조계획
2014	제1과제 | 평생교육센터 배치계획 제2과제 | 주거복합시설의 최대건축가능영역	제1과제 | 게스트하우스 리모델링 설계	제1과제 | 주민센터 단면설계·설비계획 제2과제 | 실내체육관 구조계획·지붕설계
2015	제1과제 | 노유자종합복지센타 배치계획 제2과제 | 공동주택의 최대 건축 가능영역과 주차계획	제1과제 | 육아종합 지원시설을 갖춘 어린이집	제1과제 | 연수원 부속 복지관 단면설계 제2과제 | 철골구조 사무소 구조계획
2016	제1과제 | 암벽등반 훈련원 계획 제2과제 | 근린생활시설의 최대 건축가능 영역	제1과제 | 패션산업의 소상공인을 위한 지원센터 설계	제1과제 | 노인요양시설의 단면설계 & 설비계획 제2과제 | ○○판매시설 건축물의 구조계획
2017	제1과제 | 예술인 창작복합단지 배치계획 제2과제 | 근린생활시설의 최대 건축가능 규모계획	제1과제 | 도서관 기능이 있는 건강증진센터	제1과제 | 주민자치센터의 단면설계 및 설비계획 제2과제 | ○○고등학교 건축물의 구조계획
2018	제1과제 | 지식산업단지 시설 배치계획 제2과제 | 주민복지시설의 최대 건축가능 규모 및 주차계획	제1과제 | 청년임대주택과 지역주민공동시설	제1과제 | 학생 커뮤니티센터의 단면설계 및 설비계획 제2과제 | 필로티 형식의 건축물 구조계획

■ 건축사자격시험 기출문제해설 1, 2, 3교시

년 도	1교시 대지계획	2교시 건축설계 1	3교시 건축설계 2
2019	제1과제 │ 야생화 보존센터 배치계획 제2과제 │ 예술인 창작지원센터의 최대 건축가능영역 및 주차계획	제1과제 │ 노인공동주거와 창업지원센터	제1과제 │ 증축형 리모델링 문화시설 단면설계 제2과제 │ 교육연구시설 증축 구조계획
2020(1)	제1과제 │ 천연염색 테마 리조트 배치계획 제2과제 │ 근린생활시설의 최대 건축가능영역	제1과제 │ 주간보호시설이 있는 일반노인요양시설	제1과제 │ 청년크리에이터 창업센터의 단면설계 및 설비계획 제2과제 │ 주차모듈을 고려한 구조계획
2020(2)	제1과제 │ 보건의료연구센터 및 보건소 배치계획 제2과제 │ 지체장애인협회 지역본부의 최대 건축가능영역	제1과제 │ 돌봄교실이 있는 창작교육센터	제1과제 │ 창업지원센터의 단면설계 및 설비계획 제2과제 │ 연구시설 신축 구조계획
2021(1)	제1과제 │ 전염병 백신개발 연구단지 배치계획 제2과제 │ 청소년문화의집 신축을 위한 최대 건축가능규모 산정 및 주차계획	제1과제 │ 의료교육시설과 건강생활지원센터	제1과제 │ 도시재생지원센터의 단면설계 및 설비계획 제2과제 │ 필로티 형식의 건축물 구조계획
2021(2)	제1과제 │ 마을주민과 공유하는 치유시설 배치계획 제2과제 │ 근린생활시설의 최대 건축가능규모 계획	제1과제 │ 청소년을 위한 문화센터 평면설계	제1과제 │ 노인복지센터 리모델링 단면설계 및 설비계획 제2과제 │ 문화시설 구조계획
2022(1)	제1과제 │ 생활로봇 연구센터 배치계획 제2과제 │ 복합커뮤니티센터의 최대 건축가능 규모 산정	제1과제 │ 창작미디어센터 설계	제1과제 │ 바이오기업 사옥 단면설계 제2과제 │ 대학 연구동 증축(별동) 구조계획
2022(2)	제1과제 │ 공동주택단지 배치계획 제2과제 │ 주거복합시설의 최대 건축가능규모 및 주차계획	제1과제 │ 생활 SOC 체육시설 증축 설계	제1과제 │ 지역주민센터 증축 단면설계 및 설비계획 제2과제 │ 필로티 형식 주거복합건물의 구조계획
2023(1)	제1과제 │ 초등학교 배치계획 제2과제 │ 공동주택(다세대주택)의 최대 건축가능규모 및 주차계획	제1과제 │ 어린이 도서관 설계	제1과제 │ 초등학교 증축 단면설계 및 설비계획 제2과제 │ 근린생활시설 증축 구조계획
2023(2)	제1과제 │ 문화산업진흥센터 제2과제 │ 최대 건축가능 거실면적 및 주차계획	제1과제 │ 다목적 공연장이 있는 복합상가	제1과제 │ 마을도서관 신축 단면설계 및 설비계획 제2과제 │ 일반업무시설 증축 구조계획

건축사자격시험 기출문제해설

2교시 건축설계1

건축사자격시험 기출문제해설

2교시 건축설계1

| 2019 | |제1과제| 노인공동주거와 창업지원센터 · 1-85 |

| 2020(1) | |제1과제| 주간보호시설이 있는 일반노인요양시설 · 1-91 |

| 2020(2) | |제1과제| 돌봄교실이 있는 창작교육센터 · 1-97 |

| 2021(1) | |제1과제| 의료교육시설과 건강생활지원센터 · 1-103 |

| 2021(2) | |제1과제| 청소년을 위한 문화센터 평면설계 · 1-109 |

| 2022(1) | |제1과제| 창작미디어센터 설계 · 1-115 |

| 2022(2) | |제1과제| 생활 SOC 체육시설 증축 설계 · 1-121 |

| 2023(1) | |제1과제| 어린이 도서관 설계 · 1-127 |

| 2023(2) | |제1과제| 다목적 공연장이 있는 복합상가 · 1-133 |

평면설계 출제기준의 이해

'건축설계 1'은 건축설계의 기본인 평면설계로서, 제시조건에 의거 건축공간을 구성하고 동선을 계획한 내용을 평면적으로 표현하게 하여, 건축계획 및 표현 능력을 측정하고 건축설계 실무에 필요한 문제해결 능력 및 전문 지식 습득 수준을 평가한다.

1. 주요 평가요소

1.1 대지조건 및 설계조건에 대한 해석 및 설계 능력
① 각종 법규 제한조건 및 공간계획 시 유의사항에 대한 설계내용의 적정성
② 대지 관련 제시조건에 대한 논리적 해석 및 기술적인 처리 능력
③ 건축물 위치 관련 요구조건에 대한 이해 및 기술적인 처리 능력
④ 건축규모 및 구조 등에 대한 설계조건 준수 정도
⑤ 설비시스템, 건축물의 형태 등에 대한 설계반영 내용의 적정성
⑥ 출입, 이동, 피난, 각 부위별 레벨 등 특기조건에 대한 설계반영 정도
⑦ 연계성, 편의성, 안전성, 경제성, 인지성, 상징성 등과 관련된 설계 능력

1.2 스페이스 프로그램 관련 공간 구성 능력
① 실별 요구사항을 논리적으로 해석, 전체 공간을 입체적으로 구성하는 능력
② 공간의 수(실명 및 실수), 실별 위치 및 면적의 적정성
③ 실별 특기 요구조건 및 실간 연계성 관련 요구조건 준수 정도
④ 출입구, 통로, 계단 등 동선체계의 효율성
⑤ 장애자 등 특수사항에 대한 배려
⑥ 기타 스페이스 프로그램 관련 요구조건에 대한 설계내용

1.3 표현 능력 및 기타
① 도면 작성 범위 및 표현방법의 적정성
② 도면 내용 및 표기 요구사항에 대한 도면작성 정도
③ 도면작성 시 유의사항에 대한 설계반영 정도
④ 기타 건축설계 실무 관련 문제 해결 능력

2 평면설계 관련 주요 제시조건

2.1 과제 개요
① 건축설계1(평면설계) 과제의 주제
② 과제의 개략적인 특성(프로젝트의 성격, 용도, 주변 상황 등)

2.2 대지조건 및 건축개요
① 계획대지 주변현황 : 조망 및 경관(산, 호수, 공원 등), 바람, 소음, 교통, 건물 등
② 계획대지 현황 : 대지면적, 방위(향), 지형, 접도(도로) 상황, 기존건 축물 등
③ 규모 및 구조 : 층수, 바닥면적, 구조, 층고, 천장고 등
④ 설비시스템, 건축물의 형태 등

2.3 설계조건
① 각종 법규 제한조건 : 지역지구제, 대지면적, 건폐율, 용적율 등
② 주변현황 및 대지 내 현황 관련 설계 요구내용
③ 대지 내 계획 건축물 위치 및 조경 관련 요구조건
④ 공간계획 및 각실 배치 시 유의사항
⑤ 각 부위별 레벨(바닥레벨 등) 관련 특기조건
⑥ 출입, 이동, 피난 관련 특기 조건
⑦ 기타 연계성, 편의성, 안전성, 경제성, 인지성, 상징성 등과 관련된 설계조건

2.4 스페이스 프로그램 요구조건(실별 소요면적 및 실별 요구사항)
① 실별 위치 및 소요면적
② 실간 근접성 등 실별 연계성
③ 출입구, 복도, 계단, 승강기 등에 대한 요구조건
④ 각 실에 특별히 필요한 가구, 설비, 부속실 등에 대한 요구사항
⑤ 실별 전망, 자연채광, 자연환기 등에 대한 요구조건
⑥ 연면적 허용오차 등 기타 스페이스 프로그램 요구조건

2.5 도면작성 요령 및 기타 요구조건
① 도면 작성 범위 및 표현방법
② 요구 도면 내용 및 필수 표기 사항
③ 기타 도면작성 시 유의사항

[출제유형 1] 주어진 실별 면적과 요구조건을 평면으로 구성
계획대지 주변의 건물 또는 옥외공간과 같이 계획 건물에 근접한 도시적 맥락에서 상호 관련을 맺으며 주어진 실별 면적과 요구조건을 평면으로 구성하는 능력을 측정한다.

<예1> 신축 동사무소가 맞은편 시민회관 입구의 소공원과 시각적 연계관계를 갖도록 독자적인 외부공간을 가진 주출입구를 중심으로 주어진 실을 설계한다.

<예2> 인접한 대지의 소규모 공공건물의 기능과 계획하고자 하는 건물의 기능을 함께 제시하고, 이 두 건물이 공간적·기능적으로 공유할 수 있도록 주어진 실을 구성한다.

[출제유형 2] 기존 건축공간을 이용, 증개축에 의한 새로운 평면 구성
기존 건물의 일부를 이용하여 증개축을 하거나, 보존 건물 등 기존 공간을 이용하여 새로운 평면으로 구성해내는 능력을 측정한다.

<예1> 공장 기숙사로 사용되었던 박공지붕의 2층 건물에서 2층 바닥 일부를 철거하여 1층과 공간적으로 연결되는 사무소를 설계한다.

<예2> 보존할 가치가 있는 오래된 역사 건물 전체를 새로운 건물 안에 공간적으로 표현하면서 역무기능과 상업기능을 겸하는 새로운 역사 건물을 계획한다.

[출제유형 3] 계획대지 주변 현황 및 건축주 요구사항을 고려한 평면계획
구체적으로 제시된 건축주의 요구사항을 대지주변의 물리적 조건 등과 함께 해석하도록 하고, 이를 바탕으로 기능과 동선, 옥외 공간의 특징을 고려한 평면계획 능력을 측정한다.

<예1> 건축주가 강조하는 내용을 정리한 회의록을 읽고 주어진 내·외부 공간의 면적조건을 만족하도록 설계한다.

<예2> 경관(산, 호수, 공원 등), 바람, 소음, 교통, 건물 등 대지의 주변 조건을 요약한 보고서를 해석하여 이를 평면계획에 적용한다.

[출제유형 4] 특정조건 등을 고려하여 창의적인 프로그램작성 및 평면계획
실제상황 등 특정조건을 제시하고 나머지 부분은 임의로 설계하게 하여 창의적으로 계획하는 능력을 측정한다. 이를 위해서는 특정한 부분 이외는 가급적 요구조건을 단순하게 제시한다.

<예1> 대형 회화 시리즈를 전시하는 소규모 미술관에서 전시물 높이 등 특정한 요구조건을 만족하는 공간을 설계한다.

<예2> 실제 상황으로 보여주는 사진 등의 자료를 근거로 평면을 계획한다.

유형	2008	2009	2010	2011	2012	2013	2014	2015	2016	2017	2018	2019	2020 1회	2020 2회	2021 1회	2021 2회
용 도	숙박이 가능한 향토문화체험시설	임대형미술관	청소년 창작스튜디오	소극장	기업홍보관	도시재생을 위한 마을공동체센터	게스트하우스 리모델링 설계	교육연구	소상공인 지원센타	도서관 기능이 있는 건강증진센터	청년임대주택과 지역주민공동시설	노인공동주거와 창업지원센터	주간보호시설이 있는 일반노인요양시설	돌봄교실이 있는 창작교육센터	의료교육시설과 건강생활 지원센터	청소년을 위한 문화센터
답 안	1/200	1/200	1/200	1/200	1/200	1/200	1/200	1/200	1/200	1/200	1/200	1/200	1/200	1/200	1/200	1/200
위 치	고려하지 않음	상업지역 최고고도지구	준주거지역	준주거지역	준주거지역	제2종 일반주거지역	제2종 일반주거지역	일반주거지역	일반주거지역	준주거지역	2종일반주거	일반주거	2종일반주거	준주거지역	준주거지역	2종일반주거
대지면적 (m²)	2,633.19	1,519.0	1,481.76	1,744	2,730	1,460	1,297	1,290	1,313	1,312	1,536	1,680	1,632	1,428	1,440	1,364
용 도	주거복합시설	전시시설	수련시설	문화및집회시설	전시시설	사회복지시설	주거/숙박시설	어린이집	업무시설	복지시설	공동주택+복지	노인공동주택+복지	주간보호시설+노인요양시설	돌봄교실+창작교육센터	제1종 근린생활시설	제1종 근린생활시설
도 로	8m	4m	12m	10m, 6m보행자도로	6m	8m, 15m, 4m보행자도로	8m, 8m도로	10m, 6m전면도로	20m, 8m전면도로	10m전면도로 6m보행자도로	10m, 6m, 6m	10m전면도로, 6m보행자도로	10m, 6m도로, 4m보행자도로	10m도로, 6m보행자도로	12m도로, 6m도로	12m도로, 6m도로
규 모	지상3층	지하1층 지상2층	지하1층 지상2층	지상2층 (지하없음)	지하1층 지상2층	지상2층 (지하층 없음)	지상2층 (지하층 없음)	지상2층	지하1층 지상2층	지하1층 지상2층	지하1층 지상2층	지하1층 지상2층	지하1층 지상2층	지하1층 지상2층	지상2층	지상2층
건폐율 용적률	고려하지 않음	60% 이하 200% 이하	60% 이하 400% 이하	해당없음 해당없음	60% 이하 300% 이하	60% 이하 200% 이하	60% 이하 200% 이하	건폐율 60% 용적률 150%	고려치 않음	건폐율 70% 용적률 200%	건폐율 60% 용적률 200%	건폐율 60% 용적률 200%	건폐율 60% 용적률 200%	건폐율 70% 용적률 300%	건폐율 70% 용적률 300%	건폐율 60% 용적률 200%
구 조	철근콘크리트조	철근콘크리트조	철근콘크리트조	철근콘크리트조 철골조	철근콘크리트조	철근콘크리트조	철근콘크리트조	철근콘크리트조	철근콘크리트조	철근콘크리트조	철골철근 콘크리트조	철골철근 콘크리트조	철골철근 콘크리트조	철골철근 콘크리트조	철근콘크리트조	철근콘크리트조 (기존)조적조
설 비								–	–	–	–	–	–	–	–	–
대지현황	평지	평지	평지	경사지	경사지	평지	경사지	약 2.5m차이 경사지	약 1.5m차이 경사지	전면도로 1m차이	평지	평지	평지	평지	약 4.0m차이 경사지	약 4.0m차이 경사지
경사대지				●	●			●	●						●	●
단차대지																
이격거리	●	●	●		●			–	–	●	●	●	●	●		●
규모제한 법규요소		도로사선제한 최고고도지구														
가로구역별 높이제한		●														
일조에의한 높이제한				●				–	–	–		●		●		
고도제한		●														
주변현황	야외체험장 실개천		공동주택 근린공원 판매시설			단독주택지 근린소공원	인접대지 근린공원	공원 및 주거지역	인접대지	인접대지 근린공원	일반주거지역	일반주거지역	공원 및 주거지역	공원 및 준주거지역	공원 및 근린생활부지	공원 및 근린생활부지
주변동선연계								공원연계	–	공원조망	동측에 공원	동측에 공원		동측에 공원		
외부공간	옥외휴식공간	중정	야외전시장 공개공지	야외공연장 공개공지	외부전시공간 외부 테라스	앞마당	중정	야외놀이터 모래놀이터	야외전시공간		중정	나눔마당 두레마당	진입마당 행사마당	진입마당		휴계마당 전시마당
전면공지		●						–	–	–	–	–	–	–		
후면공지	●							–	–	–	–	–	–	–		
전면중앙								–	–	–	–	–	–	–		
중정		●				●				●						
지상주차		●	●			●	●	4대 (장애인1대포함)	1대	–		장애인주차1대	장애인주차1대 +응급주차1대	장애인주차1대	6대 (장애인1대포함)	200㎡당 1대 (장애인1대포함)
서비스연계	●	●	●			●		장난감대여실	장난감대여실							
주차공간연계		●	●	●		●										
채 광	●	●	●			●		●	–	–		자연채광		일조확보	남향,동향	
직사광선차단								–	–	–	–	–	–	–		
전 망	●	●	●			●		–	카페남측	–	10m, 6m도로	공원	공원	공원	공원	공원
소 음	방음계획							–								방음계획

유형	2008	2009	2010	2011	2012	2013	2014	2015	2016	2017	2018	2019	2020 1회	2020 2회	2021 1회	2021 2회
증개축						●	●	-	●	-	-	-				●
대형실			●	●	●	●		-	●	●	-	●		●		
시리즈실	●					●	●	-	-				●			
기능적관계					●	●	●	●	●	●	●	●	●	●	●	●
복 도			●	●		●		-							●	●
편복도	●	●				●		-	●							
증복도	●					●		-								●
코아홀				●				-				●				●
중심홀						●		-						●		
특별피난계단								-		-						
주차경사로								-	●	-						
승강기	●	●	●		●	●	●	●	●	●	●	●			●	●
비상용승강기								-		-						
화물용승강기		●						-		-						
에스컬레이터								-		-						
차량용승강기								-		-						
장애자고려				●	●	●	●	-		-			●	●	●	●
화장실	●	●	●	●	●	●	●	●	●	●	●	●	●	●	●	●
경사로	●	●	●	●	●	●	●	●	●	●	●	●	●	●	●	●
승강기	●	●	●	●	●	●	●	●	●	●	●	●	●	●	●	●
주차	●	●	●	●	●	●	●	●	●	●						
가변벽체	●							-		-						
방풍실		●	●			●		-		-					●	
피로티			●			●		-		-					●	
브릿지								-		-						
테라스					●			-		-		●			●	
발코니								-		-		●				●
옥상정원		●						-		-						●
썬 큰								-		-						
자전거보관소			●					-		-						
내부OPEN	●		●	●	●	●		-	●	●		●			●	
조경공간		●				●		-		-	●	●		●	●	●
내부장애물								-		-		●			●	
수 목	●	●	●			●	●	●	●	-		●			●	
암 반		●						-		-						
지하층고려		●						-		●			●	●		
특별한주제			친환경설계		일부실 층고다름	기존건물이용	기존건물이용	-		-						-
친환경설계			●				연결통로 외벽 및 지붕은 친환경 고려	-		-						-
인텔리전트 빌딩								-		-						-

문제 유형	일반기능형 [출제유형1] 홀+복도형	일반기능형 [출제유형1] 중정형	일반기능형 [출제유형1] 홀+복도형	일반기능형 [출제유형1] 홀+복도형	일반기능형 [출제유형1] 홀+복도형 내부기능형	증축형 [출제유형2] 홀+복도형	증개축형 [출제유형2] 홀+복도형	내부기능형 [출제유형1] 홀+중복도형	내부기능형 [출제유형1] 홀+편복도형	내부기능형 [출제유형1] 홀+복도형	일반기능형 [출제유형1] 복도형	일반기능형 [출제유형3] 홀+복도형 내부기능형	일반기능형 [출제유형3] 복도형 내부기능형	일반기능형 [출제유형3] 중심홀형 내부기능형	일반기능형 [출제유형3] 홀+복도형 내부기능형	증개축형 [출제유형3] 홀+복도형 내부기능형
문제 특성	1층과 2층의 수직·수평조닝 고려 동측 조망을 고려한 숙박공간 배치 1층과 2층의 면적차이 고려	1층 카페와 전시실의 명확한 영역조닝 고려 도로사선제한, 최고 고도지구 등 고려 내부 장애물 고려 : 보호수목, 암반 지하층 고려	층별·실별 요구조건 친환경설계기법고려 자연재해고려 외부공간과의 연계를 고려한 입체적 공간계획	경사지를 이용한 소극장 계획 소극장의 층고계획 1층 카페, 2층 레스토랑내부 OPEN 무장애 고려	경사지의 활용 층고를 고려한 건물의 단면계획 내부 경사로 계획 무장애 계획	기존 조적조 건물을 이용한 평면계획 기존건물의 벽체와 지붕을 최대한 유지	경사대지에 증개축형 중정의 형태에 따라서 입체적 공간계획 다양한 대안이 가능한 수험자의 유연한 계획 력을 평가	실별 요구조건이 층별 분리 제시됨 1층과 2층의 기능적 관련성이 크지 않고 일부 연계만 가능 경사지를 고려한 단면 계획에 유의	기존 조적조 건물을 보존하여 증개축 고려 런웨이와 준비실의 입체적 연결 전시 및 리셉션을 겸하는 대형로비계획	경사전면도로 (낮은 레벨에서 차량경 사로 출입) 기존 수공간을 포함한 중정계획 층별, 수평조닝분리 배치	층별·실별요구조건 2층 원룸의 합리적 배치계획 1층 보행로와 외부마당을 고려한 기능적인 배치	층별·실별요구조건 수목·암석 포함 마당 고려한 외부공간 배치 1층 보행로와 외부마당을 고려한 연계배치 2층 클러스터조합 1,2층 각각 남향 및 공원 연계고려	층별·실별요구조건 중정중심의 배치 1층 전면, 배면 연계배치 2층 Unit조합과 공용시설 연계고려	층별·실별요구조건 중정중심의 배치 1층 전면, 배면 연계배치 2층 Unit조합과 공용시설 연계고려	층별·실별요구조건 진입마당 기준 외부공간 배치 1층 진입마당 출입, 공원 부출입 연계배치 2개기능(돌봄교실·창작교육센터)과 공용기능 연계고려	경사지 고려조건 레벨차고려 외부공간 배치 1층 전시마당 출입, 휴게마당 연계배치 2층 기존시설 공원 연계고려

출제 가능유형	특정한 출제유형보다는 실무적인 요소가 가미된 문제가 출제되고 있으므로 앞으로도 법규 및 구조적인 이해와 함께 입체적인 해석이 필요하고 친환경요소가 가미된 복합·실무적인 문제가 출제될 것으로 예측된다.

유 형	2022 1회	2022 2회	2023 1회	2023 2회							
용 도	창작 미디어센터	생활SOC	어린이도서관	다목적공연장 복합상가							
답 안	1/200	1/200	1/200	1/200							
위 치	준주거지역	일반주거지역	자연녹지지역	준주거지역							
대지면적 (㎡)	1,419	1,518	1,610	1,428							
용 도	근린생활시설	교육연구시설	제1종 근린생활시설	제1,2종 근린생활시설							
도 로	12m도로, 8m도로	12m도로, 8m도로	–	20m, 10m도로 4m보행자도로							
규 모	지하1층, 지상2층	지하1층, 지상2층	지상2층	지상2층							
건폐율 용적률	건폐율 70% 용적률 200%	고려치 않음	고려치 않음	건폐율 70% 용적률 300%							
구 조	철근콘크리트조	철근콘크리트조	철근콘크리트조	철근콘크리트조							
설 비	–										
대지현황	평지	평지	평지	약 4.0m차이 경사지							
경사대지	–	–	–	●							
단차대지	–	–	–	–							
이격거리	●	●	●	●							
규모제한 법규요소	–	–	–	–							
가로구역별 높이제한	–	–	–	–							
일조에의한 높이제한	–	–	–	–							
고도제한	–	–	–	–							
주변현황	공원 및 주거지역	공원 및 주거지역	공원 및 주차장	공원 및 근린상가							
주변동선연계	4m보행통로	교사동 연결동선	7.5m보행통로	4m보행자도로 근린상가							
외부공간	–	진입마당	보행통로 놀이마당	진입마당 야외무대							
전면공지											
후면공지											
전면중앙											
중정											
지상주차	장애인주차1대	장애인주차1대 +비상주차1대		1층 내 8대 (장애인1대포함)							
서비스연계											
주차공간연계			●	●							
채 광											
직사광선차단											
전 망	공원	공원, 운동장	공원, 수공간	공원							
소 음											

유형	2022 1회	2022 2회	2023 1회	2023 2회
증개축		●		
대형실	●	●	●	
시리즈실	●			●
기능적관계	●	●		
복도	●	●		
편복도	●	●	●	●
증복도				
코아홀				
중심홀	●			
특별피난계단				
주차경사로	●			
승강기	●	●	●	●
비상용승강기				
화물용승강기				
에스컬레이터				
차량용승강기				
장애자고려	●	●		
화장실	●	●	●	
경사로	●	●		
승강기	●	●	●	
주차	●	●		
가변벽체	접이식도어			
방풍실	●	●	●	●
피로티		●	●	●
브릿지	●	●	●	●
테라스				
발코니	●	●		
옥상정원				
썬큰				
자전거보관소				
내부OPEN		●	●	
조경공간	●			
내부장애물				
수목				
암반				
지하층고려	●			
특별한주제	방화구획 무장애기준	방화구획 무장애기준	분동형	분동형 주변맥락고려
친환경설계	에너지절약	에너지절약	에너지절약	에너지절약
인텔리전트빌딩				

문제유형	일반기능형 [출제유형1] 홀+복도형 내부기능형	증개축형 [출제유형2] 홀+복도형 내부기능형	일반기능형 [출제유형1] 홀+복도형	일반기능형 [출제유형1] 홀형, 복도형
문제특성	층별·실별요구조건 4m보행통로 외 각 영역 배치 1층 오픈스튜디오, 카페 공원이용 2층 분동형 연결통로	부분별 연계조건 수영장 대공간 1층 수영장 이용동선 및 카페 독립운영 2층 수영장 전망고려 및 증축 연계동선	보행통로과로 편의 시설공과 어린이도서 관동을 각각 계획하고 옥외휴게데크로 연결, 대지주변 공원과 수공간 전망고려	경사지 대지에서 지반에 막힌 1층부분에 주차계획하고 인접 근린 상가의 도로변 배치방식을 맥락으로 상가배치와 보행자도로, 공원과 연계한 공연장계획

출제 가능유형	특정한 출제유형보다는 실무적인 요소가 가미된 문제가 출제되고 있으므로 앞으로도 법규 및 구조적인 이해와 함께 입체적인 해석이 필요하고 친환경요소가 가미된 복합·실무적인 문제가 출제될 것으로 예측된다.

2007년도 건축사 자격시험 문제

과 목 명	건축설계 1
과 제 명	제1과제 : 평 면 설 계 (100점)

응시자 준수사항

1. 문제지를 받더라도 시험시작 타종전까지 문제내용을 보아서는 안 됩니다.

2. 문제지를 받는 즉시 과목편철 순서, 문제누락 여부, 인쇄상태 이상 유무 등을 확인한 후 답안지에 본인의 응시번호와 성명을 기재합니다.

3. 시험이 시작되면 문제를 주의 깊게 읽은 후 답안을 작성하시기 바랍니다.

4. 시험시간종료 후 문제지와 보조용지 (깔판지, 트레이싱지)는 제출하지 않습니다.
   ※ 시험시간이 종료되기 전에는 어떠한 경우에도 문제지를 시험장 밖으로 가지고 갈 수 없습니다.

5. 답안지 미제출자는 부정행위자로 간주 처리됩니다.

공 지 사 항

1. 문제지 공개
   - 방 법 : 국토교통부 및 대한건축사협회 인터넷 홈페이지에 게시

2. 합격예정자 발표
   - 방 법 : 국토교통부 / 대한건축사협회 인터넷 홈페이지 및 각 시·도 건축사회 게시판

3. 점수 열람
   - 방 법 : 대한건축사협회 인터넷 홈페이지 / 성적열람 메뉴

※ 합격예정자 제출서류에 대한 자세한 사항은 대한건축사협회 인터넷 원서접수 프로그램 공지사항에 게재되어 있으며, 합격예정자 발표시 별도로 공고합니다.

2007년도 건축사자격시험 문제

과목 : 건축설계1   제1과제(평면설계)   배점 : 100/100점   (주)한솔아카데미

제목 : 지방공사 신도시 사옥 평면설계

1. 과제개요

저층부(1층~2층)에 지역사회 주민에게 개방하는 공익문화 시설과 은행지점을 갖춘 사옥(업무시설)을 건축하고자 한다. 아래 설계조건에 따라 1층 및 2층 평면도를 작성하시오.

2. 건축개요

(1) 용도지역 : 일반상업지역
(2) 계획대지 : 대지 현황도 참조
(3) 대지면적 : 1,948m²
(4) 규모 : 지하 3층, 지상 12층
(5) 구조 : 철골철근콘크리트조
(6) 층별 주요용도 및 층고

층별	주요 용도	층고(m)
3~12층(기준층)	사무실	3.9
2층	민원실, 전시실 및 강당홀 체력단련실	4.5
1층	다목적 강당 로비, 홍보실, 은행지점, 디지털자료 열람실 북카페, 어린이도서 열람실	5.4 / 5.1
지하 1, 2층	주차장	3.6
지하 3층	기계실, 전기실	5.5

※ 1층 바닥 마감레벨은 EL+300mm
(7) 외벽마감 : 알루미늄커튼월(복층유리)
(8) 냉·난방설비 : 단일덕트방식 + 팬코일 유니트방식
(9) 기타 주요설비
 ① 승강기 : 16인승 승용 2대, 비상용 1대
  (승객용 내부 규격은 1대당 2,500×2,500mm)
 ② 에스컬레이터 : 상·하행 1~2층간 연결
(10) 건폐율 및 용적률은 고려하지 않음

3. 설계조건

(1) 건축물의 각 부분까지 띄어야 하는 거리
 ① 인접대지경계선으로부터 3m 이상
 ② 도로경계선으로부터 2m 이상
(2) 차량 동선을 고려하여 지하주차장 진·출입을 위한 유효너비 6m 이상의 경사로를 계획

(3) 1층 은행지점에는 외부에서 직접 출입이 가능하며 광장으로도 연결할 수 있는 자동화 기기(현금인출기) 실을 계획
(4) 북카페와 디지털자료 열람실은 지역 주민들이 접근이 유리하도록 남동쪽으로 배치하고, 북카페와 접하여 40m² 이상의 옥외테라스 계획
(5) 어린이도서 열람실은 디지털자료 열람실과 근접하여 배치
(6) 홍보실은 별도 구획이 없는 오픈플랜형으로 하고 로비와 연계되도록 계획
(7) 1층과 2층을 연결하는 상·하행의 에스컬레이터를 계획(1대의 유효너비 600mm)
(8) 기준층의 바닥면적은 780m² 정도이며, 사무실은 공간의 효율적 활용을 위해 무주(無柱)공간으로 계획
(9) 조경은 임의로 계획

4. 실별 소요면적 및 요구사항

(1) 실별 소요면적 및 요구사항은 <표>를 참조
(2) 각 실별 면적은 10%, 각 층별 바닥면적은 5% 범위 내에서 증감 가능

5. 도면작성요령

(1) 1층 평면도에 지하 기계실의 위치를 고려하여 드라이 에어리어를 표기하고 조경, 보도, 경사로등 옥외배치 관련 주요 내용을 표현
(2) 다목적 강당은 무대와 객석을 표현
(3) 외벽은 모듈체계와 커튼월을 표현
(4) 기준층의 외벽선을 2층 평면도에 점선으로 표현
(5) 화장실에는 위생기구의 배치를 표현
(6) 수직 설비공간 등을 표현
(7) 기둥, 벽, 개구부 등이 구분되도록 표현
(8) 실명, 주요치수 및 주요실의 마다 마감레벨을 표기
(9) 단위 : mm
(10) 축척 : 1/200

6. 유의사항

(1) 도면작성은 흑색연필로 한다.
(2) 명시되지 않은 사항은 관계법령의 범위 안에서 임의로 한다.

<표> 실별 소요면적 및 요구사항(면적은 벽체 중심선 기준)

층별	실별	실 수	면적(m²)	요구사항
1층	계단실 및 부속실	2		
	엘리베이터 홀	1		
	엘리베이터 전실	1		
	비상용 남자화장실	1	185	대변기3개, 소변기3개 세면기2개
	여자화장실	1		대변기3개, 세면기2개
	장애인화장실	1		남·녀 공용
	EPS실	1		
	승강로, 수직설비공간 등			
	소계		185	
	로비	1	115	방풍실 포함
	홍보실	1	75	로비와 연계
	소계		185	
	영업점, 객장	1	190	영업점내 상담실 20m² 포함
	자동화기기실	1	20	
	소계		210	
	어린이도서열람실	1	85	
	디지털자료 열람실	1	50	

층별	실별	실 수	면적(m²)	요구사항
1층	북카페	1	80	
	방재실	1	40	
	기계실	1	40	수직 설비공간과 인접
	복도 등	1	115	
	1층 계		995	
	서비스코어 (1층과 동일)	1	185	1층과 동일
	다목적 강당	1	156	준비실 2개소, 영사실 포함
2층	전시실 및 강연홀	1	150	
	민원인 대기실	1	70	
	민원 사무실	1	80	
	소계		150	
	체력단련실	1	95	
	탈의실	2	32	남·녀로 구분
	샤워실	2	32	남·녀로 구분
	복도 등		110	
	2층 계		910	
기준층	사무실 및 서비스코어		780	

38,400

50,800

인접대지
(일반상업지역)

계획대지
EL.±0.00

인접대지(일반상업지역)

30m 도로
EL.±0.00

12m 도로
EL.±0.00

대지현황도
축척없음

N

1 2007

응시번호
성 명
감독확인

2 층 평면도
SCALE : 1/200

차량진입통로

12m 도로

1 층 평면도
SCALE : 1/200

N

2008년도 건축사 자격시험 문제

과 목 명	과 제 명	제1과제 : 평 면 설 계 (100점)
건 축 설 계 1		

응시자 준수사항

1. 문제지를 받더라도 시험시작 타종전까지 문제내용을 보아서는 안 됩니다.

2. 문제지를 받는 즉시 과목편철 순서, 문제누락 여부, 인쇄상태 이상 유무 등을 확인한 후 답안지에 본인의 응시번호와 성명을 기재합니다.

3. 시험이 시작되면 문제를 주의 깊게 읽은 후 답안을 작성하시기 바랍니다.

4. 시험시간종료 후 문제지와 보조용지 (갱지, 트레이싱지)는 제출하지 않습니다.

※ 시험시간이 진에는 어떠한 경우에도 문제지를 시험장 밖으로 가지고 갈 수 없습니다.

5. 답안지 미제출자는 부정행위자로 간주 처리됩니다.

공 지 사 항

1. 문제지 공개
   - 방 법 : 국토교통부 및 대한건축사협회 인터넷 홈페이지에 게시

2. 합격예정자 발표
   - 방 법 : 국토교통부 / 대한건축사협회 인터넷 홈페이지 및 각 시·도 건축사회 게시판

3. 점수 열람
   - 방 법 : 대한건축사협회 인터넷 홈페이지 / 성적열람 메뉴

※ 합격예정자 제출서류에 대한 자세한 사항은 대한건축사협회 인터넷 원서접수 프로그램 공지사항에 게재되어 있으며, 합격예정자 발표시 별도 공고합니다.

2008년도 건축사 자격시험 문제

과목 : 건축설계1   제1과제(평면설계)   배점 : 100/100점   (주)한솔아카데미

제목 : 숙박이 가능한 향토문화체험시설

1. 과제개요

지역내 주변 관광지와 지역특산물 (예 : 도자기, 전통고예 등)의 홍보 및 수익사업을 목적으로 숙박이 가능한 향토문화체험시설을 신축하고자 한다. 아래사항을 고려하여 평면도를 작성하시오.

2. 건축개요

(1) 지역 : 고려하지 않음
(2) 계획대지 및 주변현황 : 대지현황도 참조
(3) 건폐율과 용적률 : 고려하지 않음
(4) 규모 : 지하1층, 지상3층
(5) 구조 : 철근콘크리트조
(6) 층고
　① 지상1층 : 4.2m
　② 지상2・3층 : 3.3m
(7) 주차장 : 고려치 않음

3. 설계조건

(1) 건축물은 인접대지경계선과 건축한계선에서 2m 이상 이격
(2) 건축물은 보존수목 경계에서 3m이상 이격
(3) 실개천과 보존수목을 연계하여 옥외휴게공간을 배치
(4) 로비에서 보존수목을 조망하도록 계획
(5) 식당은 경관을 고려하여 배치
(6) 주방용 화물 반출입공간은 전면배치를 피하도록 계획
(7) 전시・홍보실은 로비와 연결된 공간으로 계획
(8) 판매실은 전시・홍보실에 인접하여 배치
(9) 작업실은 야외 체험장과 연계하여 계획
(10) 2층 숙박부분의 2인실과 가족실은 분리 배치

(11) 계단은 2개소 설치(주계단1개소, 비상계단1개소)
(12) 장애인 겸용 엘리베이터 1대 설치
(13) 1층 바닥레벨은 EL+20.3m
　(지표면 : EL+20.0m)

4. 실별 소요면적 및 요구사항

(1) 실별 소요면적은 <표>를 참조
(2) 제시된 면적은 5% 범위내에서 증감 가능 (각 실별 바닥면적은 10%범위내에서 증감 가능)

5. 도면작성요령

(1) 1, 2층 평면도 작성(배치계획은 1층 평면도에 표현)
(2) 2인실과 가족실의 단위평면은 각1실만 표현 (침대 배치가 가능하도록계획)
(3) 주요치수, 출입문, 기둥, 실명 등을 표기
(4) 벽과 개구부가 구분되도록 표현
(5) 기계/전기/설비등의 설비관련 시설은 지하1층에 위치하며 관련된 도면작성은 생략
(6) 단위 : mm
(7) 축척 : 1/200

6. 유의사항

(1) 제도는 반드시 흑색연필로 한다 (기타는 사용금지)
(2) 명시되지 않은 사항은 현행 관계 법령의 범위안에서 임의로 한다.
(3) 치수표기시 답안지의 여백이 없을 때에는 융통성있게 표기한다.

<표> 실별 소요면적 및 요구사항

층수	실명	단위면적(㎡)	실수	면적(㎡)	요구조건
1층	전시/홍보실	65	1	65	향토문화 특산물 전시.
	판매실	25	1	25	향토문화 특산물 판매
	관리사무실	25	1	25	안내 및 접수기능 포함
	관리소장실	15	1	15	음접기능고려
	강사대기실	10	1	10	
	세미나실	50	1	50	2개실로 분리가능
	작업실	75	1	75	향토문화 체험
	준비실	25	1	25	작업실에 부속
	화장실	50	1	50	남:대변기 소변기 각2개 여:대변기 3개 장애인:남,녀 각1개

층별	실명		단위면적(㎡)	실수	면적(㎡)	요구조건
1층	식당		95	1	95	다목적으로 사용가능
	주방		35	1	35	부속창고 포함
	기타공용면적				230	로비,복도,계단실등
	소 계				700	
2층	숙박부분	2인실	25	10	250	화장실(양변기,세면기,샤워)포함,주방 제외
		가족실	50	4	200	거실1,침실2,화장실(양변기,샤워), 세면기,샤워)포함,주방제외
	기타공용면적				200	라운지,복도,계단실,창고등
	소 계				650	
3층	소 계				650	2층과 동일
	계				2,000	

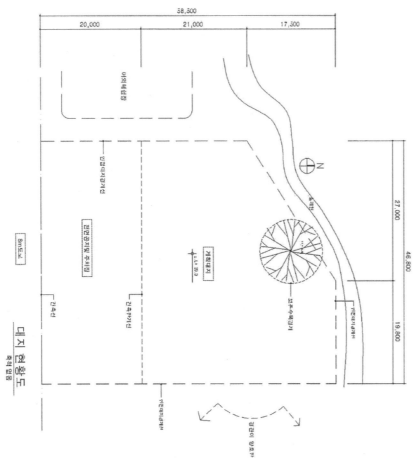

대지 현황도
축척없음

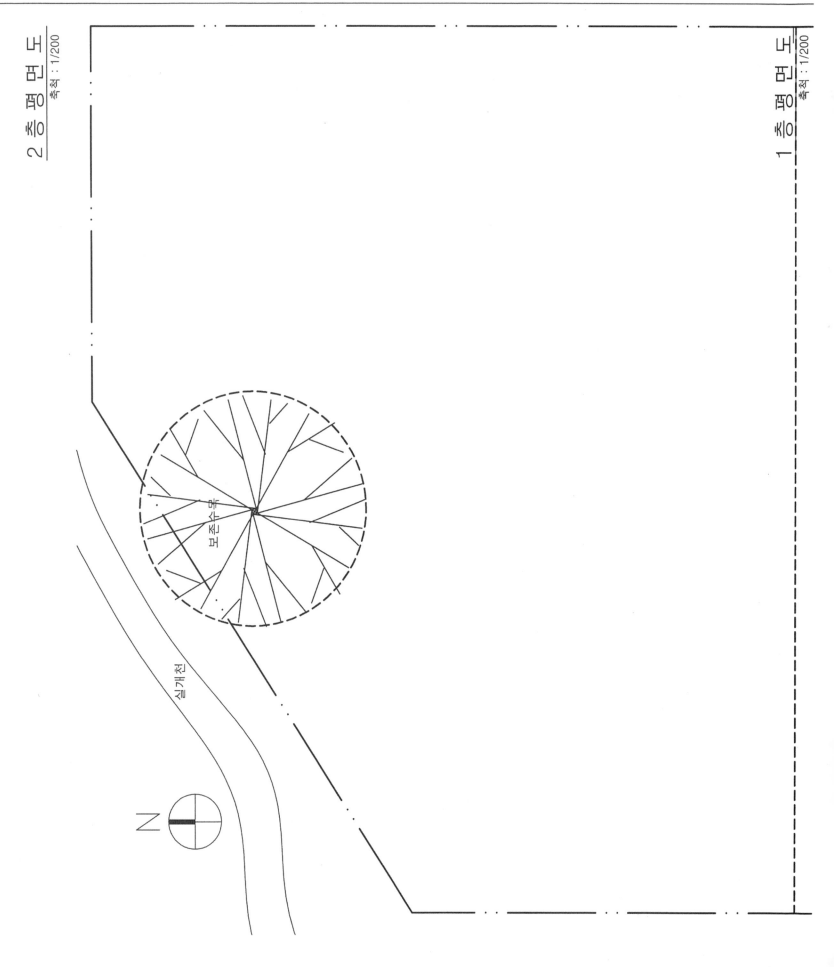

2층 평면도
축척 : 1/200

1층 평면도
축척 : 1/200

보존수목

실개천

N

2009년도 건축사 자격시험 문제

과 목 명	과 제 명	제1과제 : 평 면 설 계 (100점)
건 축 설 계 1		

응시자 준수사항

1. 문제지를 받더라도 시험시작 타종전까지 문제내용을 보아서는 안 됩니다.

2. 문제지를 받는 즉시 과목편철 순서, 문제누락 여부, 인쇄상태 이상 유무 등을 확인한 후 답안지에 본인의 응시번호와 성명을 기재합니다.

3. 시험이 시작되면 문제를 주의 깊게 읽은 후 답안을 작성하시기 바랍니다.

4. 시험시간중 문제지와 보조용지 (깔판지, 트레이싱지)는 제출하지 않습니다.

   ※ 시험시간이 종료되기 전에는 어떠한 경우에도 문제지를 시험장 밖으로 가지고 갈 수 없습니다.

5. 답안지 미제출자는 부정행위자로 간주 처리됩니다.

공 지 사 항

1. 문제지 공개
   - 방 법 : 국토교통부 및 대한건축사협회 인터넷 홈페이지에 게시

2. 합격예정자 발표
   - 방 법 : 국토교통부 / 대한건축사협회 인터넷 홈페이지 및 각 시 · 도 건축사회 게시판

3. 점수 열람
   - 방 법 : 대한건축사협회 인터넷 홈페이지 / 성적열람 메뉴

   ※ 합격예정자 제출서류에 대한 자세한 사항은 대한건축사협회 인터넷 원서접수 프로그램 공지사항에 게재되어 있으며, 합격예정자 발표시 별도 공고합니다.

2009년도 건축사 자격시험 문제

과목 : 건축설계1　　　제1과제(평면설계)　　　배점 : 100/100점　　　(주)한솔아카데미

제목 : 임대형 미술관 평면설계

1. 과제개요

1층에 카페가 있는 임대형 미술관을 신축하고자 한다. 아래사항을 고려하여 1층 및 2층 평면도를 작성하시오.

2. 건축개요

(1) 용도지역 : 상업지역, 최고고도지구(모든 돌출부는 최고12m높이를 초과할 수 없음)

(2) 계획대지 : 대지현황도 참조

(3) 대지면적 : 1,519㎡

(4) 규모 : 지하1층, 지상3층

(5) 구조 : 철근콘크리트조

(6) 건 폐 율 : 60% 이하

(7) 용 적 률 : 200% 이하

(8) 층고 : 1층 5.1m , 2층 5.1m

(9) 층별 마감레벨
　① 1층 : EL+150mm
　② 2층 : EL+5,250mm

(10) 주차대수 : 4대(장애인용 주차1대 이상 포함)

(11) 기타 주요설비
　① 승용승강기(장애인 겸용): 15인승 1대(승강기 샤프트 내부 평면치수는 2,500mmX2,500mm)
　② 미술작품 운반용 리프트 : 6,000mmX3,000mm (1대)

3. 설계조건

(1) 건축물은 인접 대지경계선으로부터 1.5m이상 이격

(2) 건축물은 보호수목 경계선으로부터 2.5m이상 이격

(3) 보호수목에 자연광이 최대한 유입되도록 계획

(4) 도비, 카페에서 보호수목을 조망하도록 계획

(5) 2층 지붕의 옥상정원을 이용할수 있도록 계획

(6) 대지내 기존 노출옹벽은 보존(노출옹벽의 최상부로 부터 1.5m 이상은 건축가능한 영역)

(7) 전시장-1의 바닥 면적중 50㎡이상을 천장높이 8.4m로 계획

(8) 전시장은 자연채광을 이용하도록 계획

(9) 카페의 주방물품 이용을 위한 외부 동선 확보

(10) 별도의 장애인용 화장실 계획(남·여 각1개소)

(11) 미술작품 운반용 리프트는 외부에서 직접 반출입이 가능하도록 설치

(12) 외부조경은 임의로 계획

(13) 주출입구에 에너지 보존을 위해 방풍실 설치

4. 실별소요면적 및 요구사항

(1) 실별 소요면적은 <표>를 참조

(2) 제시된 면적은 5% 범위내에서 증감 가능

(3) 실별 바닥면적은 10%범위내에서 증감 가능

(4) 필로티 하부는 바닥면적 산입에서 제외

5. 도면작성요령

(1) 1, 2층 평면도 작성(배치계획은 1층 평면도에 표현)

(2) 주요치수, 출입문(회전방향 포함), 기둥,실명 등을 표기

(3) 벽과 개구부가 구분되도록 표현

(4) 지하층은 기계·전기실, 수장고,시청각실 등이 포함되지만 지하1층 평면 작성은 생략

(5) 단위 : mm

(6) 축척: 1/200

6. 유의사항

(1) 제도는 반드시 흑색연필로 한다.

(2) 명시되지 않은 사항은 현행 관계 법령의 범위안에서 임의로 한다.

(3) 치수표기시 단위지의 여백이 없을 때에는 융통성있게 표기한다.

<표> 실별 소요면적 및 요구사항

층수	실명	단위면적(㎡)	요구조건
	카페	140	주방,창고,좌석배치 표기
	아트숍	50	
	사무실	40	
1층	전시장-1	120	50㎡이상 천장높이 8.4m 확보
	화장실	40	남 : 대,소변기 각1개 여 : 대변기 2개
	장애인화장실	20	남,녀 각1개소
	기타공용면적	190	로비,복도,계단실 등
	소 계	600	

층별	실명	면적(㎡)	요구조건
	전시장-2	90	전시장-2, 전시장-3은 통합사용 가능하도록 계획
	전시장-3	230	
2층	세미나실	40	
	화장실	40	남 : 대,소변기 각1개 여 : 대변기 2개
	장애인화장실	20	남,녀 각1개소
	기타공용면적	180	홀,복도,계단실 등
	소 계	600	
지하층		430	기계·전기실 50㎡ 수장고 : 50㎡ 시청각실 : 250㎡ 기타 : 80㎡
	소 계	430	
계		1,630	

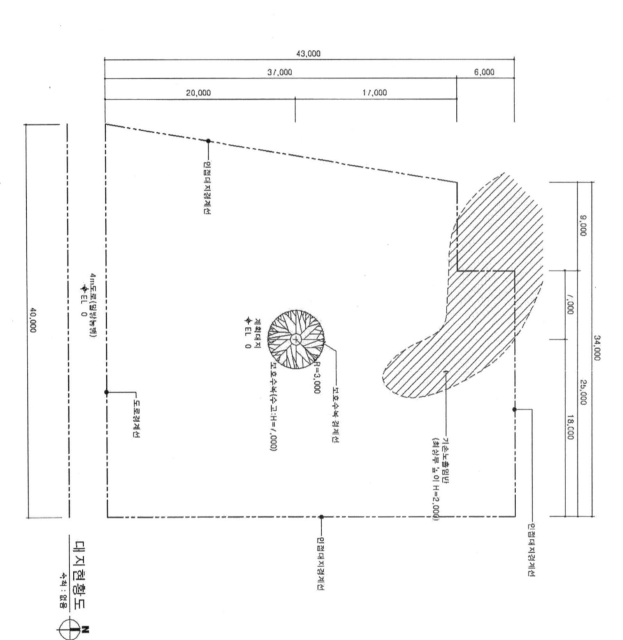

대지현황도
수척:없음
N

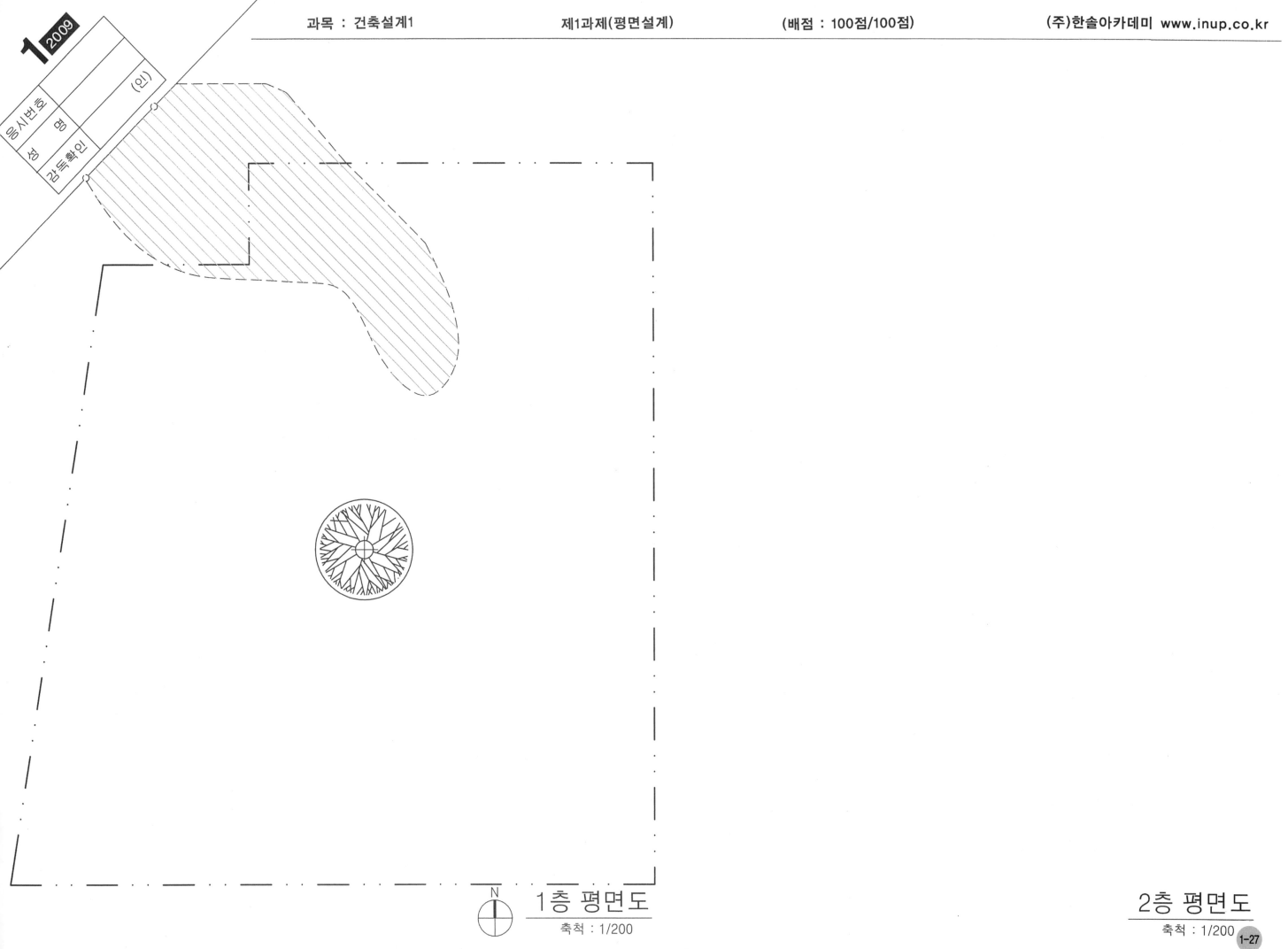

1층 평면도
축척 : 1/200

2층 평면도
축척 : 1/200

1-27

2010년도 건축사 자격시험 문제

과 목 명		
건 축 설 계 1		

과 제 명	제1과제 : 평 면 설 계 (100점)

응시자 준수사항

1. 문제지를 받더라도 시험시작 타종전까지 문제내용을 보아서는 안 됩니다.

2. 문제지를 받는 즉시 과목편철 순서, 문제누락 여부, 인쇄상태 이상 유무 등을 확인한 후 답안지에 본인의 응시번호와 성명을 기재합니다.

3. 시험이 시작되면 문제를 주의 깊게 읽은 후 답안을 작성하시기 바랍니다.

4. 시험시간종료 후 문제지와 보조용지(깔판지, 트레이싱지)는 제출하지 않습니다.
   ※ 시험시간이 종료되기 전에는 어떠한 경우에도 문제지를 시험장 밖으로 가지고 갈 수 없습니다.

5. 답안지 미제출자는 부정행위자로 간주 처리됩니다.

공 지 사 항

1. 문제지 공개
   - 방 법 : 국토교통부 및 대한건축사협회 인터넷 홈페이지에 게시

2. 합격예정자 발표
   - 방 법 : 국토교통부 / 대한건축사협회 인터넷 홈페이지 및 각 시 · 도 건축사회 게시판

3. 점수 열람
   - 방 법 : 대한건축사협회 인터넷 홈페이지 / 성적열람 메뉴

※ 합격예정자 제출서류에 대한 자세한 사항은 대한건축사협회 인터넷 원서접수 프로그램 공지사항에 게재되어 있으며, 합격예정자 발표시 별도 공고합니다.

2010년도 건축사자격시험 문제

과목 : 건축설계1   제1과제(평면설계)   배점 : 100/100점   (주)한솔아카데미

제목 : 청소년 창작스튜디오

1. 과제개요

문화적 상상력이 국가경쟁력이 되는 지식기반사회에 대비하여 청소년스튜디오를 신축하고자 한다. 아래 사항을 고려하여 1층과 2층 평면도를 작성하시오.

2. 건축개요

(1) 용도지역 : 준주거지역
(2) 계획대지 : <그림> 대지현황도 참조
(3) 대지면적 : 1,481.76m²
(4) 용   도 : 수련시설
(5) 규   모 : 지하 1층, 지상 2층
(6) 구   조 : 철근콘크리트조
(7) 건 폐 율 : 60% 이하
(8) 용 적 률 : 400% 이하
(9) 층   고 : 1층 4.8m, 2층 4.5m
(10) 층별 마감레벨
　① 1층 : EL + 150mm
　② 2층 : EL + 4,950mm
(11) 주차대수 : 4대(장애인전용 주차 1대 포함)
(12) 엘리베이터(장애인 겸용) : 15인승 1대(엘리베이터 샤프트의 내부 평면치수는 2,500mm x 2,500mm)

3. 설계조건

(1) 건축물은 인접 대지경계선에서 1.5m 이상 이격한다.
(2) 북동측 대형 판매시설의 완충지대(buffer zone)를 확보한다.
(3) 건축물 전면에 아외전시, 기획행사 등을 위한 외부공간 사이에 건축물 전면에 아외전시, 기획행사 등을 위한 외부공간(240m² 이상)을 계획한다.
(4) 공개 공지(80m² 이상)는 근린공원과 연계하여 계획한다.
(5) 외부공간 연석 산정시 공개 공지와 필로티 면적은 포함되지 않는다.
(6) 4면 이상의 주차공간을 필로티로 계획한다(세로로 연점 배치 금지).
(7) 건축물의 주출입구는 도로와 마주 보게 계획한다.
(8) 주차장에서 건축물로 출입이 가능한 부출입구를 계획한다.
(9) 로비와 연계하여 벽체구획이 없는 개방형 라운지를 계획한다.
(10) 로비와 라운지의 일부공간(50m² 이상)은 자연채광이 가능하도록 2개층 높이로 계획한다.

(11) 라운지는 전시공간으로도 사용될 수 있도록 전시실에 인접시킨다.
(12) 라운지는 외부공간 조명이 가능하도록 계획한다.
(13) 스낵바는 라운지에 인접시킨다.
(14) 스낵바의 물품반입동선을 효율적으로 계획한다.
(15) 옥상정원(100m² 이상)은 공방실으로 조명이 열리도록 근린공원에 가깝게 배치한다.
(16) 입체조형실은 옥상정원과 연계하여 아외작업이 가능하도록 계획한다.
(17) 입체조형실, 평면조형실, 영상디자인실, 워크숍실, 미디어정보실은 하나의 존(zone)이 되도록 계획한다.
(18) 미디어정보실과 워크숍실은 인접시킨다.
(19) 복도의 유효폭은 2.1m 이상으로 한다.
(20) 대지 북측에 위치한 기존수목은 보존한다.
(21) 자전거보관소(10대 이상)를 설치한다.
(22) 장애인의 편의성을 고려하여 계획한다.
(23) 출입구에 방풍실을 설치한다.
(24) 친환경 설계기법을 적용하여 계획한다.

4. 실별 소요면적과 요구조건

(1) 실별 소요면적과 요구조건은 <표>를 따른다.
(2) 각 층별 바닥면적 합계는 5% 범위 내에서 증감 가능하다.
(3) 실별 바닥면적은 10% 범위 내에서 증감 가능하다.
(4) 바닥면적은 실별 실명 아래에 기입한다.
　(예) 사무실
　　　(00m²)

5. 도면작성요령

(1) 조경, 주차 등 옥상공간과의 관련된 배치계획은 1층 평면도에 표기한다.
(2) 개방형 라운지의 해당영역을 표기한다.
(3) 주요치수, 출입문(회전방향 포함), 기둥, 실명 등을 표기한다.
(4) 벽과 개구부가 구분되도록 표기한다.
(5) 지하층의 도면 작성은 생략한다.
(6) 소수점 이하는 반올림하여 정수로 표기한다.
(7) 단위 : mm
(8) 축척 : 1/200

6. 유의사항

(1) 제도는 반드시 흑색연필심으로 한다.
(2) 명시되지 않은 사항은 현행 관계법령을 준용한다.

건축사자격시험 기출문제 1-31

<표> 실별 소요면적과 요구조건

구분	실 명	면적(m²)	요구조건
지하층	기계·전기실	100	-
	창고	50	-
	소 계	150	-
1층	라운지	110	휴게시설로 활용
	전시실	100	-
	다목적실	85	-
	소내비	15	-
	사무실	50	-
	화장실	50	남자용 : 대변기·소변기·세면대 각 2개 여자용 : 대변기 4개, 세면대 2개 장애인용 : 남·여 각 1개소 설치
	기타 공용면적	190	로비, 복도, 계단, 엘리베이터홀, 방풍실 등
	소 계	600	-

구분	실 명	면적(m²)	요구조건
2층	입체조형실	100	-
	평면조형실	70	-
	영상디자인실	85	-
	위크숍실	50	-
	미디어정보실	50	-
	창작지원실	35	강사연구실로 사용
	화장실	50	남자용 : 대변기·소변기·세면대 각 2개 여자용 : 대변기 4개, 세면대 2개 장애인용 : 남·여 각 1개소 설치
	기타 공용면적	170	홀, 복도, 계단, 엘리베이터홀 등
	소 계	610	-
합 계		1,360	-

<그림> 대지현황도

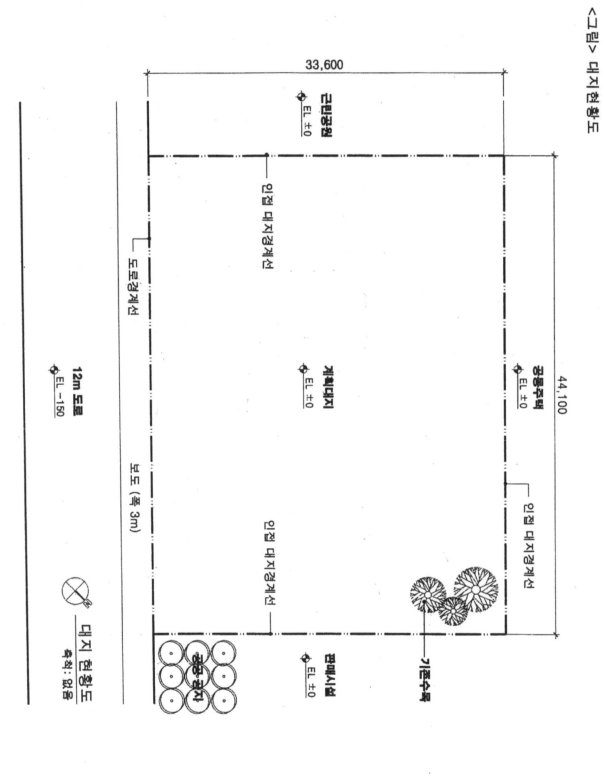

근린공원 EL ±0

33,600

44,100

인접 대지경계선

도로경계선

공동주택 EL ±0

계획대지 EL ±0

인접 대지경계선

12m 도로 EL −150

보도 (폭 3m)

편의시설 EL ±0

기존수목

공동주차

대지현황도
축척 : 없음

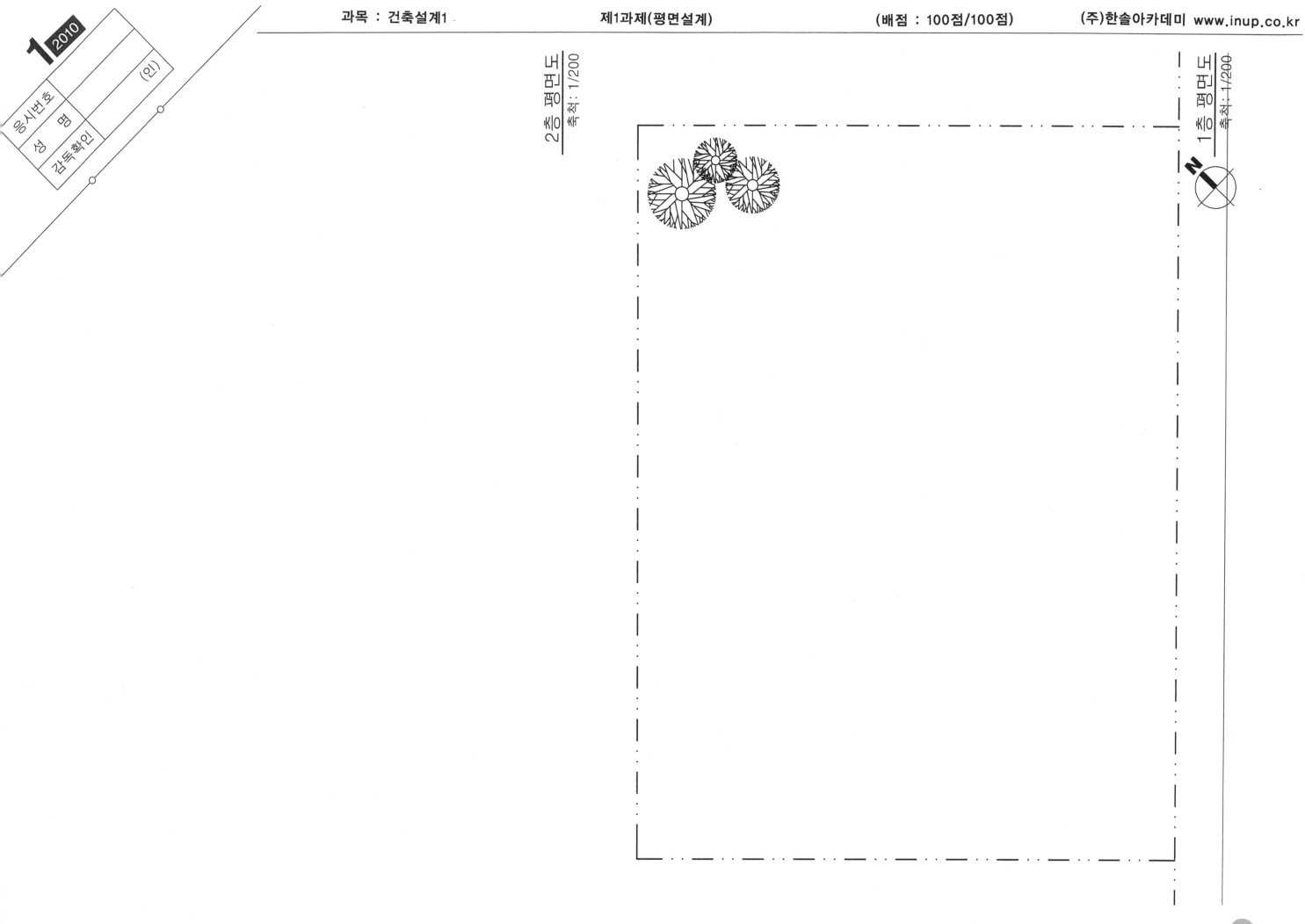

2층 평면도
축척 : 1/200

1층 평면도
축척 : 1/200

N

2011년도 건축사 자격시험 문제

과 목 명	제1과제 : 평 면 설 계 (100점)
건 축 설 계 1	

응시자 준수사항

1. 문제지를 받더라도 시험시작 타종전까지 문제내용을 보아서는 안 됩니다.

2. 문제지를 받는 즉시 과목편철 순서, 문제누락 여부, 인쇄상태 이상 유무 등을 확인한 후 답안지에 본인의 응시번호와 성명을 기재합니다.

3. 시험이 시작되면 문제를 주의 깊게 읽은 후 답안을 작성하시기 바랍니다.

4. 시험시간종료 후 문제지와 보조용지 (깔판지, 트레이싱지)는 제출하지 않습니다.
※ 시험시간이 종료되기 전에는 어떠한 경우에도 문제지를 시험장 밖으로 가지고 갈 수 없습니다.

5. 답안지 미제출자나 부정행위자로 간주 처리됩니다.

공 지 사 항

1. 문제지 공개
   - 방 법 : 국토교통부 및 대한건축사협회 인터넷 홈페이지에 게시

2. 합격예정자 발표
   - 방 법 : 국토교통부 / 대한건축사협회 인터넷 홈페이지 및 각 시·도 건축사회 게시판

3. 접수 열람
   - 방 법 : 대한건축사협회 인터넷 홈페이지 / 성적열람 메뉴

※ 합격예정자 제출서류에 대한 자세한 사항은 대한건축사협회 인터넷 원서접수 프로그램 공지사항에 게재되어 있으며, 합격예정자 발표시 별도 공고합니다.

2011년도 건축사자격시험 문제

과목 : 건축설계1　　　제1과제(평면설계)　　　배점 : 100/100점　　　(주)한솔아카데미

제 목 : 소극장 평면설계

1. 과제개요

준주거지역내에 소극장을 신축하려고 한다.
다음 사항을 고려하여 1층 및 2층 평면도를 작성하시오.

2. 건축개요

(1) 용도지역 : 준주거지역
(2) 주변현황 : 대지현황도 참조
(3) 대지면적 : 1,744m²
(4) 건 폐 율 : 해당 없음
(5) 용 적 률 : 해당 없음
(6) 규　　모 : 지상 2층
(7) 구　　조 : 철근콘크리트조, 철골조
(8) 층　　고 : 실의 요구조건에 따라 변화 가능
　　　　　　　　(단, 계단실 1개층 높이는 3.6m)
(9) 주 차 장 : 해당 없음 (대지내 주차장 이용)
(10) 조경면적 : 해당 없음
(11) 기타주요설비
　① 승용승강기(장애인용 겸용) : 15인승 1대
　　(승강기 샤프트 내부 평면치수는 2.5m x 2.5m 이상)
　② 주방용승강기 : 1대
　　(승강기 샤프트 내부 평면치수는 0.9m x 0.9m)

3. 설계조건

(1) 대지의 지형을 최대한 활용하여 계획한다.
(2) 건축물은 건축선, 인접대지 경계선으로부터 3m 이상 이격한다.
(3) 건축물은 보호수목 경계선으로부터 1m 이상 이격한다.
(4) 보호수목을 중심으로 내부공간과의 연계되는 외부 휴게 공간을 계획한다.
(5) 소극장 관람석 제일 앞열과 제일 뒷열의 바닥레벨 차이는 1m로 계획한다.
(6) 1층 소극장 및 2층 야외 공연장 내에 각각 장애인용 좌석을 4개 이상 설치한다.
(7) 2층 야외 공연장은 주변에 조경율을 계획한다.

(8) 1층 카페와 2층 레스토랑 사이는 30m² 이상의 수직 개방공간(Void)을 계획하고, 서로 연결 사용 가능하도 록 한다.
(9) 카페와 레스토랑은 주방용 승강기를 공유한다.
(10) 장애인이 편리하게 이용가능 하도록 무장애(Barrier Free)로 계획한다.

4. 실별 소요면적과 요구조건

(1) 실별 소요면적과 요구조건은 <표>를 따른다.
(2) 층별 바닥면적 합계는 5% 범위 내에서 증감이 가능하다.
(3) 실별 바닥면적은 10% 범위 내에서 증감이 가능하다.
(4) 필로티는 바닥면적 산입에서 제외한다.

5. 도면작성요령

(1) 1층(배치계획 포함), 2층 평면도를 작성 한다.
(2) 주요치수, 출입문(최전방향 포함), 기둥, 실명 등을 표기한다.
(3) 벽과 개구부가 구분되도록 표기한다.
(4) 바닥레벨은 반드시 표기한다.
(5) 소극장, 야외공연장은 무대와 객석을 표기한다.
(6) 단위 : mm
(7) 축척 : 1/200

6. 유의사항

(1) 답안작성은 반드시 흑색연필로 한다.
(2) 명시되지 않은 사항은 현행 관계법령의 범위 안에서 임의로 한다.
(3) 치수표기 시 답안지의 여백이 없을 때에는 융통성 있게 표기한다.

<표> 실별 소요면적 및 요구조건

층별	실 명	소요면적(㎡)	요구조건
1층	카 페 (Cafe)	100	주방, 창고, 좌석배치표시, 2층 레스토랑과 연결
	소극장	240	천장고 : 최소 3.3m, 최고 7m
	연습실	40	-
	분장실	20	-
	화장실	40	남 : 대·소변기 각 2개 / 여 : 대변기 4개
	장애인용 화장실	10	남·여 각 1개소
	기타 공용공간	220	로비, 복도, 계단실 등
	소 계	670	-

층별	실 명	소요면적(㎡)	요구조건
2층	레스토랑 (Restaurant)	180	주방, 창고, 좌석배치표시, 1층 카페와 연결
	사무실	50	-
	야외공연장	220	조경면적 30㎡ 포함
	준비실	40	-
	화장실	40	남 : 대·소변기 각 2개 / 여 : 대변기 4개
	장애인용 화장실	10	남·여 각 1개소
	기타 공용공간	200	홀, 복도, 계단실 등
	소 계	740	-
	합 계	1,410	-

<대지 현황도>

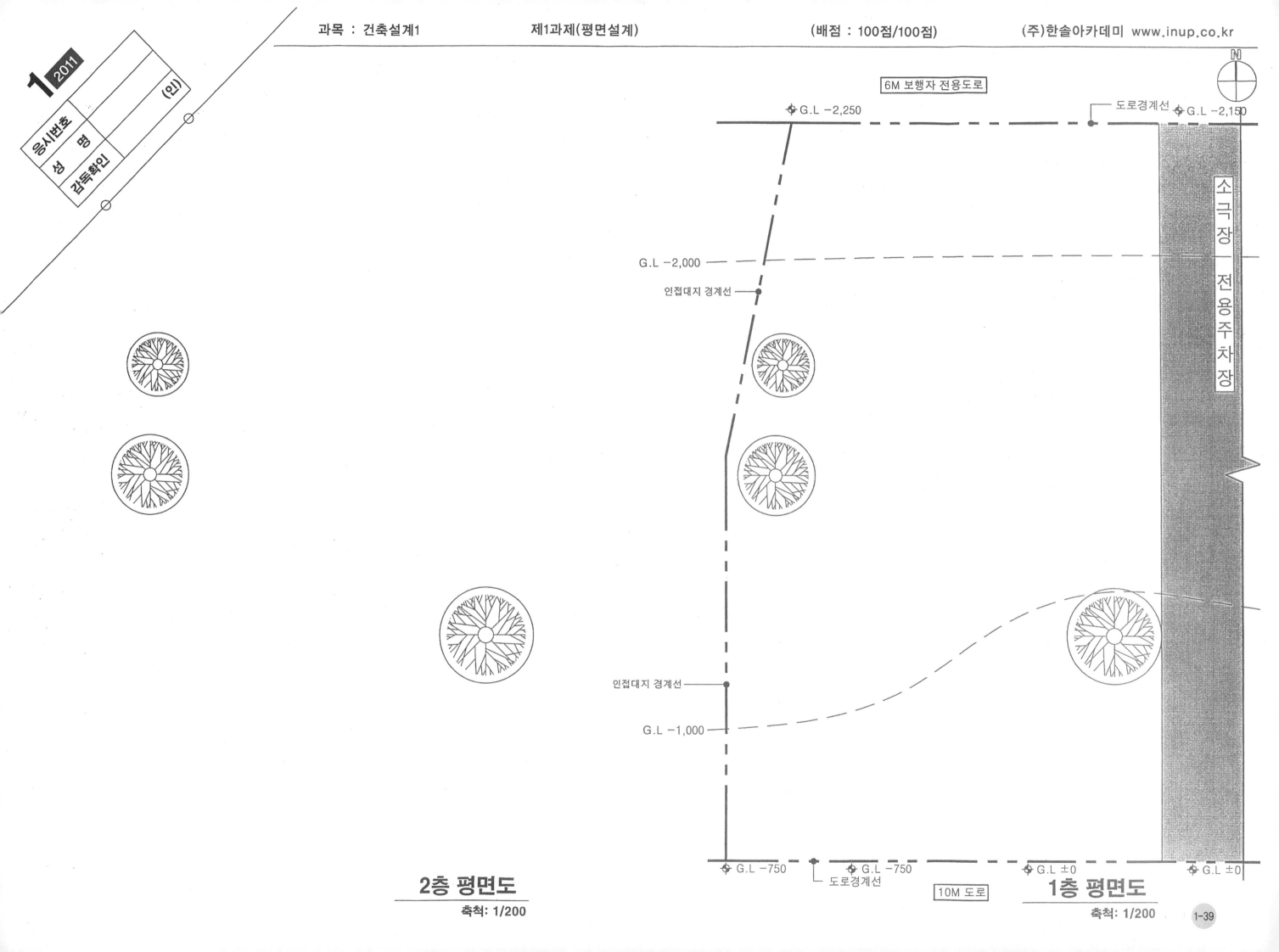

2층 평면도

축척: 1/200

1층 평면도

축척: 1/200

2012년도 건축사 자격시험 문제

과 목 명	건 축 설 계 1
과 제 명	제1과제 : 평 면 설 계 (100점)

응시자 준수사항

1. 문제지를 받더라도 시험시작 타종전까지 문제내용을 보아서는 안 됩니다.

2. 문제지를 받는 즉시 과목편철 순서, 문제누락 여부, 인쇄상태 이상 유무 등을 확인한 후 답안지에 본인의 응시번호와 성명을 기재합니다.

3. 시험이 시작되면 문제를 주의 깊게 읽은 후 답안을 작성하시기 바랍니다.

4. 시험시간종료 후 문제지와 보조용지(깔판지, 트레이싱지)는 제출하지 않습니다.
   ※ 시험시간이 종료되기 전에는 어떠한 경우에도 문제지를 시험장 밖으로 가지고 갈 수 없습니다.

5. 답안지 미제출자는 부정행위자로 간주 처리됩니다.

공 지 사 항

1. 문제지 공개
   - 방 법 : 국토교통부 및 대한건축사협회 인터넷 홈페이지에 게시

2. 합격예정자 발표
   - 방 법 : 국토교통부 / 대한건축사협회 인터넷 홈페이지 및 각 시·도 건축사회 게시판

3. 점수 열람
   - 방 법 : 대한건축사협회 인터넷 홈페이지 / 성적열람 메뉴

   ※ 합격예정자 제출서류에 대한 자세한 사항은 대한건축사협회 인터넷 원서접수 프로그램 공지사항에 게재되어 있으며, 합격예정자 발표시 별도 공고합니다.

2012년도 건축사자격시험 문제

과목 : 건축설계1　　제1과제(평면설계)　　배점 : 100/100점　　　　　　　　(주)한솔아카데미

제 목 : 기업홍보관 평면설계

1. 과제개요

기업홍보관을 신축하려고 한다. 아래 사항을 고려하여 지상 1층, 2층 평면도를 작성하시오.

2. 건축개요

(1) 용도지역 : 준주거지역
(2) 주변현황 : 대지현황도 참조
(3) 대지면적 : 2,730m²
(4) 건 폐 율 : 60% 이하
(5) 용 적 률 : 300% 이하
(6) 규　　　모 : 지하 1층, 지상 2층
(7) 구　　　조 : 철근콘크리트 라멘조
(8) 주 차 장 : 지하주차장
(9) 기타설비 : 승용승강기(장애인용 겸용) 15인승 1대
(승강기 샤프트 내부 평면치수는 2.5m x 2.5m 이상)

3. 설계조건

(1) 대지의 지형을 최대한 활용하여 계획한다.
(2) 건축물은 도로경계선, 인접 대지경계선으로부터 1.5m 이상 이격한다.
(3) 전시실 A는 외부전시공간(400m², 최소 폭 18m)과 연계되도록 계획한다.
(4) 2층 카페에는 외부테라스를 설치한다.
(5) 장애인 등이 이용 가능하도록 무장애(Barrier Free)로 계획한다.
(6) 경사로의 구배는 1/12 이하로 한다.
(7) 각 층 화장실은 장애인 화장실을 포함한다.
(8) 층별 면적은 5%, 실별 면적은 10% 범위 내에서 증감이 가능하다.
(9) 기타 요구조건은 <표>를 따른다.

4. 도면작성요령

(1) 외부전시공간은 1층 평면도에 표시한다.
(2) 실명, 주요치수, 기둥, 창문, 출입문(개폐방향 포함) 등을 표기한다.
(3) 바닥레벨은 반드시 표기한다.
(4) 등고선 조정은 표시하지 않는다.
(5) 단위 : mm
(6) 축척 : 1/200

5. 유의사항

(1) 답안작성은 반드시 흑색연필로 한다.
(2) 명시되지 않은 사항은 현행 관계법령의 범위 안에서 임의로 한다.
(3) 치수표기 시 답안지의 여백이 없을 때에는 융통성 있게 표기한다.

\<표\> 실별 소요면적과 기타 요구조건

층별	실 명	소요면적(m²)	층고(m)
1층	기념품점	90	3.6
	홍보실	180	층고1 : 3.6 층고2 : 5.4
	전시실 A	130	9
	시청각실	70	3.6
	화장실	40	3.6
	경사로 및 기타 공용공간	280	3.6
	소 계	790	
외부전시공간		400 (연면적에서 제외)	

층별	실 명	소요면적(m²)	층고(m)
2층	전시실 B	170	7.2
	사무실	50	3.6
	카페	170	5.4
	화장실	40	3.6
	경사로 및 기타 공용공간	240	3.6
	소 계	670	
합 계		1,460	

\<대지 현황도\> 축척 없음

66,000
23,300   42,700
47,150
38,600
16m
6M 도로
16.6
16.2
도로 경계선
인접 대지경계선
지하주차램프 출입구
DN
25m
24
23
22
21
20
17   18   19
인접 대지경계선
N
66,000

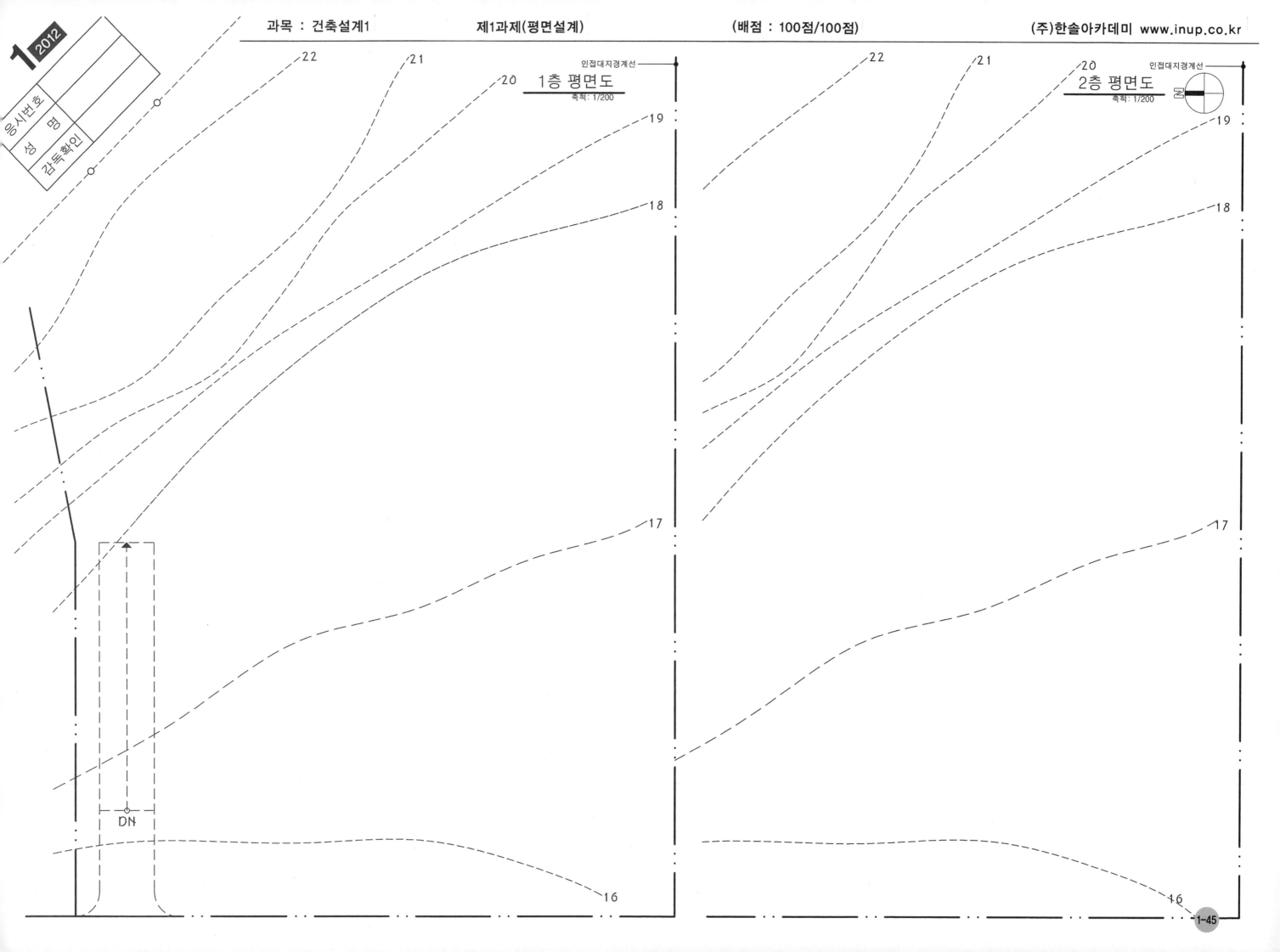

1층 평면도
축적: 1/200

2층 평면도
축적: 1/200

인접대지경계선

22
21
20
19
18
17
16

DN

2013년도 건축사 자격시험 문제

과 목 명	과제명	제1과제 : 평 면 설 계 (100점)
건축설계 1		

응시자 준수사항

1. 문제지를 받더라도 시험시작 타종전까지 문제내용을 보아서는 안 됩니다.

2. 문제지를 받는 즉시 과목편철 순서, 문제누락 여부, 인쇄상태 이상 유무 등을 확인한 후 답안지에 본인의 응시번호와 성명을 기재합니다.

3. 시험이 시작되면 문제를 주의 깊게 읽은 후 답안을 작성하시기 바랍니다.

4. 시험시간종료 후 문제지와 보조용지 (깔판지, 트레이싱지)는 제출하지 않습니다.

※ 시험시간이 종료되기 전에는 어떠한 경우에도 문제지를 시험장 밖으로 가지고 갈 수 없습니다.

5. 답안지 미제출자는 부정행위자로 간주 처리됩니다.

공 지 사 항

1. 문제지 공개
   - 방 법 : 국토교통부 및 대한건축사협회 인터넷 홈페이지에 게시

2. 합격예정자 발표
   - 방 법 : 국토교통부 / 대한건축사협회 인터넷 홈페이지 및 각 시 · 도 건축사회 게시판

3. 점수 열람
   - 방 법 : 대한건축사협회 인터넷 홈페이지 / 성적열람 메뉴

※ 합격예정자 제출서류에 대한 자세한 사항은 대한건축사협회 인터넷 원서접수 프로그램 공지사항에 게재되어 있으며, 합격예정자 발표시 별도 공고합니다.

2013년도 건축사자격시험 문제

제 목 : 도시재생을 위한 마을 공동체 센터

1. 과제개요

주민들이 오랫동안 사용한 기존 건축물을 활용하여 마을 공동체 센터를 증축하고자 한다. 다음 사항을 고려하여 1, 2층 평면도를 작성 하시오.

2. 건축개요

(1) 용도지역 : 제2종 일반주거지역
(2) 주변현황 : 대지현황도 참조
(3) 대지면적 : 1,460m²
(4) 건 폐 율 : 60% 이하
(5) 용 적 률 : 200% 이하
(6) 규   모 : 지상 2층(지하층은 고려하지 않음)
(7) 구   조 : 철근콘크리트구조(기존 건축물은 1층 조적구조)
(8) 층   고
  - 기존건축물 : 처마높이 4.8m, 최고높이 7.5m
  - 증축건축물 : 1층 4.8m, 2층 4.2m
(9) 부설주차장 : 5대(장애인전용 1대 포함)
  (주차규격 : 일반형 2.3m×5.0m, 장애인전용 3.3m×5.0m)
(10) 조경면적 : 고려하지 않음
(11) 주요설비 : 승용 승강기(장애인 겸용 15인승) 1대
  (승강기 승강로 내부 평면치수는 2.5m × 2.5m 이상)

3. 설계조건

(1) 기존 건축물이 구조와 외벽 및 지붕의 형태는 최대한 유지한다.
(2) 기존 건축물 외벽면의 40%~60%를 외부에, 나머지 벽면은 증축하는 건축물이 내부에 노출한다.
(3) 기존 건축물 외벽의 일부가 아트리움(층고 9m)의 내부에 노출되도록 한다.
(4) 나눔장터는 아트리움과 서로 맞닿게 한다.
(5) 주민카페는 센터와 운영시간이 다른 점을 고려하여 별도 출입이 가능하도록 한다.
(6) 앞마당은 주민카페와 인접시키고, 2층 테라스로 접근이 용이하도록 한다.
(7) 유아방은 사무실에서 관리가 용이하도록 배치한다.
(8) 주차장은 1층 창고에 인접시키고 하역이 가능하도록 한다.

4. 실별 소요면적 등 구조조건

구분	주요실명	소요면적(m²)	용 도
1층	아트리움	60	내부 중심공간
	나눔장터	120	판매, 물물교환
	주민카페	180	주민회의, 전시, 북카페
	사무실	50	건물 및 유아방 관리
	유아방	70	놀이, 수유, 세면
	창고	25	물품해체, 포장, 보관
	공용공간	210	홀, 복도, 화장실, 계단실 등
	소 계	715	
2층	공방(4개실)	120	제작, 교육
	만남의 방	50	회의, 휴식, 만남
	공부방(2개실)	45	교육, 학습
	창고	25	보관
	공용공간	120	복도, 화장실, 계단실 등
	소 계	360	
합 계		1,075	
외부공간 시설	앞마당		150m² 이상, 2층에 배치
	테라스		–
	주차장		필로티 이용가능 (8대 이하 소형 연접주차방식은 배제)

* 1) 연면적과 각 실별 소요면적은 각각 10% 내에서 증감이 가능하다.
2) 필로티는 바닥면적에서 제외한다.

5. 도면작성요령

(1) 1층 (배치계획 포함), 2층 평면도를 작성한다.
(2) 주요치수, 출입문(회전방향 포함), 실명 및 각 실의 면적 등을 표기한다.
(3) 벽과 개구부는 구분하여 표기한다.
(4) 바닥 레벨(마감레벨)을 표기한다.
(5) 단위 : mm
(6) 축척 : 1/200

6. 유의사항

(1) 답안작성은 반드시 흑색 연필로 한다.
(2) 명시되지 않은 사항은 현행 관계법령의 범위 안에서 임의로 한다.
(3) 치수표기 시 답안지에 여백이 없을 때에는 융통성 있게 표기한다.

과목 : 건축설계1   제1과제 : 평면설계   배점 : 100/100점   (주)한솔아카데미

<기존 건축물 현황>

- 1층, 조적구조, 기와지붕
- 15m 도로에서 분 등각투상도

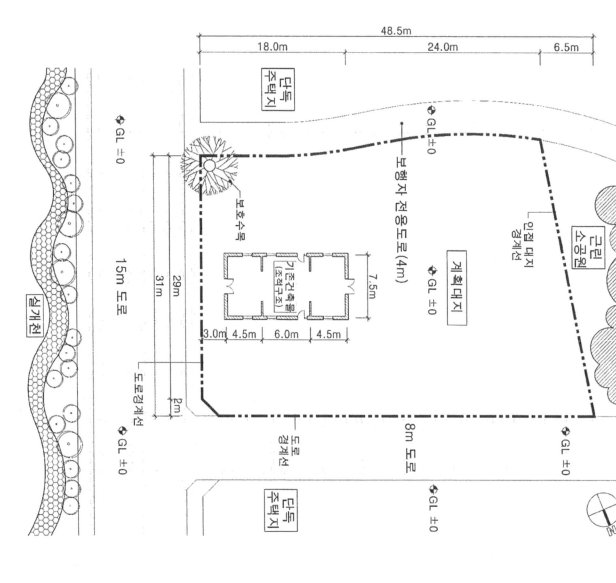

<대지현황도> 축척 없음

1층 평면도
축척:1/200

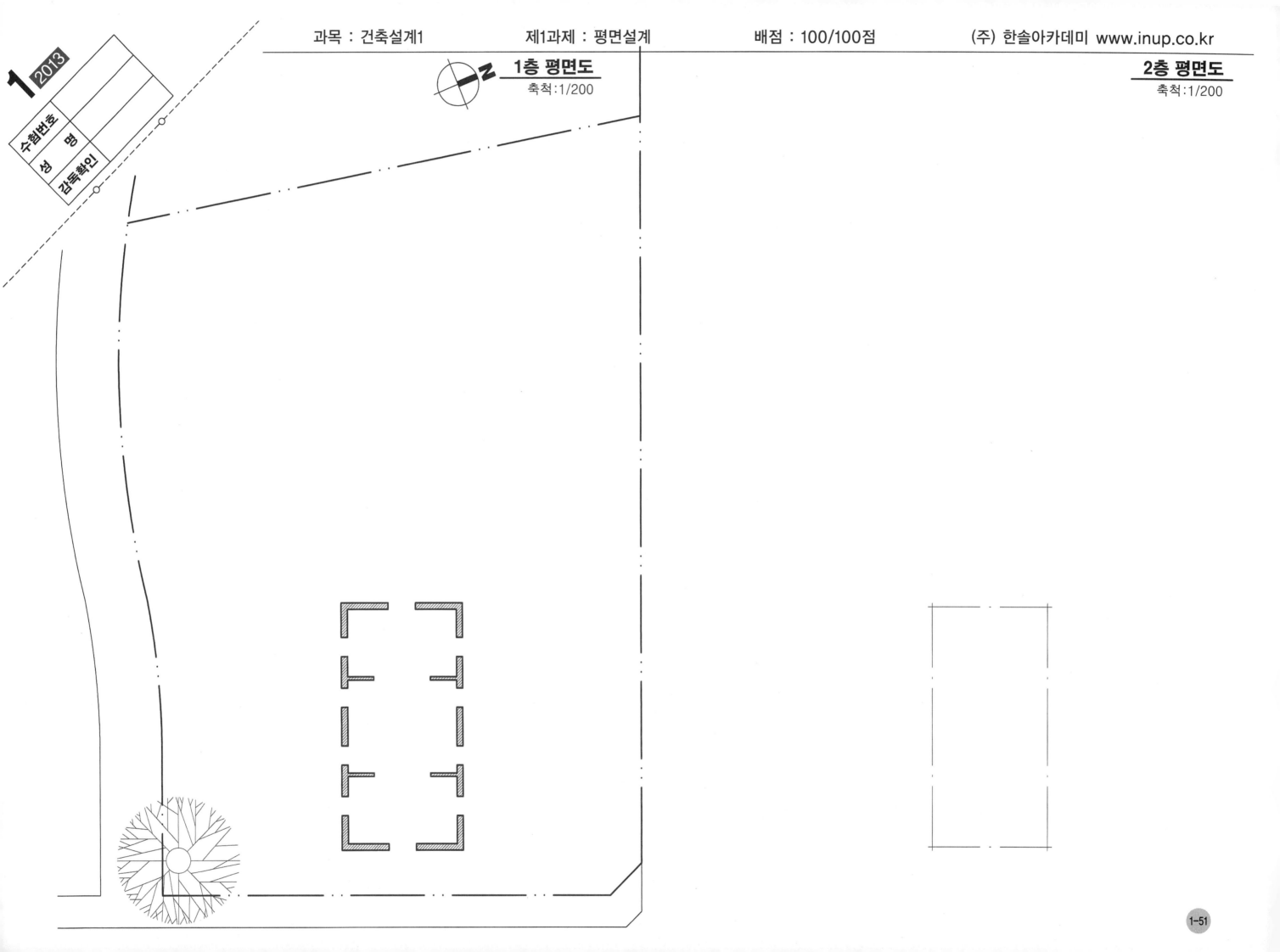

2014년도 건축사 자격시험 문제

과 목 명	제1과제 : 평 면 설 계 (100점)
건 축 설 계 1	

응시자 준수사항

1. 문제지를 받더라도 시험시작 타종전까지 문제내용을 보아서는 안 됩니다.

2. 문제지를 받는 즉시 과목편철 순서, 문제누락 여부, 인쇄상태 이상 유무 등을 확인한 후 답안지에 본인의 응시번호와 성명을 기재합니다.

3. 시험이 시작되면 문제를 주의 깊게 읽은 후 답안을 작성하시기 바랍니다.

4. 시험시간종료 후 문제지와 보조용지 (깔판지, 트레이싱지)는 제출하지 않습니다.
   ※ 시험시간이 종료되기 전에는 어떠한 경우에도 문제지를 시험장 밖으로 가지고 갈 수 없습니다.

5. 답안지 미제출자는 부정행위자로 간주 처리됩니다.

공 지 사 항

1. 문제지 공개
   - 방 법 : 국토교통부 및 대한건축사협회 인터넷 홈페이지에 게시

2. 합격예정자 발표
   - 방 법 : 국토교통부 / 대한건축사협회 인터넷 홈페이지 및 각 시 · 도 건축사회 게시판

3. 점수 열람
   - 방 법 : 대한건축사협회 인터넷 홈페이지 / 성적열람 메뉴

※ 합격예정자 제출서류에 대한 자세한 사항은 대한건축사협회 인터넷 원서접수 프로그램 공지사항에 게재되어 있으며, 합격예정자 발표시 별도로 공고합니다.

2014년도 건축사자격시험 문제

과목 : 건축설계　　　제1과제 : 평면설계　　　배점 : 100/100점　　　(주)한솔아카데미

제　목 : 게스트하우스 리모델링 설계

1. 과제개요

기존 건축물을 증축 및 리모델링하여 게스트하우스로 설계하고자 한다. 다음 사항을 고려하여 1, 2층 평면도를 작성하시오.

2. 건축개요

(1) 용도지역 : 제2종일반주거지역, 지구단위계획구역 (권장용도 : 숙박시설)

(2) 주변현황 : 대지현황도 참조

(3) 대지면적 : 1,297m²

(4) 건 폐 율 : 60% 이하

(5) 용 적 률 : 200% 이하

(6) 규　　모 : 지상 2층(지하층은 고려하지 않음)

(7) 구　　조 : 철근콘크리트조

(8) 층　　고 : 3.0m, 3.9m

(9) 부설주차장 : 5대(장애인전용 1대 포함)

(10) 조경면적 : 270m² 이상(옥상조경 제외함)

(11) 승강기 : 1대 (장애인 겸용)

(12) 기존 건축물 현황 (3개동 연면적의 합계 363m²)
 - ㉮주택(1층) : 조적조, 층고 3.0m
 - ㉯주택(2층) : 철근콘크리트조, 층고 3.0m
 - ㉰창고(2층) : 철근콘크리트조, 층고 3.9m

3. 설계조건

(1) 대지의 지형을 최대한 활용하되, 대지 내 옹벽의 높이는 1m 이하로 계획한다.

(2) 기존 건축물 중 ㉮는 철거하고 ㉯, ㉰는 최대한 보존한다. (구조보강은 고려하지 않음)

(3) 연결통로(건축물 등을 연결하는 통로)를 계획한다.
 ① 1층에 설치하며, 장애인 등의 이동이 가능하도록 경사로로 계획한다.
 ② 증축 등 외부공간과 연결하되, 외벽 및 지붕은 전환경성을 고려하여 계획하며, 방화구획 및 불연재료 적용여부는 고려하지 않는다.

(4) 장애인 객실은 1층에 1개소를 설치한다.

(5) 다양한 규모의 중정을 계획한다. (중정과 필로티 부분 면적의 합계는 280m² 이상으로 할 것)

(6) 필로티는 바닥면적에 산입하지 않는다.

(7) 장애인등을 위한 편의시설의 표기는 경사로, 객실, 화장실, 승강기, 주차구획만 한다.

(8) 객실, 식당 및 커뮤니티실 등 투숙객을 위한 공간과 카페 등 외부인의 출입도 가능한 공간이 구분될 수 있도록 계획한다.

4. [표] 실별 소요면적 및 요구조건

구분	주요실명	소요면적 (m²)	비 고
1층	객 실	130	8실 이상 (화장실 포함)
	장애인 객실	20	1실 (화장실 포함)
	식당 및 커뮤니티실	85	주방, 식품창고, 화장실 포함
	린넨실	10	
	프론트	80	사무실, 로비 포함
	장애인화장실	16	남, 여 구분
	공용공간	190	연결통로, 복도, 계단, 승강기 포함
	소 계	531	
2층	객 실	290	10실 이상 (화장실 포함)
	카 페	85	외부인 출입가능
	화장실	10	남, 여 구분
	공용공간	180	복도, 계단, 라운지, 승강기 포함
	소 계	565	
	합 계	1,096	

※ 각 실별 소요면적은 10% 이내에서 증감이 가능

5. 도면작성요령

(1) 1층(배치계획 포함), 2층 평면도를 작성한다.

(2) 주요치수, 출입문(열림방향 포함), 주요실명(면적포함) 및 기둥을 표기한다.

(3) 벽과 개구부는 구분하여 표기한다.

(4) 지표면의 레벨이 차이가 있는 경우에는 반드시 각각의 지표면 및 각층의 바닥레벨을 표기한다.

(5) 단위 : mm

(6) 축척 : 1/200

6. 유의사항

(1) 답안작성은 반드시 흑색 연필로 한다.

(2) 명시되지 않은 사항은 현행 관계법령의 범위 안에서 임의로 한다.

과목 : 건축설계1   제1과제 : 평면설계   배점 : 100/100점   (주)한솔아카데미

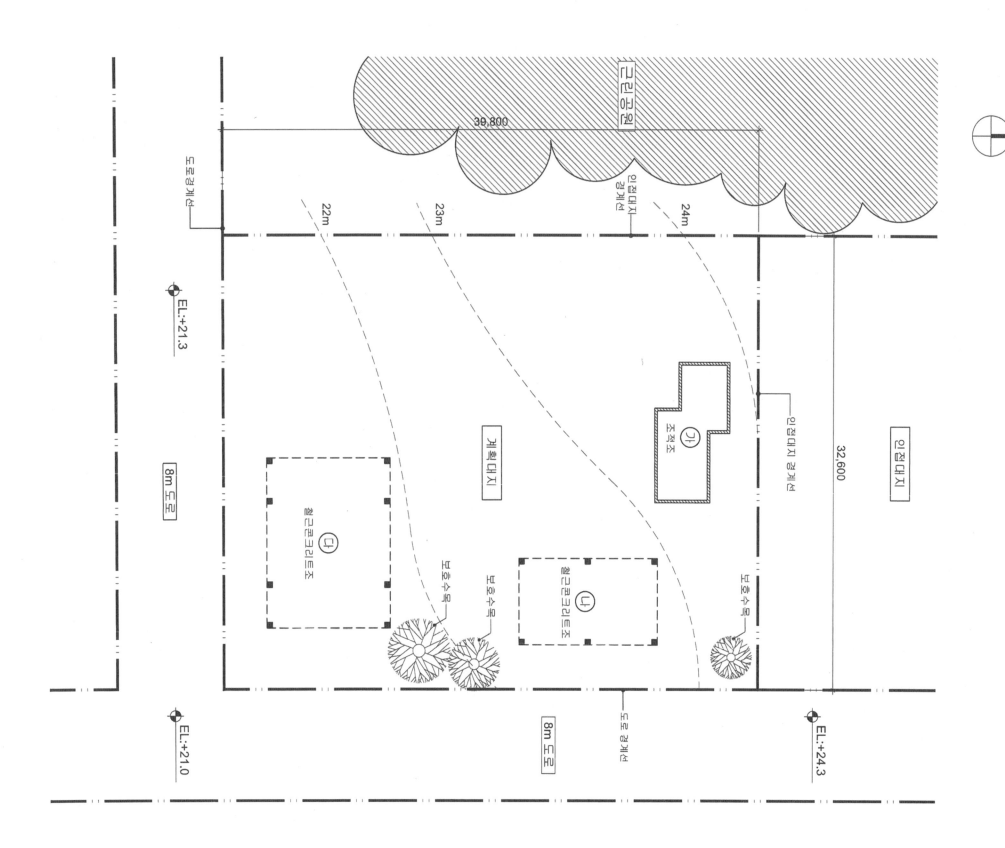

〈대지 현황도〉 축척 없음

근린공원

39,800

22m
23m
24m

인접대지
경계선

도로경계선

EL.+21.3

8m 도로

계획대지

인접대지 경계선

32,600

인접대지

가
조적조

나
철근콘크리트조

다
철근콘크리트조

보호수목

보호수목

보호수목

EL.+24.3

8m 도로

도로경계선

EL.+21.0

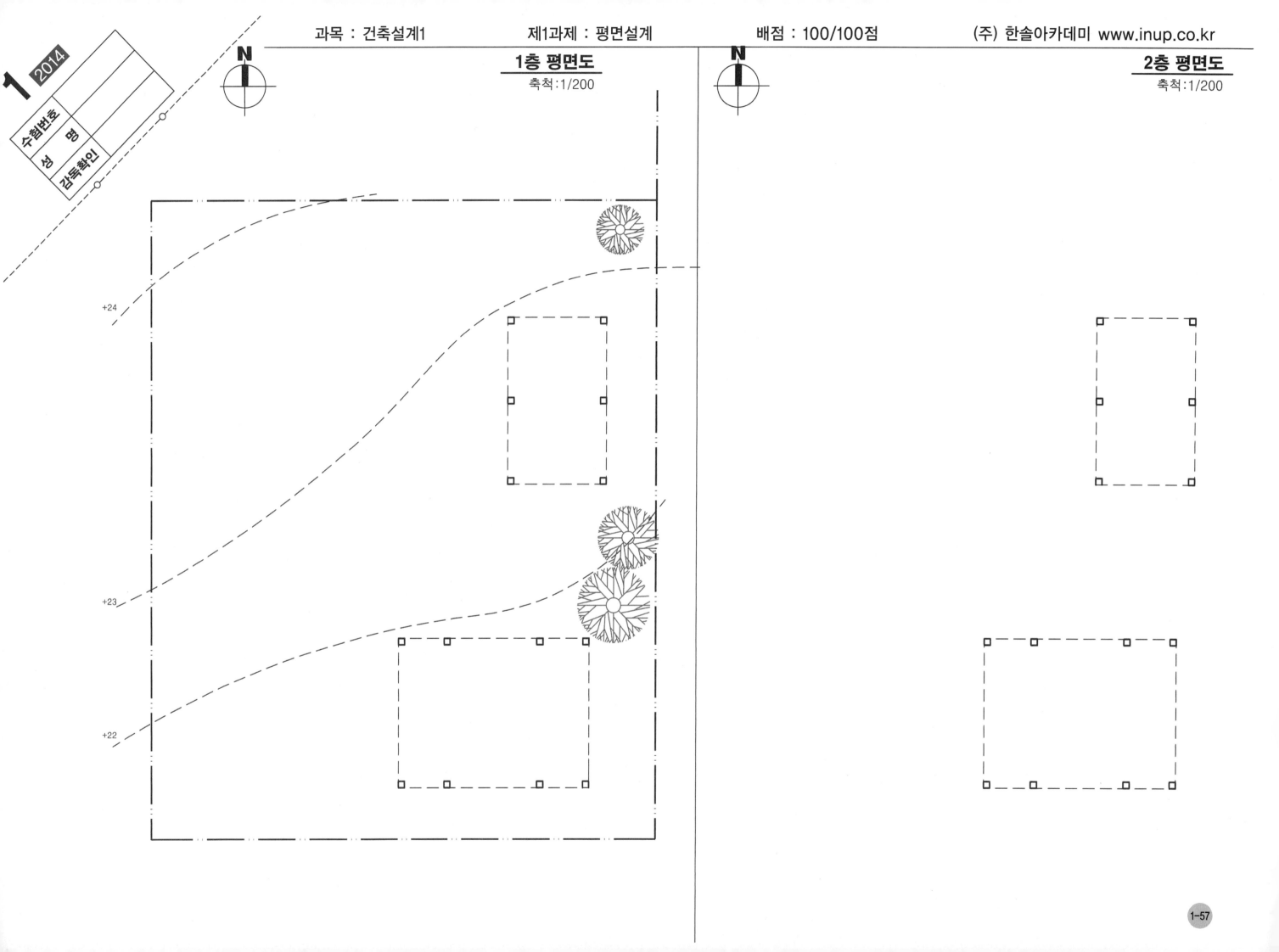

1층 평면도
축척 : 1/200

2층 평면도
축척 : 1/200

+24

+23

+22

2015년도 건축사 자격시험 문제

과 목 명	과 제 명
건 축 설 계 1	제1과제 : 평 면 설 계 (100점)

응시자 준수사항

1. 문제지를 받더라도 시험시작 타종전까지 문제내용을 보아서는 안 됩니다.

2. 문제지를 받는 즉시 과목편철 순서, 문제누락 여부, 인쇄상태 이상 유무 등을 확인한 후 답안지에 본인의 응시번호와 성명을 기재합니다.

3. 시험이 시작되면 문제를 주의 깊게 읽은 후 답안을 작성하시기 바랍니다.

4. 시험시간종료 후 문제지와 보조용지(깔판지, 트레이싱지)는 제출하지 않습니다.
   ※ 시험시간이 종료되기 전에는 어떠한 경우에도 문제지를 시험장 밖으로 가지고 갈 수 없습니다.

5. 답안지 미제출자는 부정행위자로 간주 처리됩니다.

공 지 사 항

1. 문제지 공개
   - 방 법 : 국토교통부 및 대한건축사협회 인터넷 홈페이지에 게시

2. 합격예정자 발표
   - 방 법 : 국토교통부 / 대한건축사협회 인터넷 홈페이지 및 각 시·도 건축사회 게시판

3. 점수 열람
   - 방 법 : 대한건축사협회 인터넷 홈페이지 / 성적열람 메뉴

※ 합격예정자 제출서류에 대한 자세한 사항은 대한건축사협회 인터넷 원서접수 프로그램 공지사항에 게재되어 있으며, 합격예정자 발표시 별도 공고합니다.

2015년도 건축사자격시험 문제

과 목 : 건축설계1　　　　제1과제(평면설계)　　　　배점 100 / 100

제 목 : 육아종합 지원시설을 갖춘 어린이집

1. 과제개요

영유아 일시보육서비스와 보육에 관한 정보의 제공 및 상담 등, 육아종합 지원시설을 갖춘 어린이집의 평면도를 작성하시오.

2. 건축개요

(1) 용도지역 : 제1종 일반주거지역
(2) 주변현황 : <대지현황도> 참조
(3) 대지면적 : 1,290m²
(4) 건 폐 율 : 60% 이하
(5) 용 적 률 : 150% 이하
(6) 규　　모 : 지상2층
(7) 구　　조 : 철근콘크리트구조
(8) 층　　고 : 임의
(9) 주차대수 : 4대 이상(장애인주차 1대 포함)
(10) 조경면적 : 대지면적의 10% 이상
(11) 승 강 기 : 1대(장애인 겸용)

3. 설계조건

(1) 대지의 주변현황과 조건을 최대한 활용한다.
(2) 주차장은 보행로와 분리한다.
(3) 차량은 10m도로에서 출입한다.
(4) 보육시설과 지원시설은 별도의 출입구를 설치한다.
(5) 아외놀이터 및 모래놀이터는 1층 공용공간에서 관찰이 용이하도록 하고 공원과 연계한다.
(6) 동선계획에 있어 어린이의 행동특성을 고려한다.
(7) 보육시설은 주중에, 지원시설은 주중과 주말에 운영하는 것을 가정한다.
(8) 체들이실은 주중에 지원시설과 공유하여 사용하고 주말에는 보육시설과 별도운영이 가능하도록 한다.
(9) 장난감대여실은 주차장과 인접 배치한다.
(10) 부모카페는 공원으로의 조망을 고려한다.
(11) 사무실과 상담실은 인접 배치한다.
(12) 모든 실은 자연환기가 고려되어 가능하도록 한다.
(13) 장애인의 편의를 고려하여 설계한다.
(14) 기존 수목을 고려하여 설계한다.

4. [표] 실별 소요면적 및 요구조건

구분	주요실명	면적(m²)	비 고
1층 (보육시설)	2세반	30	· 2개의 보육실 사이에 공동으로 사용하는 화장실 (10m²이상X3개) 설치
	3세반	30	
	4세반	30	
	5세반	30	
	6세반	30	
	7세반	30	
	화장실	30	· 2, 3세반이 공동으로 사용
	목욕실	6	
	일정실	15	
	주방	15	
	체놀이실	60	· 층고 6m 이상, 유희실 겸함
	공용공간	270	· 공용공간 내 50m²의 실내놀이터를 구획하여 점선으로 표현 · 공용화장실은 설치하지 않음
	소 계	576	
2층 (지원시설)	장난감대여실	45	· 세척실 10m² 포함 · 반납 및 하역 고려
	부모카페	45	
	동화구연실	30	
	사무실	30	
	상담실	15	
	공용공간	220	
	소 계	385	
	합 계	961	
아외공간	아외놀이터 모래놀이터	80	· 보육계획과 2층 평면도를 작성한다.
	보육실데크	45	· 보육실 2개당 15m² 이상
	2층테라스	60	· 1층에서 직접 접근이 가능

(1) 각 실별 소요면적은 10%내에서 증감이 가능하다.
(2) 연면적은 10%내에서 증감이 가능하다.
(3) 아외공간은 주어진 면적 이상으로 계획한다.

5. 도면작성요령

(1) 1층(배치계획 포함), 2층 평면도를 작성한다.
(2) 주요치수, 축선, 출입문(회전방향 포함), 실명 및 각 실의 면적 등을 표기한다.
(3) 벽과 개구부는 구분하여 표기한다.
(4) 바닥레벨(마감레벨) 및 층별 면적을 표기한다.
(5) 단위 : mm
(6) 축척 : 1/200

6. 유의사항

(1) 도면작성은 반드시 흑색 연필로 한다.
(2) 명시되지 않은 사항은 현행 관계법령의 범위 안에서 임의로 한다.

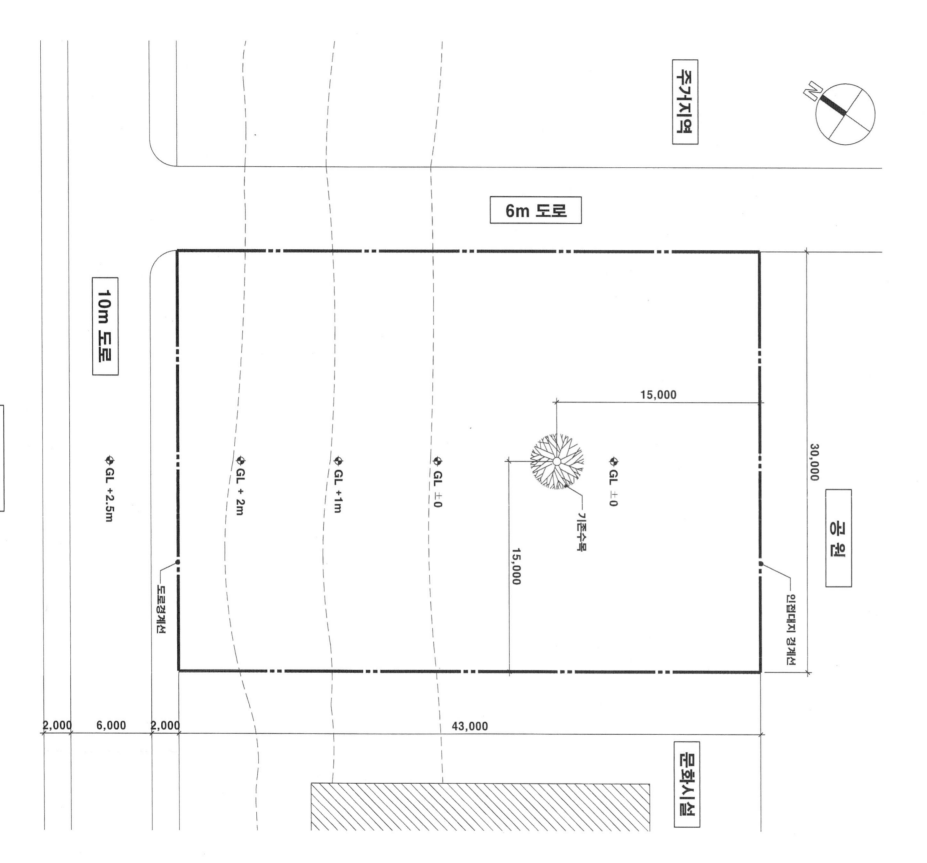

〈대지 현황도〉 축척 없음

국가지역

6m 도로

10m 도로

아파트단지

N

◆ GL +2.5m

◆ GL +2m

◆ GL +1m

◆ GL ±0

◆ GL ±0

도로경계선

15,000

30,000

15,000

기준수목

인접대지 경계선

야 외

문화시설

2,000 6,000 2,000

43,000

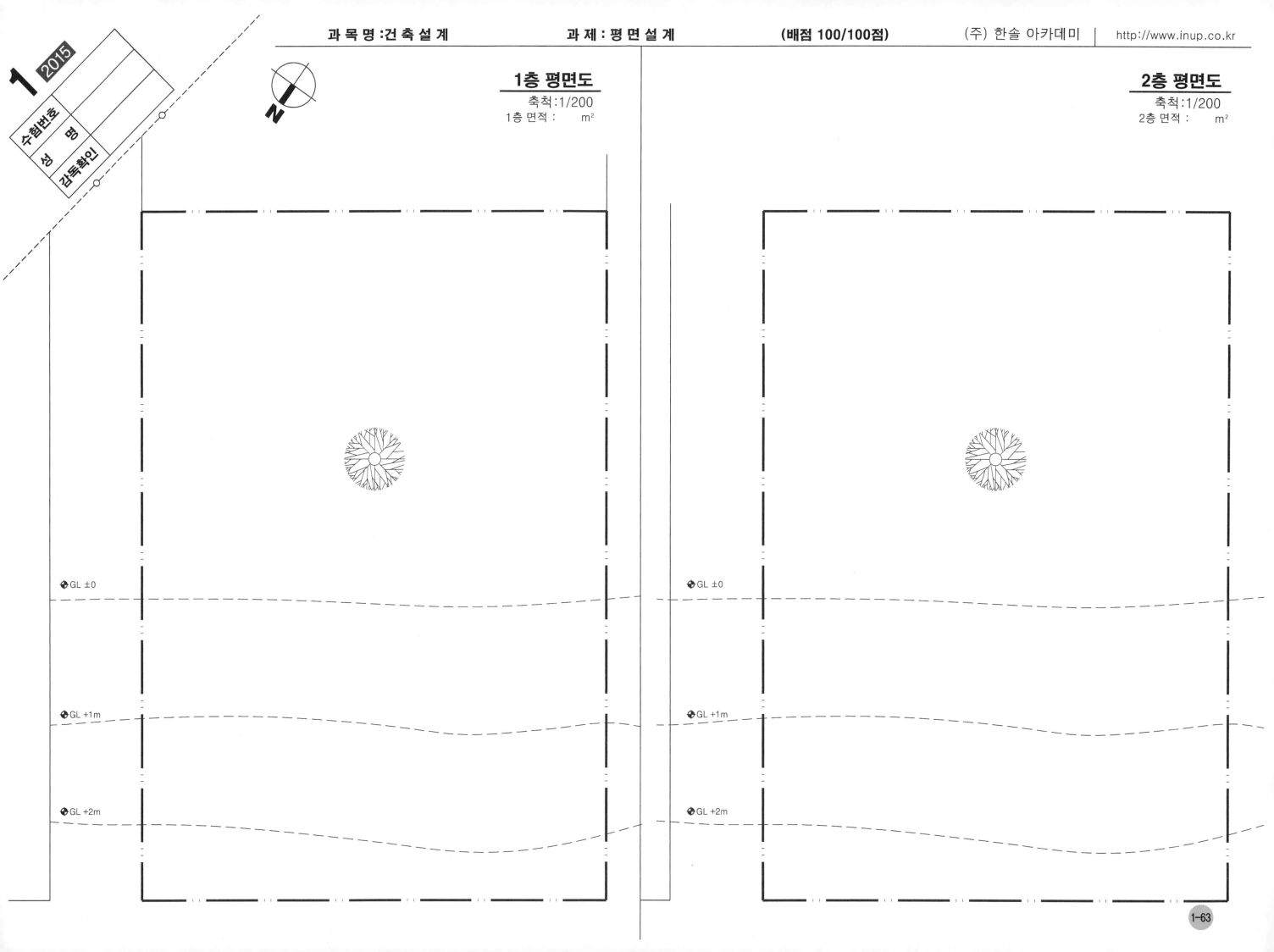

1
2015

수험번호
성 명
감독확인

1층 평면도
축척:1/200
1층 면적 :　　　 m²

2층 평면도
축척:1/200
2층 면적 :　　　 m²

⊕ GL ±0

⊕ GL +1m

⊕ GL +2m

⊕ GL ±0

⊕ GL +1m

⊕ GL +2m

2016년도 건축사 자격시험 문제

과 목 명	과 제 명
건 축 설 계 1	제1과제 : 평 면 설 계 (100점)

응시자 준수사항

1. 문제지를 받더라도 시험시작 타종전까지 문제내용을 보아서는 안 됩니다.

2. 문제지를 받는 즉시 과목편철 순서, 문제누락 여부, 인쇄상태 이상 유무 등을 확인한 후 답안지에 본인의 응시번호와 성명을 기재합니다.

3. 시험이 시작되면 문제를 주의 깊게 읽은 후 답안을 작성하시기 바랍니다.

4. 시험시간종료 후 문제지와 보조용지(깔판지, 트레이싱지)는 제출하지 않습니다.

※ 시험시간이 종료되기 전에는 어떠한 경우에도 문제지를 시험장 밖으로 가지고 갈 수 없습니다.

5. 답안지 미제출자는 부정행위자로 간주 처리됩니다.

공 지 사 항

1. 문제지 공개
   - 방 법 : 국토교통부 및 대한건축사협회 인터넷 홈페이지에 게시

2. 합격예정자 발표
   - 방 법 : 국토교통부 / 대한건축사협회 인터넷 홈페이지 및 각 시·도 건축사회 게시판

3. 점수 열람
   - 방 법 : 대한건축사협회 인터넷 홈페이지 / 성적열람 메뉴

※ 합격예정자 제출서류에 대한 자세한 사항은 대한건축사협회 인터넷 원서접수 프로그램 공지사항에 게재되어 있으며, 합격예정자 발표시 별도 공고합니다.

2016년도 건축사자격시험 문제

과 목 : 건축설계 1   제1과제 (평면설계)

제 목 : 패션산업의 소상공인을 위한 지원센터 설계

1. 과제개요

○○지역에서 소상공인이 패션소품 및 임대사무실 등으로 활용할 수 있도록 지원센터를 설계하고자 한다.
다음 조건을 고려하여 보존가치가 있는 기존 공장의 용도변경 및 리노베이션을 포함한 증축 설계 1층 평면도와 2층 평면도를 작성하시오(지하층 제외).

2. 건축개요

(1) 용도지역 : 제3종 일반주거지역, 지구단위계획구역
(2) 주변현황 : <대지현황도> 참조
(3) 대지면적 : 1,313m²
(4) 건폐율과 용적률은 고려하지 않음
(5) 규모 : 지하 1층, 지상 2층
(6) 기존 공장 : 1층, 처마높이 5m
(7) 증축 건축물 층고 : 1층, 2층 - 각 4m
(8) 구조 : 기존 - 조적조
　　　　증축 - 철근콘크리트조
(9) 용도 : 문화 및 집회시설

3. 설계조건

(1) 대지의 지형을 최대한 활용한다
(2) 기존 공장의 형태를 보존하고, 공간의 특성을 활용하여 계획한다(최소한의 구조보강 가능).
(3) 증축 부분은 기존 공장의 적벽돌 벽체를 노출하는 요소로 활용한다.
(4) 1층 로비와 야외 전시공간은 연계하여 계획한다.
(5) 2층 카페는 남측 전경과 1층 로비를 동시에 볼 수 있도록 한다.
(6) 남쪽 부분으로 외부 조망 및 자연광 유입이 최대한 가능하도록 한다.
(7) 장애인 및 노약자를 고려하여 계획한다.
(8) 옥외에 주차 1대를 설치한다(장애인용 주차구획은 지하에 있으며 지하주차장은 계획하지 않음).
(9) 건축물의 외벽선과 인접 대지경계선까지의 이격거리는 3m 이상으로 한다.

4. 소요면적 및 요구조건

층	실 명	면적 (m²)	요구조건
지하층	주차장, 기계실·전기실 등	-	· 지하1층은 계획하지 않음
	런웨이(run way) 및 관람공간	160	· 런웨이 : 길이 15m x 폭 2.4m x 높이 0.7m
	런웨이 준비실	80	· 런웨이 레벨은 런웨이와 동일
	기념품점 및 홍보실	50	
1층	소형 사무실	80	· 4개소의 합계
	화장실	30	· 남 : 대·소변기 각 1개 / 여 : 양변기 2개 / 장애인용 화장실(여) : 1개
	기타 공용공간	210	· 로비(전시 및 리셉션 겸용) / · 계단, 복도, 장애인겸용 엘리베이터 등
	소 계	610	
	카페(cafe)	60	· 카페 주방 포함
	중형 사무실	80	· 3개소의 합계
	시청각실	40	
	소회의실	15	
2층	행정사무실	15	
	화장실	30	· 남 : 소변기 2개 / 여 : 양변기 2개 / 장애인용 화장실(남) : 1개
	기타 공용공간	120	· 계단, 복도, 장애인겸용 엘리베이터 등
	소 계	360	
합 계		**970**	
옥외	야외 전시공간	40	· 화물용 정차 공간
	하역공간	-	

주) (1) 각 실의 소요면적은 5% 범위에서 증감 가능
　　(2) 런웨이(run way) : 패션쇼에서 모델들이 걷는 길게 돌출된 무대

5. 도면작성 요령

(1) 1층 평면도(배치계획 포함) 및 2층 평면도 작성
(2) 옥외 주차구역 및 지하주차장 출입구 표기
(3) 장애인 등의 편의시설 중 접근로, 주출입구, 승강기, 화장실에 관하여 표기(그 외에도 표기하지 않음)
(4) 실명, 치수, 출입문(회전방향 포함) 및 각 실의 바닥 마감 레벨 표기
(5) 벽과 개구부는 구분하여 표기
(6) 단 위 : mm
(7) 축 척 : 1/200

6. 유의사항
(1) 답안 작성은 흑색연필로 한다.
(2) 도면작성은 과제개요, 설계조건, 도면작성 요령 및 고려사항, 기타 현황도 등에 주어진 치수를 기준으로 한다.
(3) 명시하지 않은 사항은 현행 관계법령의 범위 안에서 임의로 한다.
(4) 치수 표기 시 답안지에 여백이 없을 때에는 융통성 있게 표기한다.

<대지현황도> 축척 없음

기준 공장 등각도 (ISOMETRIC)

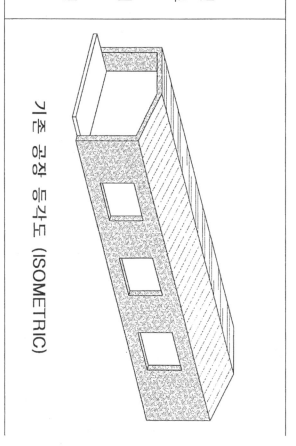

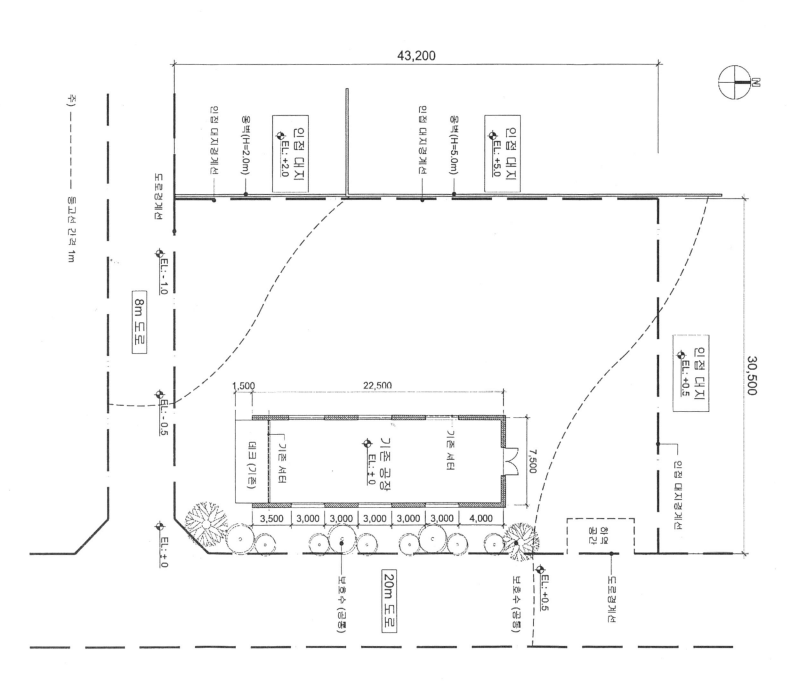

주) — — — — — 등고선 간격 1m

43,200

30,500

인접 대지
EL: +5.0

인접 대지
EL: +2.0

인접 대지
EL: +0.5

옹벽(H=5.0m)

옹벽(H=2.0m)

인접 대지경계선

도로경계선

8m 도로

EL: -1.0
EL: -0.5
EL: ±0

20m 도로

보호수 (공동)

보호수 (공동)

EL: +0.5
EL: +0.5

도로경계선

인접 대지경계선

하역공간

기준 공장
EL: ±0

기준 셔터
기준 셔터

데크 (기존)

1,500   22,500

7,500

3,500 3,000 3,000 3,000 3,000 3,000 4,000

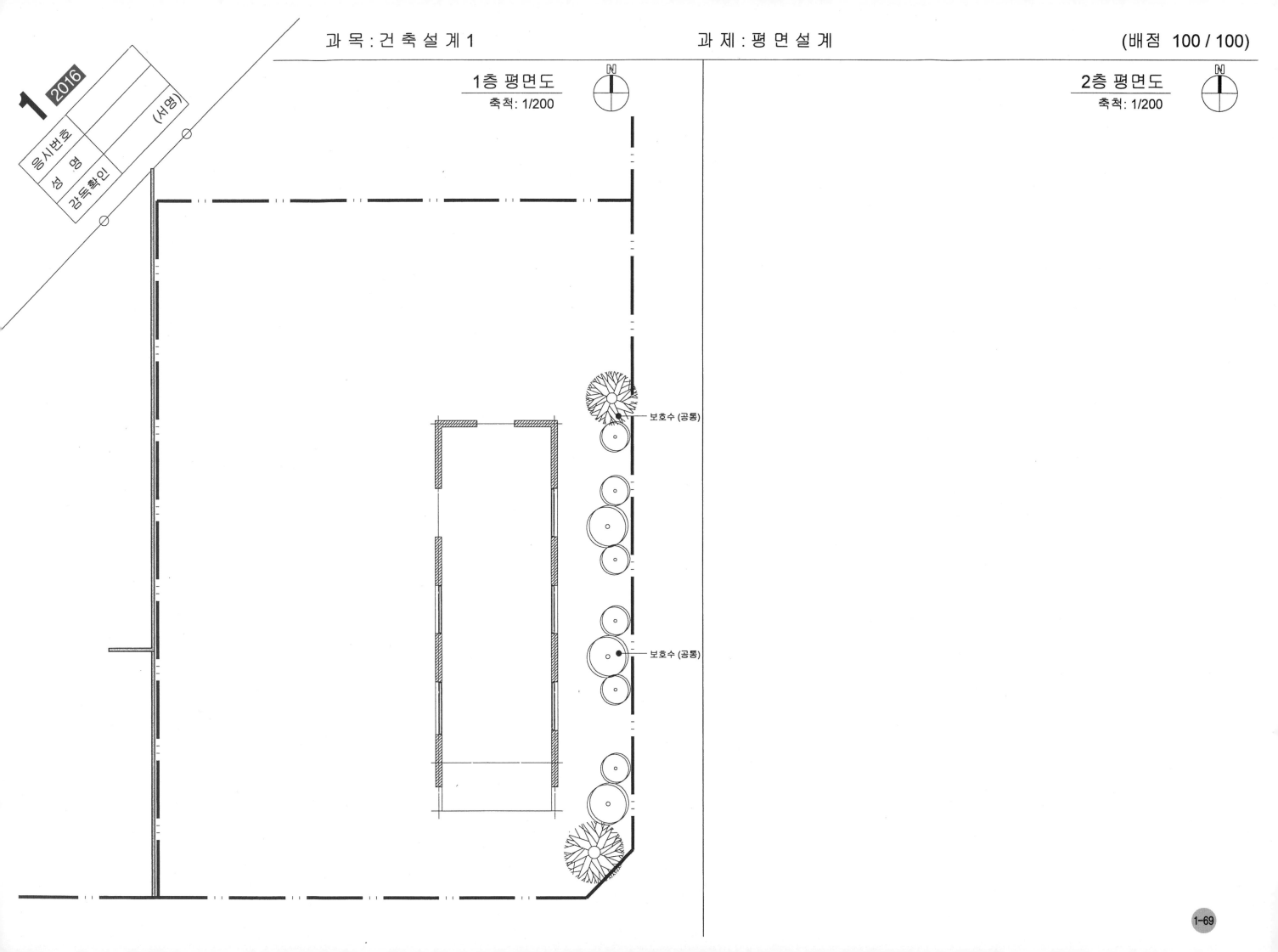

1층 평면도
축척: 1/200

2층 평면도
축척: 1/200

보호수 (공통)

보호수 (공통)

2017년도 건축사 자격시험 문제

과 목 명	건 축 설 계 1
과 제 명	제 1 과제 : 평 면 설 계 (100점)

응시자 준수사항

1. 문제지를 받더라도 시험시작 타종전까지 문제내용을 보아서는 안 됩니다.

2. 문제지를 받는 즉시 과목편철 순서, 문제누락 여부, 인쇄상태 이상 유무 등을 확인한 후 답안지에 본인의 응시번호와 성명을 기재합니다.

3. 시험이 시작되면 문제를 주의 깊게 읽은 후 답안을 작성하시기 바랍니다.

4. 시험시간종료 후 문제지와 보조용지(깔판지, 트레이싱지)는 제출하지 않습니다.
   ※ 시험시간이 종료되어 어떠한 경우에도 문제지를 시험장 밖으로 가지고 갈 수 없습니다.

5. 답안지 미제출자는 부정행위자로 간주 처리됩니다.

공 지 사 항

1. 문제지 공개
   - 방 법 : 국토교통부 및 대한건축사협회 인터넷 홈페이지에 게시

2. 합격예정자 발표
   - 방 법 : 국토교통부 / 대한건축사협회 인터넷 홈페이지 및 각 시 · 도 건축사회 게시판

3. 점수 열람
   - 방 법 : 대한건축사협회 인터넷 홈페이지 / 성적열람 메뉴

※ 합격예정자 제출서류에 대한 자세한 사항은 대한건축사협회 인터넷 원서접수 프로그램 공지사항에 게재되어 있으며, 합격예정자 발표시 별도 공고합니다.

2017년도 건축사자격시험 문제

과 목 : 건축설계 1　　　　제 1과제 (평면설계)　　　　배점 100 / 100

제　목 : 도서관 기능이 있는 건강증진센터

1. 과제개요
중소도시 주민들이 체력증진을 위해 도서관 기능이 있는 건강증진센터를 근린공원에 인접한 대지에 신축하고자 한다. 아래의 사항을 고려하여 1층 및 2층 평면도를 작성하시오.

2. 건축개요
(1) 용도지역 : 준주거지역
(2) 대지면적 : 1,312m²
(3) 주변현황 : <대지 현황도> 참조
(4) 건 폐 율 : 70% 이하
(5) 용 적 률 : 200% 이하
(6) 규　　모 : 지하1층, 지상2층
(7) 구　　조 : 철근콘크리트조
(8) 층　　고 : 지하1층 3.3m, 1층 4.2m, 2층 5m
(9) 주 차 장 : 지하주차 9대 (지상층 주차 없음)
　　　　　　 (경사차로 너비 3.5m 이상)
(10) 승용승강기(장애인 겸용) : 15인승 1대
　　　　　　 (승강로 내부치수 2.5m×2.5m)

3. 설계조건
(1) 건축물은 대지의 지형을 최대한 활용하고, 북측 인접대지경계선으로부터 1.5m 이상 이격한다.
(2) 대지 내 수공간을 존치하여 중정을 계획한다.
(3) 주출입구는 장애인 등이 이용 편의를 고려하여 10m 도로에 면하도록 계획한다.
(4) 북카페는 보행자 도로에 면하며, 독립적으로 운영이 가능하도록 배치한다.
(5) 상담실, 의무실, 물리치료실은 연계하여 배치하되, 물리치료실은 근린공원을 조망할 수 있는 위치에 배치한다.
(6) 정기간행물실은 로비에 면하여 개방형으로 계획한다.
(7) 공용데크는 근린공원을 조망할 수 있도록 계획한다.
(8) 요가실과 개가식 열람실은 공용데크 크기에 접한다.

4. 소요면적 및 요구조건

면적단위(m²)

층별		실명	실수	면적	요구조건
1층	건강증진센터	상담실	1		건강상담 및 안내
		의무실	1		검진 및 치료
		물리치료실	1	100	
		시청각실	1	90	건강교육 및 보건 홍보
	도서관	북카페	1	50	중정에 접함
		정기간행물실	1	130	사무실 포함
	공용면적			180	로비, 복도, 계단실 화장실, 승강기
	소계			550	
2층	건강증진센터	다목적 체력 단련장	1	210	
		샤워·탈의실	1	90	
		요가실	1	60	
	도서관	개가식 열람실	1	140	야외독서공간 고려
	공용데크				근린공원에 연함
	공용면적			140	로비, 복도, 계단실 화장실, 승강기
	소계			640	

주) 1. 실별 소요면적은 각각 5% 이내에서 증감 가능
　　2. 필로티 및 공용데크는 바닥면적에서 제외
　　3. 각층 화장실 : 남자 - 대, 소변기 각 2개
　　　　　　　　　　여자 - 대변기 4개
　　　　　　　　　　장애인 - 남·녀 각 1개

5. 도면작성 요령
(1) 1층 평면도에 조경·경사차로 등 옥외 배치시설 관련 주요내용을 표현한다.
(2) 주요치수, 출입문(회전방향 포함), 각 실명 및 실면적 등을 표기한다.
(3) 벽과 개구부는 구분하여 표기한다.
(4) 바닥마감레벨 및 층별 면적을 표기한다.
(5) 단위 : mm
(6) 축척 : 1/200

6. 유의사항
(1) 답안작성은 반드시 흑색 연필로 한다.
(2) 명시되지 않은 사항은 현행 관계법령의 범위 안에서 임의로 한다.
(3) 치수 표기 시 답안지의 여백이 없을 때에는 융통성 있게 표기한다.

과 목 : 건축설계 1　　　　제1과제(평면설계)　　　　배점 100/ 100

<대지 현황도> 축척 없음

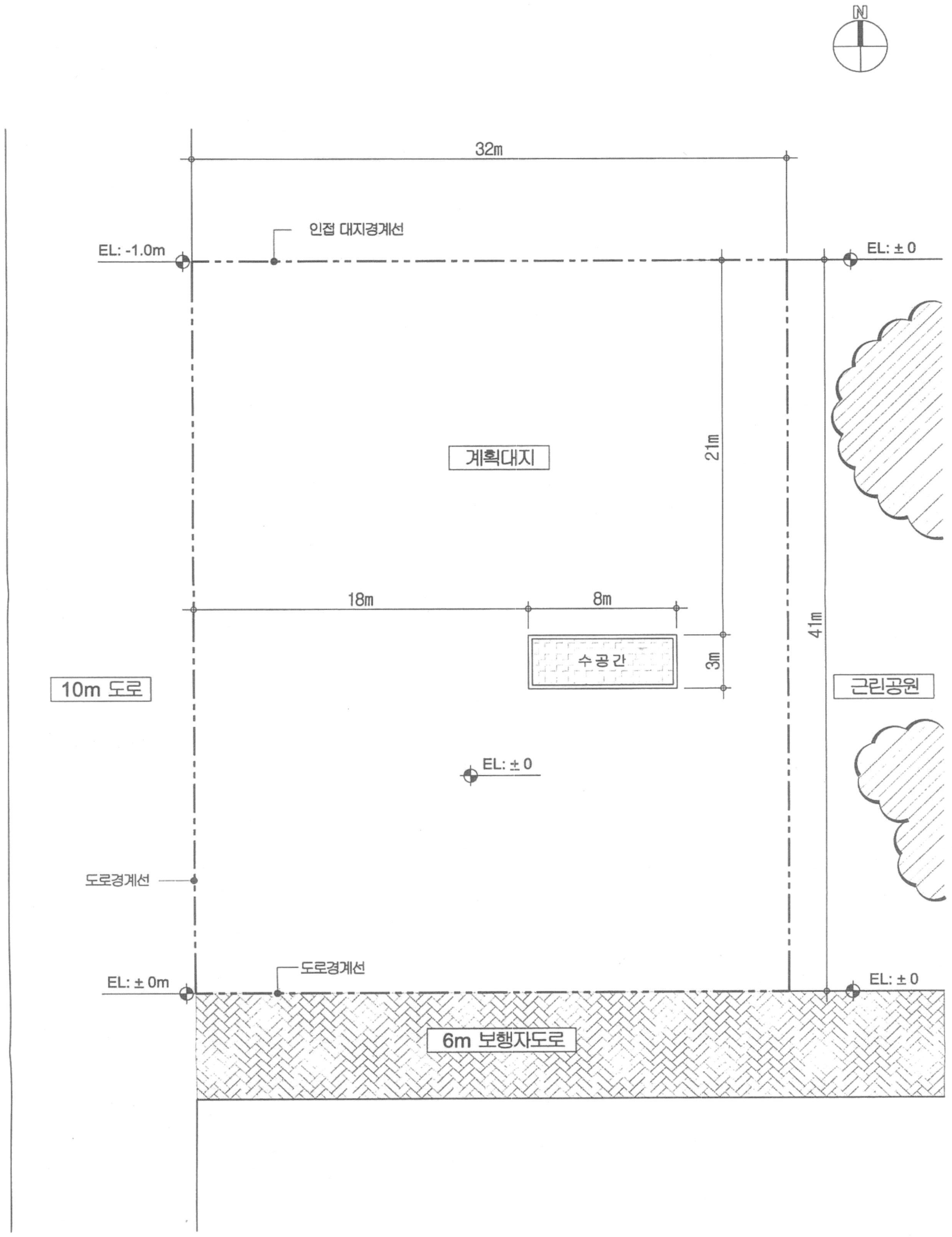

1

2017

1층 평면도
축척:1/200

2층 평면도
축척:1/200

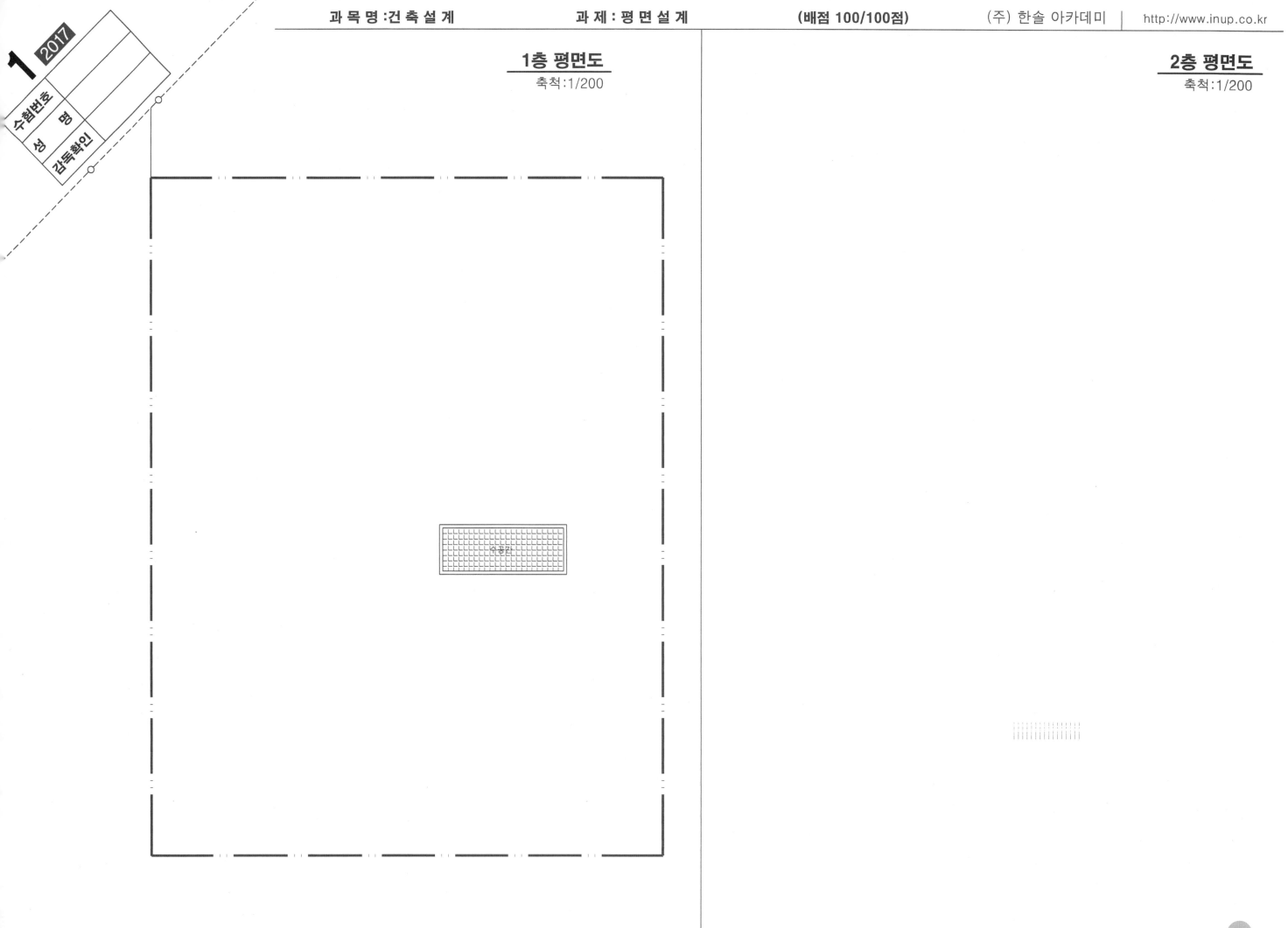

수공간

2018년도 건축사 자격시험 문제

과 목 명	과 제 명
건 축 설 계 1	제 1 과제 : 평 면 설 계 (100점)

응시자 준수사항

1. 문제지를 받더라도 시험시작 타종전까지 문제내용을 보아서는 안 됩니다.

2. 문제지를 받는 즉시 과목편철 순서, 문제누락 여부, 인쇄상태 이상 유무 등을 확인한 후 답안지에 본인의 응시번호와 성명을 기재합니다.

3. 시험이 시작되면 문제를 주의 깊게 읽은 후 답안을 작성하시기 바랍니다.

4. 시험시간종료 후 문제지와 보조용지 (갱판지, 트레이싱지)는 제출하지 않습니다.
   ※ 시험시간이 종료되어 어떠한 경우에도 문제지를 시험장 밖으로 가지고 갈 수 없습니다.

5. 답안지 미제출자는 부정행위자로 간주 처리됩니다.

공 지 사 항

1. 문제지 공개
- 방 법 : 국토교통부 및 대한건축사협회 인터넷 홈페이지에 게시

2. 합격예정자 발표
- 방 법 : 국토교통부 / 대한건축사협회 인터넷 홈페이지 및 각 시·도 건축사회 게시판

3. 점수 열람
- 방 법 : 대한건축사협회 인터넷 홈페이지 / 성적열람 메뉴

※ 합격예정자 제출서류에 대한 자세한 사항은 대한건축사협회 인터넷 원서접수 프로그램 공지사항에 게재되어 있으며, 합격예정자 발표시 별도 공고합니다.

2018년도 건축사자격시험 문제

과 목 : 건축설계 1　　　　　제1과제 (평면설계)　　　　　배점 100 / 100

제 목 : 청년임대주택과 지역주민공동시설

1. 과제개요

도시가로주거지역 활성화를 위하여 원룸형 청년임대주택과 지역주민공동시설이 복합된 건축물을 신축하고자 한다. 아래 사항들을 고려하여 지상1층과 2층의 평면도를 작성하시오.

2. 건축개요

(1) 용도지역 : 제2종 일반주거지역
(2) 계획대지 : <대지 현황도> 참조
(3) 대지면적 : 1,536m²
(4) 규모 : 지하1층, 지상2층
(5) 구조 : 철근콘크리트조
(6) 건폐율 : 60% 이하
(7) 용적률 : 200% 이하
(8) 층고 : 지하1층 3.6m, 지상1층 4.5m, 지상2층 3.6m
(9) 조경면적 : 대지면적의 10% 이상
(10) 승강기 : 1대 (승강로 내부치수는 2.8m×2.8m)
(11) 주차 : 지역주민용 장애인 옥외주차 1대를 제외한 모든 주차는 지하주차장으로 함

3. 설계조건

(1) 대지경계선으로부터 2m 이상 이격하여 건축물을 배치한다.
(2) 다양한 행사를 위한 나눔마당을 10m 생활가로와 동측 공원에 연계하여 계획한다.
(3) 주민간 소통과 휴식을 위한 두레마당을 나눔마당과 연결하여 계획한다.
(4) 복가게는 가로활성화를 위하여 10m 생활가로변에 계획한다.
(5) 작은도서실은 동측 공원과 두레마당을 연계하여 계획한다.
(6) 주민사랑방은 1층에서는 다른 시설과 분리 배치하고, 나눔마당과 두레마당에 접하도록 계획한다.
(7) 공방은 서측 6m 도로변에 계획한다.
(8) 복가의 주 조망 방향은 10m 도로와 6m 도로에 면하도록 한다.
(9) 대지주변 주거지의 도시적 맥락을 고려하여 원룸의 단위세대 조합은 10m 도로에서 8세대 이내, 6m 도로에서 6세대 이내로 계획한다.

(10) 공동거실은 동측 공원을 향하여 배치하고, 30m² 이상이 발코니를 계획한다.
(11) 서측 6m 도로에서 공원을 연결하는 보행로를 계획하고, 10m 생활가로에서 25m 이상 이격한다.
(12) 청년임대주택의 1층 출입구는 두레마당을 거쳐 접근하도록 하고, 지역주민공동시설 출입구와는 분리한다.
(13) 두레마당과 지상 2층의 청년임대주택을 연결하는 외부 피난용 계단을 설치한다.
(14) 지하층 계획은 하지 않는다.
　　단, 지하주차장 진출입구는 서측 6m 도로에 계획하고 위치를 1층 평면도에 주차램프 너비는 3.5m 이상으로 한다.
(15) 지역주민을 위한 옥외 장애인용 주차장 1면을 계획한다.
(16) 대지 서측에 위치한 보호수목은 보존한다.

4. 건축물 및 외부공간 소요면적

(1) 각 실의 면적과 연면적은 5% 이내에서 증감이 가능하다.
(2) 원룸의 면적 : 제시된 면적은 세대별 화장실 면적을 포함한 전용면적으로 실외기실, 설비 및 발코니 면적 등은 고려하지 않는다.

구 분		실 명	면적(m²)	비 고
지상1층 (지역주민 공동시설)		복가게	155	주방 포함
		작은도서실	135	
		공방	95	창작 및 판매공간
		주민사랑방	50	다목적 주민이용공간
		화장실	40	남녀 장애인화장실 포함
		공용공간	40	지역주민공동시설 로비 등
		원룸	50	청년임대주택 : 승강기홀, 계단실 등
		소 계	565	
지상2층 (청년 임대주택)		원룸	480	20세대 × 약 24m²
		공동거실	115	주방 포함, 발코니 면적 제외
		다목적실	25	취미, 작업 및 업무공간
		회의실	25	
		세탁실	15	
		공용공간	180	복도, 계단실, 엘리베이터홀 등
		소 계	840	
합 계			1,405	
외부공간		나눔마당		200m² 이상
		두레마당		120m² 이상

5. 도면작성 요령

(1) 조경, 주차램프 등 외부공간과 관련된 배치계획은 1층 평면도에 표현한다.
(2) 주요치수, 축선, 출입문, 실명 및 각 실의 면적 등을 표기한다.
(3) 벽과 개구부가 구분되도록 표기한다.

6. 유의사항

(1) 답안작성은 반드시 흑색 연필로 한다.
(2) 명시되지 않은 사항은 현행 관계법령의 범위 안에서 임의로 한다.
(3) 치수 표기 시 답안지의 여백이 없을 때에는 융통성 있게 표기한다.

(4) 단위 : mm, m²
(5) 축척 : 1/200

<대지 현황도> 축척 없음

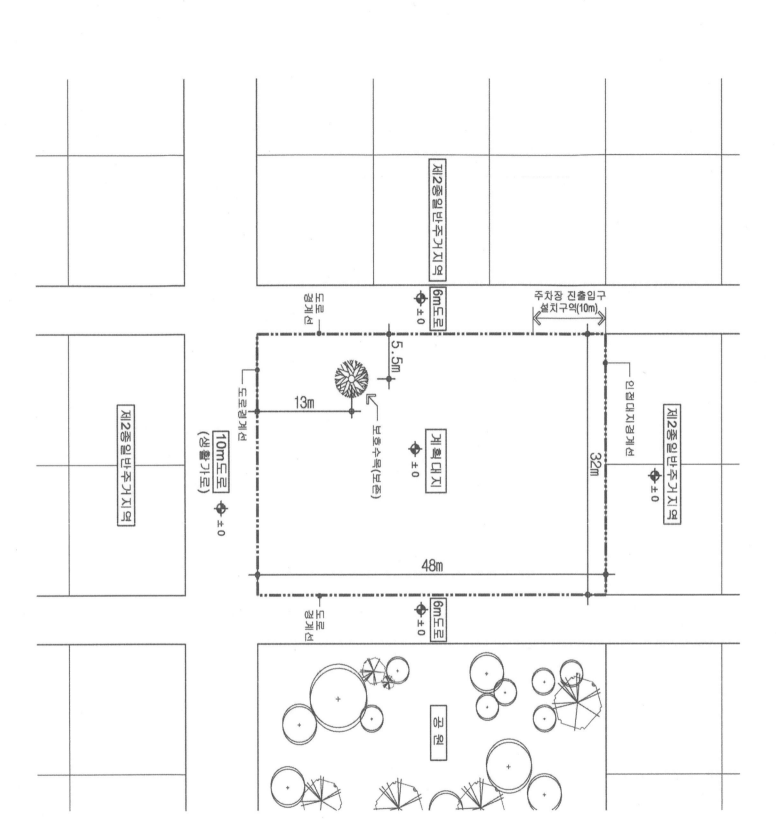

제2종일반주거지역

6m도로 ±0

주차장 진출입구
설치구역(10m)

5.5m

13m 보호수목(보존)

계획대지 ±0

인접대지경계선

제2종일반주거지역 ±0

32m

48m

10m도로 ±0
(생활가로)

6m도로 ±0

도로경계선

제2종일반주거지역

공원

2층 평면도
축척: 1/200

1층 평면도
축척: 1/200

2019년도 건축사 자격시험 문제

과 목 명	
건축설계 1	

과 제 명	제1과제 : 평 면 설 계 (100점)

응시자 준수사항

1. 문제지를 받더라도 시험시작 타종전까지 문제내용을 보아서는 안 됩니다.

2. 문제지를 받는 즉시 과목편철 순서, 문제누락 여부, 인쇄상태 이상 유무 등을 확인한 후 답안지에 본인의 응시번호와 성명을 기재합니다.

3. 시험이 시작되면 문제를 주의 깊게 읽은 후 답안을 작성하시기 바랍니다.

4. 시험시간종료 후 문제지와 보조용지 (깔판지, 트레이싱지)는 제출하지 않습니다.
   ※ 시험시간이 종료되기 전에는 어떠한 경우에도 문제지를 시험장 밖으로 가지고 갈 수 없습니다.

5. 답안지 미제출자는 부정행위자로 간주 처리됩니다.

공 지 사 항

1. 문제지 공개
   - 방 법 : 국토교통부 및 대한건축사협회 인터넷 홈페이지에 게시

2. 합격예정자 발표
   - 방 법 : 국토교통부 / 대한건축사협회 인터넷 홈페이지 및 각 시·도 건축사회 게시판

3. 점수 열람
   - 방 법 : 대한건축사협회 인터넷 홈페이지 / 성적열람 메뉴

※ 합격예정자 제출서류에 대한 자세한 사항은 대한건축사협회 인터넷 원서접수 프로그램 공지사항에 게재되어 있으며, 합격예정자 발표시 별도 공고합니다.

2019년도 건축사자격시험 문제

과목 : 건축설계1 　 제1과제 : 평면설계 　 배점 : 100/100점 　 (주)한솔아카데미 www.inup.co.kr

제 목 : 노인공동주거와 청년지원센터

1. 과제개요

항동가능 독거노인을 위한 노인공동주거와 지역 청년들을 위한 청년지원센터를 신축하고자 한다. 다음 사항들을 고려하여 지상 1층과 2층 평면도를 작성하시오.

2. 건축개요

(1) 용도지역 : 일반주거지역
(2) 계획대지 : <대지 현황도> 참조
(3) 대지면적 : 1,680m²
(4) 규모 : 지하 1층, 지상 2층
(5) 구조 : 철근콘크리트조
(6) 건폐율 : 60% 이하
(7) 용적률 : 200% 이하
(8) 층고 : 지하층 3.6m, 지상 1층 4.5m, 지상 2층 3.6m
(9) 조경면적 : 대지면적의 10% 이상
(10) 승강기(장애인 겸용) : 1대 (승강로 내부치수는 2.4m×2.4m)
(11) 주차장 : 지상 장애인 전용주차장 1대를 제외한 모든 주차는 지하층에 계획(주차경사로 너비는 3.5m 이상)

3. 설계조건

(1) 대지경계선으로부터 1m 이상 이격하여 건축물을 배치한다.
(2) 진입마당과 주출입구는 10m 도로와 보호수목에 연계하고, 부출입구는 어린이공원에 연한다.
(3) 행사마당은 지역 상징 바위를 포함하여 계획한다.
(4) 청춘카페는 6m 도로와 연하고, 주출입구에 연접한다.
(5) 홍보전시실은 행사마당에 연접하여 북측에 배치한다.
(6) 사무실, 센터장실, 상담실은 하나의 영역으로 계획하고 남측에 배치한다.
(7) 회의실은 공용공간에 연계하여 남향에 배치한다.
(8) 소강당은 홍보전시실과 공용공간에 통합 운영이 가능하도록 연접하여 배치한다.

(9) 침실은 남향 또는 공원 조망을 고려하여 배치한다.
(10) 2층 공용공간은 남향으로 계획한다.
(11) 각 클러스터 사이에는 25m² 이상의 옥외데크를 계획한다.
(12) 하늘마당은 2층에 계획한다.

4. 건축물 및 외부공간 소요면적

(1) 각 실의 면적은 5% 이내에서 증감이 가능하다.
(2) 1개의 클러스터는 4개의 침실과 공용시설(거실, 주방, 다용도실)로 구성되며, 각 2개의 침실은 1개의 화장실(장애인 화장실 사용 가능)을 공유한다.

구 분	실 명	면적(m²)	비 고
지상1층 (청년지원 센터)	청춘카페	80	주방 포함, 별도운영 가능
	홍보전시실	210	
	소강당	100	
	사무실	100	
	센터장실	30	
	상담실	30	
	회의실	25	
	화장실	35	남녀 장애인화장실 포함
	공용공간	150	로비, 계단, 승강기홀 등
	소 계	760	
지상2층 (노인공동 주거)	클러스터-1	200	각 클러스터 구성 : ・침실(21m²/개 × 4개) ・화장실(8m²/개 × 2개) ・거실(75m²) ・주방(12m²) ・다용도실(13m²)
	클러스터-2	200	
	클러스터-3	200	
	공용공간	110	홀, 계단실, 승강기홀 등
	소 계	710	
합 계		1,470	
외부공간	행사마당		200m² 이상
	진입마당		100m² 이상
	하늘마당		100m² 이상

5. 도면작성 요령

(1) 조경, 주차장, 주차경사로 등 외부공간과 관련된 배치계획은 1층 평면도에 표현한다.

(2) 주요치수, 축선, 출입문, 실명 및 각 실의 면적 등을 표기한다.

(3) 벽과 개구부가 구분되도록 표기한다.

6. 유의사항

(1) 답안작성은 반드시 흑색 연필로 한다.

(2) 명시되지 않은 사항은 현행 관계법령의 범위 안에서 임의로 한다.

(3) 치수 표기 시 답안지의 여백이 없을 때에는 융통성 있게 표기한다.

<대지 현황도> 축척 없음

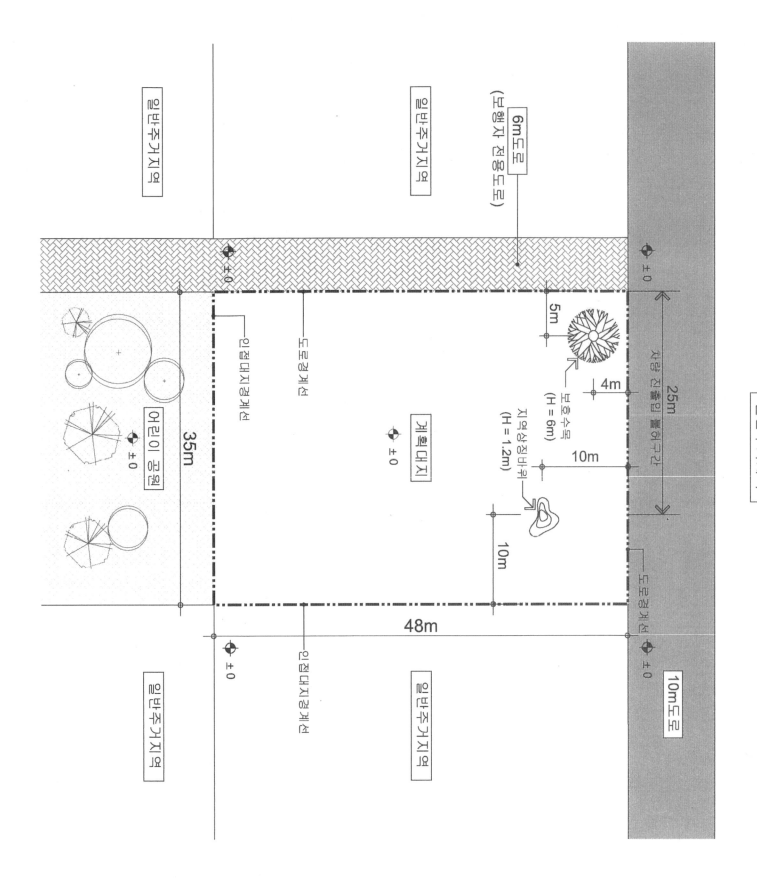

1　2019

응시번호

성　명

감독확인

(서명)

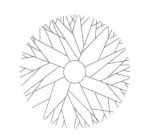

2층 평면도

축척: 1/200

1층 평면도

축척: 1/200

1-87

2020년도 제1회 건축사 자격시험 문제

과 목 명	과 제 명
건 축 설 계 1	제1과제 : 평 면 설 계 (100점)

응시자 준수사항

1. 문제지를 받더라도 시험시작 타종전까지 문제내용을 보아서는 안 됩니다.

2. 문제지를 받는 즉시 과목편철 순서, 문제누락 여부, 인쇄상태 이상 유무 등을 확인한 후 답안지에 본인의 응시번호와 성명을 기재합니다.

3. 시험이 시작되면 문제를 주의 깊게 읽은 후 답안을 작성하시기 바랍니다.

4. 시험시간종료 후 문제지와 보조용지 (갤판지, 트레이싱지)는 제출하지 않습니다.
   ※ 시험시간이 종료되어 어떠한 경우에도 문제지를 시험장 밖으로 가지고 갈 수 없습니다.

5. 답안지 미제출자는 부정행위자로 간주 처리됩니다.

공 지 사 항

1. 문제지 공개
   - 방 법 : 국토교통부 및 대한건축사협회 인터넷 홈페이지에 게시

2. 합격예정자 발표
   - 방 법 : 국토교통부 / 대한건축사협회 인터넷 홈페이지 및 각 시ㆍ도 건축사회 게시판

3. 점수 열람
   - 방 법 : 대한건축사협회 인터넷 홈페이지 / 성적열람 메뉴

   ※ 합격예정자 제출서류에 대한 자세한 사항은 대한건축사협회 인터넷 원서접수 프로그램 공지사항에 게재되어 있으며, 합격예정자 발표시 별도 공고합니다.

2020년도 제1회 건축사 자격시험 문제

과 목 : 건축설계 1   제1과제 (평면설계)   배점 100 / 100

제목 : 주간보호시설이 있는 일반노인요양시설

1. 과제개요

주간보호시설(Day-Care Center)이 있는 일반노인요양 시설을 중정형으로 신축하고자 한다. 다음 사항들을 고려하여 지상 1층과 2층 평면도를 작성하시오.

2. 건축개요

(1) 용도지역 : 제2종 일반주거지역
(2) 계획대지 : <대지 현황도> 참조
(3) 대지면적 : 1,632m²
(4) 규모 : 지하 1층, 지상 2층
(5) 구조 : 철근콘크리트 라멘조
(6) 건폐율 : 60% 이하
(7) 용적률 : 200% 이하
(8) 층고 : 지하층 3.6m, 지상 1 · 2층 각 4.2m
(9) 조경면적 : 대지면적의 10% 이상
(10) 승강기 : 1대(장애인 겸용, 승강로 내부치수는 2.4m×2.4m)
(11) 주차 : 옥내주차(지하층)
　　　옥외주차 2대(장애인전용 주차 1대, 응급주차 1대)

3. 설계조건

(1) 대지경계선으로부터 1m 이상 이격하여 건축물을 배치한다.
(2) 주출입구와 차량출입구는 6m 도로, 부출입구는 4m 보행자 전용도로에서 접근한다.
(3) 평면계획은 지하주차를 고려하고, 지하주차경사로를 1층 평면도에 표기한다.
(4) 진입마당은 주출입구와 6m 도로에 면한다.
(5) 주간보호시설의 취미실과 카페는 주출입구와 연계하고, 자연채광을 위해 외부공간에 면한다.
(6) 프로그램실은 북측 공원조망이 가능하도록 한다.
(7) 사무실과 식당은 주간보호시설과 노인요양시설에서 공동으로 사용한다.
(8) 침실은 일조 확보를 위해 남측 또는 공원조망을 위해 북측에 배치한다.
(9) 각 침실의 단위평면은 <침상 배치 예시기준>을 참조하여 작성하고, 동일한 단위평면은 하나만 작성한다.
(10) 공동거실은 각 침실에서 접근이 용이한 위치에 배치한다.
(11) 계단은 피난거리를 고려하여 2개소 설치한다.

4. 건축물 및 외부공간 소요면적

구 분		실 명	면적(m²)	비 고
지상 1층	주간 보호 시설	카페	60	
		취미실	110	
		상담실	20	
	노인 요양 시설	프로그램실 1, 2, 3	135	교육 및 오락시설 (45m²×3개소)
	공동 시설	사무실	60	요양사실, 자원봉사자실 포함
		식당	90	조리실 포함
	공용공간(로비, 화장실, 계단실, 복도, 승강기 등)		330	복도 유효폭 2m 이상
	소 계		805	
지상 2층	노인 요양 시설	침실	4인실×6개소	270 (발코니 면적 제외)
				각 침실은 내부에 장애인 화장실 및 수납공간과 발코니를 설치하고 모든 출입문은 유효폭 1.2m 이상 확보
			1인실×1개소	30 (발코니 면적 제외)
	공동 시설	공동거실	65	2개소로 분리 설치
		간호사실 및 린넨실	60	
		물리치료실	20	
		목욕실	20	
		옥외데크	60	
	공용공간(로비, 화장실, 계단실, 복도, 승강기 등)		250	복도 유효폭 2m 이상
	소 계		775	
	합 계		1,580	
외부공간		진입마당	150 이상	
		중정	120 이상	

※ 각 실의 면적은 5% 이내에서 증감이 가능하다.

< 침상 배치 예시기준 >

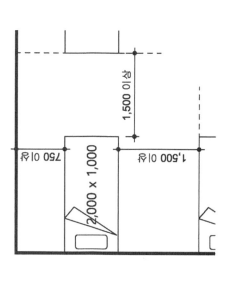

축척 없음 / 단위 : mm

5. 도면작성요령

(1) 조경, 옥외주차장, 지하주차경사로 등 외부공간과 관련된 배치계획은 1층 평면도에 표현한다.
(2) 각 층 바닥레벨, 주요치수, 축선, 출입문, 실명 및 각 실의 면적 등을 표기한다.
(3) 벽과 개구부가 구분되도록 표기한다.

6. 유의사항

(1) 답안작성은 반드시 흑색 연필로 한다.
(2) 명시되지 않은 사항은 현행 관계법령의 범위 안에서 임의로 한다.
(3) 치수 표기 시 답안지의 여백이 없을 때에는 융통성 있게 표기한다.

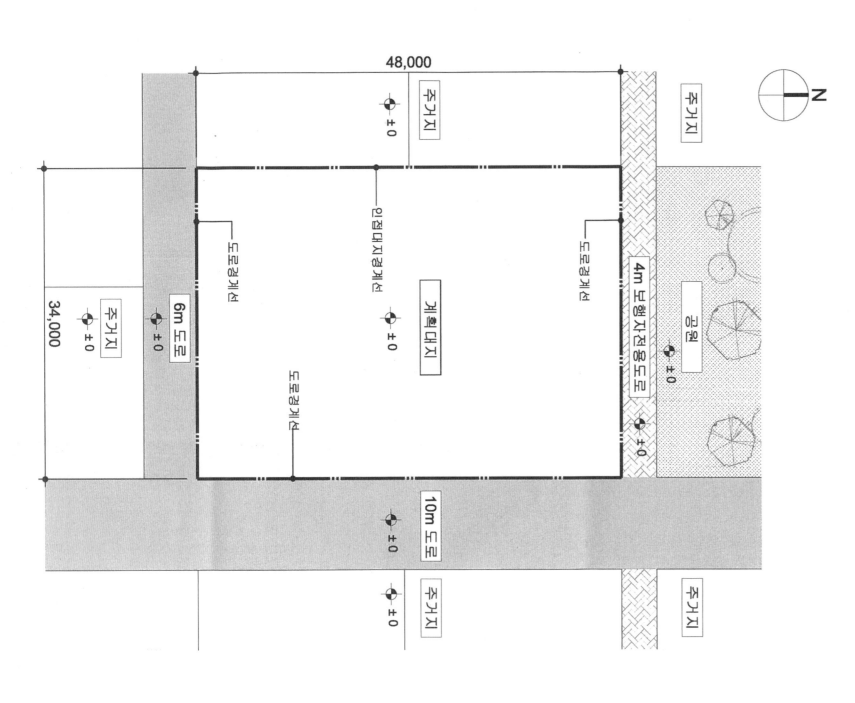

48,000

34,000

주거지

주거지

주거지

주거지

6m 도로

10m 도로

4m 보행자전용도로

±0

±0

±0

±0

±0

±0

±0

±0

도로경계선

도로경계선

도로경계선

인접대지경계선

계획대지

공원

N

<대지 현황도> 축척 없음

2층 평면도 축척: 1/200 　　　 1층 평면도 축척: 1/200

1 2020-1

응시번호
성 명
감독확인
(서명)

2020년도 제2회 건축사 자격시험 문제

과 목 명	
건축설계 1	

과 제 명	제1과제 : 평 면 설 계 (100점)

응시자 준수사항

1. 문제지를 받더라도 시험시작 타종전까지 문제내용을 보아서는 안 됩니다.

2. 문제지를 받는 즉시 과목편철 순서, 문제누락 여부, 인쇄상태 이상 유무 등을 확인한 후 답안지에 본인의 응시번호와 성명을 기재합니다.

3. 시험이 시작되면 문제를 주의 깊게 읽은 후 답안을 작성하시기 바랍니다.

4. 시험시간종료 후 문제지와 보조용지(깔판지, 트레이싱지)는 제출하지 않습니다.

※ 시험시간이 종료되기 전에는 어떠한 경우에도 문제지를 시험장 밖으로 가지고 갈 수 없습니다.

5. 답안지 미제출자는 부정행위자로 간주 처리됩니다.

공 지 사 항

1. 문제지 공개

　- 방 법 : 국토교통부 및 대한건축사협회 인터넷 홈페이지에 게시

2. 합격예정자 발표

　- 방 법 : 국토교통부 / 대한건축사협회 인터넷 홈페이지 및 각 시·도 건축사회 게시판

3. 점수 열람

　- 방 법 : 대한건축사협회 인터넷 홈페이지 / 성적열람 메뉴

※ 합격예정자 제출서류에 대한 자세한 사항은 대한건축사협회 인터넷 원서접수 프로그램 공지사항에 게재되어 있으며, 합격예정자 발표시 별도 공고합니다.

2020년도 제2회 건축사 자격시험 문제

과 목 : 건축설계 1
제 1 과제 (평면설계)
배점 100 / 100

제 목 : 돌봄교실이 있는 창작교육센터

1. 과제개요

돌봄교실과 창작교육센터를 상시 공동사용이 가능한 공유공간을 포함하여 신축하고자 한다. 다음 사항을 고려하여 지상 1층과 2층 평면도를 작성하시오.

2. 건축개요

(1) 용도지역 : 준주거지역
(2) 계획대지 : <대지 현황도> 참조
(3) 건축물 용도 : 복합시설
(4) 대지면적 : 1,428m²
(5) 규모 : 지하 1층, 지상 2층
(6) 구조 : 철근콘크리트 라멘조
(7) 건폐율 : 70% 이하
(8) 용적률 : 300% 이하
(9) 층고 : 지하1층 3.6m, 지상 1, 2층 4.5m
(10) 조경면적 : 대지면적의 10% 이상
(11) 승강기 : 1대(승강로 내부치수는 2.4m × 2.4m, 장애인 겸용)
(12) 주차
   ① 일반 주차 : 지하 1층(지상 주차 없음)
   ② 장애인 전용주차 : 지상 1층(1대)

3. 설계조건

(1) 대지 경계선으로부터 1m 이상 이격하여 건축물을 배치한다.
(2) 주출입구와 차량출입구는 10m 도로, 부출입구는 공원에서 접근한다.
(3) 너비 3.5m 이상의 지하주차경사로를 1층 평면도에 표기하고 5m 이상 수평진입 공간을 확보한다.
(4) 지하 주차를 고려하여 공어의 위치와 모듈 등을 계획한다.
(5) 진입마당은 돌봄교실과 창작교육센터에서 공유하되, 주출입구와 10m 도로에 면하여 중앙 부분에 배치한다.
(6) 행사 및 전시공간은 시설 간의 공유를 위해 중앙 부분에 배치하고 진입마당과 통합사용이 가능하도록 한다.
(7) 다목적 워크숍실은 시설 간의 공유를 위해 중앙 부분에 배치하고 진입마당과 시각적으로 연계한다.
(8) 돌봄교실 영역은 일조 확보를 위해 남측에, 창작교육센터 영역은 북측에 배치한다.
(9) 간이식당과 소형 하습실은 공원에 면하여 계획한다.
(10) 외부계단으로 2층 돌봄교실을 위해 보행자 전용 도로와 진입마당에서 출입이 가능하도록 계획한다.
(11) 창작지원실과 디자인교육실은 공원에 면하여 계획한다.
(12) 부가폐는 10m 도로에 면하고 진입마당과 연계하여 별도 출입이 가능하도록 한다.

4. 건축물 및 외부공간 소요면적

구분		실 명	면적(m²)	비 고
지상 1층	돌봄교실	교사실	25	
		상담실	25	각 실 연계
		의무실	25	
		관리실	25	
		간이식당	90	주방 포함
	공유 공간	행사 및 전시공간	110	창작전시, 발표회, 축제 등이 용도
	창작 교육 센터	창작지원실	100	각 실 연계
		센터장실	35	
		미디어실	50	
		북카페	50	복도 유효폭 2m 이상 장애인 화장실 (남녀 구분 설치)
	공용 공간	화장실, 계단실, 복도, 승강기홀 등	200	
		소 계	735	
지상 2층	돌봄 교실	대형 하습실	70	
		소형 하습실	45	3개실로 구분
		수면실	45	남녀로 구분
	공유 공간	다목적 워크숍실	170	창작, 인터넷, 댄스, 게임 등이 용도
		통합 스튜디오	200	준비실 포함
		평면조형실	25	
	창작 교육 센터	디자인 교육실	25	통합 스튜디오 연계
		입체조형실 영상 디자인실	25	
	공용 공간	화장실, 계단실, 복도, 승강기홀 등	300	휴게공간을 포함 복도 유효폭 2m 이상
		소 계	905	
		합 계	1,640	
외부공간		진입마당	200	공유공간으로 활용

주) 1. 각 실의 면적은 5% 이내에서 증감이 가능하다.
　　2. 장애인 화장실은 1층에만 설치한다.

5. 도면작성요령

(1) 조경, 옥외주차장, 지하주차경사로 등 외부공간과
   관련된 배치계획은 1층 평면도에 표현한다.

(2) 각 층 바닥레벨, 주요치수, 축선, 출입문, 실명 및
   각 실의 면적 등을 표기한다.

(3) 벽과 개구부가 구분되도록 표기한다.

(4) 단위 : mm, m²

(5) 축척 : 1/200

6. 유의사항

(1) 답안작성은 반드시 흑색 연필로 한다.

(2) 명시되지 않은 사항은 현행 관계법령의 범위 안에서
   임의로 한다.

(3) 치수 표기 시 답안지의 여백이 없을 때에는 융통성
   있게 표기한다.

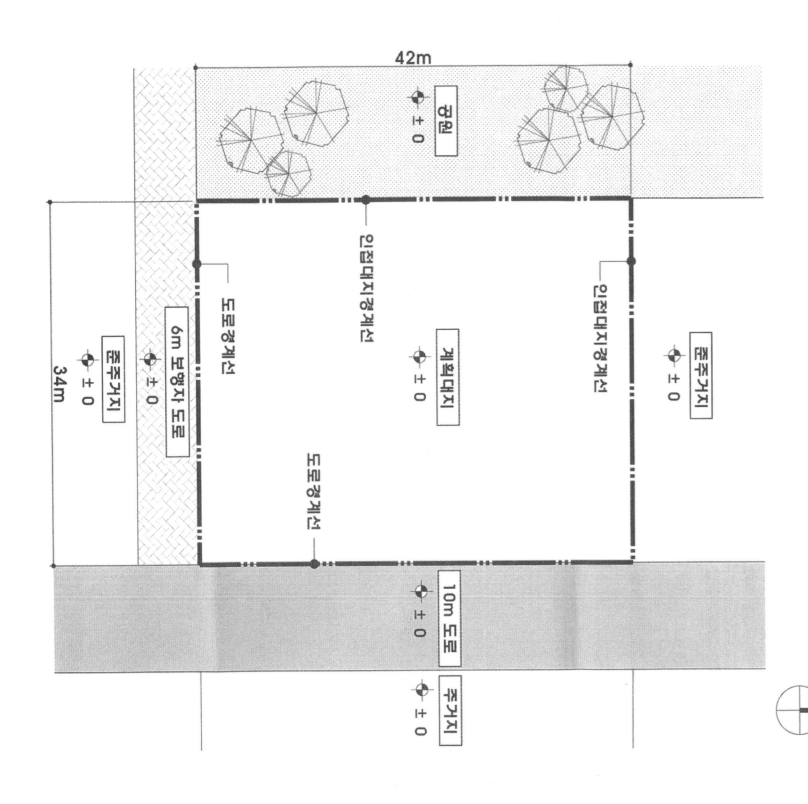

42m

공원
± 0

인접대지경계선

도로경계선

6m 보행자 도로
± 0

34m

도로경계선

계획대지
± 0

인접대지경계선

준주거지
± 0

준주거지
± 0

10m 도로
± 0

준주거지
± 0

N

<대지 현황도> 축척 없음

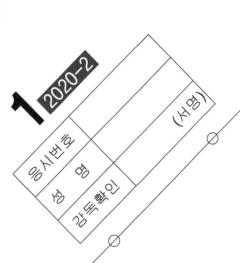

2020-2

응시번호
성 명
감독확인
(서명)

N

2층 평면도
축척: 1/200

1층 평면도
축척: 1/1-99

2021년도 제1회 건축사 자격시험 문제

과 목 명	제1과제 : 평 면 설 계 (100점)
건 축 설 계 1	

응시자 준수사항

1. 문제지를 받더라도 시험시작 타종전까지 문제내용을 보아서는 안 됩니다.

2. 문제지를 받는 즉시 과목편철 순서, 문제누락 여부, 인쇄상태 이상 유무 등을 확인한 후 답안지에 본인의 응시번호와 성명을 기재합니다.

3. 시험이 시작되면 문제를 주의 깊게 읽은 후 답안을 작성하시기 바랍니다.

4. 시험시간종료 후 문제지와 보조용지 (갬편지, 트레이싱지)는 제출하지 않습니다.

※ 시험시간이 종료되기 전에는 어떠한 경우에도 문제지를 시험장 밖으로 가지고 갈 수 없습니다.

5. 답안지 미제출자는 부정행위자로 간주 처리됩니다.

공 지 사 항

1. 문제지 공개
   - 방 법 : 국토교통부 및 대한건축사협회 인터넷 홈페이지에 게시

2. 합격예정자 발표
   - 방 법 : 국토교통부 / 대한건축사협회 인터넷 홈페이지 및 각 시·도 건축사회 게시판

3. 점수 열람
   - 방 법 : 대한건축사협회 인터넷 홈페이지 / 성적열람 메뉴

※ 합격예정자 제출서류에 대한 자세한 사항은 대한건축사협회 인터넷 원서접수 프로그램 공지사항에 게재되어 있으며, 합격예정자 발표시 별도로 공고합니다.

2021년도 제1회 건축사 자격시험 문제

과 목 : 건축설계 1   제1과제 (평면설계)   배점 100 / 100   한솔아카데미 www.inup.co.kr

제 목 : 의료교육시설과 건강생활지원센터

1. 과제개요

지역주민의 만성질환 예방 및 건강한 생활습관 형성을 지원하는 의료교육시설과 건강생활지원센터를 계획하고자 한다. 다음 사항을 고려하여 지상 1층과 지상 2층 평면도를 작성하시오.

2. 건축개요

(1) 용도지역 : 준주거지역
(2) 계획대지 : <대지 현황도> 참조
(3) 건축물 용도 : 제1종 근린생활시설
(4) 대지면적 : 1,440m²
(5) 규모 : 지상 2층
(6) 구조 : 철근콘크리트조
(7) 건폐율 : 70% 이하
(8) 용적률 : 300% 이하
(9) 층고 : 지상 1층 4.5m, 지상 2층 4.5m
(10) 대지안의 조경 : 대지면적의 5% 이상
(11) 승강기 : 1대 (승강로 내부치수는 2.4m × 2.4m, 장애인겸용)
(12) 주차 : 지상 6대 이상 (장애인전용주차 1대 포함)

3. 설계조건

(1) 대지경계선으로부터 1m 이상 이격하여 건축물을 배치한다.
(2) 대지 내 자연지반을 최대한 유지하여 건축물을 배치한다.
(3) 12m 도로와 6m 도로를 연결하는 계단식 연결보행 통로를 너비 2m 이상으로 설치하고, 보호수림과 연접하여 계획한다.
(4) 주민카페는 6m 도로에 연접하여 별동으로 계획한다.
(5) 주출입구(지상 1층)와 주차 출입구는 12m 도로에, 부출입구(지상 2층)는 6m 도로에 연접하여 계획한다.
(6) 코어는 피난동선을 고려하여 합리적으로 계획한다.

(7) 감염교육실, 예방교육실 및 인터넷교육실은 동향으로 계획한다.
(8) 진료 및 처치실은 6m 도로에 연접하고 물리치료실에 연접하여 계획한다.
(9) 물리치료실과 다목적 체력단련실은 동향에 연접하고 두 실 사이에 공유크를 계획한다.
(10) 요가 및 명상실은 남향으로 계획한다.

4. 건축물 및 외부공간 소요면적

구 분		실 명	면적 (m²)	비 고
지상1층 (의료교육 시설)		감염교육실	30	
		예방교육실	30	휴게데크 공유
		인터넷교육실	30	
		사무실	60	주출입구에 인접배치
		회의실		
		관장실		
		화장실, 계단실, 복도, 승강기홀 등	160	장애인 화장실 포함 (남녀 구분 설치)
	소 계		310	
지상2층 (건강생활 지원센터)		다목적 체력단련실	130	남녀 샤워실(40m²) 설치
		요가 및 명상실	110	남녀 샤워실(40m²) 설치
		물리치료실	60	
		진료 및 처치실	40	
		자원봉사실	30	연접 배치
		청소년·어르신 상담실	30	
		주민카페	50	
		화장실, 계단실, 복도, 승강기, 승강기홀 등	220	복도 유효폭 2m 이상
	소 계		670	
	합 계		980	
외부공간		휴게데크	60	물리치료실과 다목적 체력단련실에서 공유
		공유데크	60	
		옥외데크	60	요가 및 명상실에 연함

주) 1. 각 실의 면적은 5% 이내에서 증감이 가능하다.

5. 도면작성요령

(1) 조경, 옥외주차장 등 외부공간과 관련된 배치계획은 각 층 평면도에 표시한다.

(2) 중심선, 주요치수, 출입문, 각 층 바닥레벨, 각 실 면적 및 실명 등을 표기한다.

(3) 벽과 개구부가 구분되도록 표시한다.

(4) 지상 1층 평면도에 지상 2층 건축물 외곽선을 점선으로, 등고 조정선을 실선으로 표시한다.

(5) 단위 : mm, m, m²

(6) 축척 : 1/200

6. 유의사항

(1) 답안작성은 반드시 흑색 연필로 한다.

(2) 명시되지 않은 사항은 현행 관계법령의 범위 안에서 임의로 한다.

(3) 치수표기 시 답안지의 여백이 없는 경우에는 응용성 있게 표기한다.

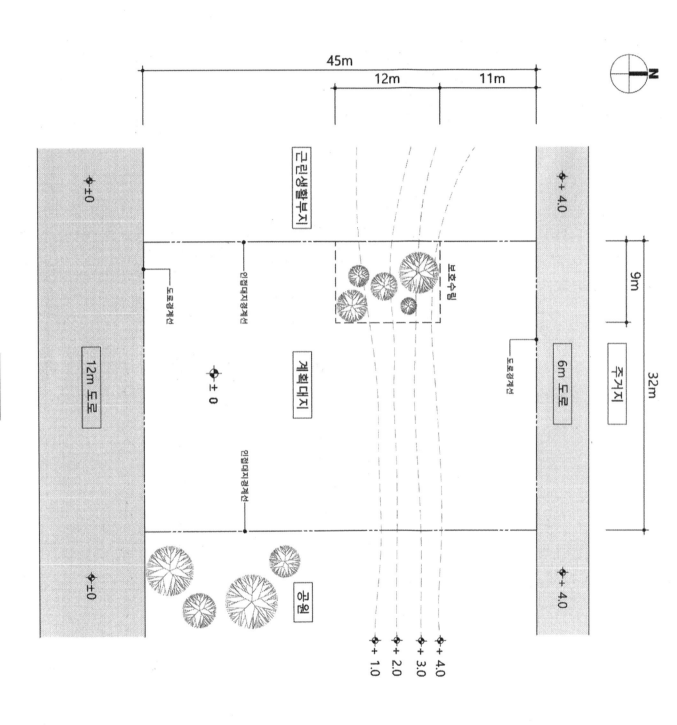

<대지 현황도> 축척 없음

1층 평면도
축척: 1/200

2층 평면도
축척: 1/200

N

2021년도 제2회 건축사 자격시험 문제

과 목 명
건축설계 1

과 제 명	제1과제 : 평 면 설 계 (100점)

응시자 준수사항

1. 문제지를 받더라도 시험시작 타종전까지 문제내용을 보아서는 안 됩니다.

2. 문제지를 받는 즉시 과목편철 순서, 문제누락 여부, 인쇄상태 이상 유무 등을 확인한 후 답안지에 본인의 응시번호와 성명을 기재합니다.

3. 시험이 시작되면 문제를 주의 깊게 읽은 후 답안을 작성하시기 바랍니다.

4. 시험시간종료 후 문제지와 보조용지(깔판지, 트레이싱지)는 제출하지 않습니다.
※ 시험시간이 종료되기 전에는 어떠한 경우에도 문제지를 시험장 밖으로 가지고 갈 수 없습니다.

5. 답안지 미제출자는 부정행위자로 간주 처리됩니다.

공 지 사 항

1. 문제지 공개
   - 방 법 : 국토교통부 및 대한건축사협회 인터넷 홈페이지에 게시

2. 합격예정자 발표
   - 방 법 : 국토교통부 / 대한건축사협회 인터넷 홈페이지 및 각 시 · 도 건축사회 게시판

3. 점수 열람
   - 방 법 : 대한건축사협회 인터넷 홈페이지 / 성적열람 메뉴

※ 합격예정자 제출서류에 대한 자세한 사항은 대한건축사협회 인터넷 원서접수 프로그램 공지사항에 게재되어 있으며, 합격예정자 발표시 별도 공고합니다.

2021년도 제2회 건축사 자격시험 문제

과 목 : 건축설계 1   제1과제 (평면설계)   배점 100 / 100   한솔아카데미 www.inup.co.kr

제목 : 청소년을 위한 문화센터 평면설계

1. 과제개요

청소년의 다양한 여가 활동을 지원하기 위한 소규모 문화센터를 건립하고자 한다. 경사진 대지 내 보존 가치가 있는 근대건축물을 포함하여 계획하고 1층과 2층 평면도를 작성하시오.

2. 건축개요

(1) 용도지역 : 제2종 일반주거지역
(2) 계획대지 : <대지 현황도> 참조
(3) 용 도 : 제1종 근린생활시설
(4) 대지면적 : 1,364m²
(5) 규 모 : 지상 2층
(6) 구 조 : 철근콘크리트조
    (기존 근대건축물 : 조적조)
(7) 건 폐 율 : 60% 이하
(8) 용 적 률 : 200% 이하
(9) 층 고 : 각 층 4.5m
(10) 대지안의 조경 : 대지면적의 10% 이상
(11) 승 강 기 : 1대 (승강로 내부치수는 2.4m × 2.4m, 장애인겸용)
(12) 주 차 : 시설면적 200m²당 1대 이상
    (장애인전용주차 1대 포함, 연접주차 불가)

3. 설계조건

(1) 경사 지형을 최대한 이용하여 계획한다.
(2) 대지경계선으로부터 1m 이상 이격하여 건축물을 배치한다.
(3) 주출입구와 차량출입구는 같은 도로선상에 계획하고 주차장은 필로티 하부에 계획한다.
(4) 보호수를 포함하여 전시마당을 계획한다.
(5) 후게마당은 지형을 이용하여 계단식으로 계획하고 야외공연 시 객석으로 활용한다.
(6) 다목적실1은 전시 및 공연 용도로 사용되며 전시마당에 인접한다.
(7) 기존 근대건축물과 옥상정원(1층 상부)을 보행동선 (연결브리지)으로 연결한다.

(8) 기존 근대건축물은 다목적실2으로 계획하고 개방형 카페와 연결한다.
(9) 개방형서재는 계단식으로 계획하여 1층과 2층을 연결하고 직통계단의 기능을 겸한다.
(10) 로비-개방형서재-개방형 카페-공원으로의 시각 및 공간적인 연속성을 고려한다.
(11) 복도 폭은 사물함 비치 등 공간 활용을 고려하여 유효 폭 2.4m 이상으로 계획한다.
(12) 다목적실1은 2개 단위로 계획한다.
(13) 층간 방화구획과 방음계획(필요시)을 한다.
(14) 조경계획 시 차폐식재를 고려한다.

4. 건축물 및 외부공간 소요면적

구분		실명	면적(m²)	비고
지상 1층		개방형서재	40	전체 면적 120m²의 일부
		다목적실1	85	전시 및 공연용도 (개폐식 도어 활용)
		관리사무실	25	
		기계실 및 창고	80	개방형서재 하부공간
		방풍실	25	
		화장실	40	장애인화장실(남·여) 포함
		기타 공용면적	135	로비, 복도, 승강기, 승강기홀 등
		소 계	430	
지상 2층		개방형서재	80	전체 면적 120m²의 일부
		다목적실2	50	상담·강연·교육용도
		연소연습실	70	옥상정원과 연계
		연주연습실1	30	
		연주연습실2	30	
		노래연습실	30	내부에 4개실로 구획
		방송실	30	내부에 2개실로 구획
		공방	40	공원 전망
		동아리실1	20	
		동아리실2	20	
		조리연습실	25	
		개방형카페	85	공원 전망
		화장실 및 탕비시설	40	남녀 구분
		기타 공용면적	110	복도, 승강기, 승강기홀 등
		소 계	660	
		총 계	1,090	
외부공간		후게마당	130 내외	다목적실1과 연계
		전시마당	100 내외	보호수 포함
		옥상정원	85	1층 상부
		필로티 발코니	10	동아리실에서 이용

주) 1. 건축물의 연면적 및 각 실의 면적은 5% 이내 증감이 가능하다.
2. 장애인화장실은 1층에만 설치한다.

5. 도면작성 요령

(1) 조경, 옥외주차장 등 외부공간과 관련된 배치계획은 각 층 평면도에 표시한다.
(2) 중심선, 주요치수, 출입문, 바닥레벨, 실명, 실면적 등을 표기한다.
(3) 벽과 개구부가 구분되도록 표시한다.
(4) 1층 평면도에 2층 건축물 외곽선 등고 조정선을 표시한다.

(5) 단위 : mm, m, m²
(6) 축척 : 1/200

6. 유의사항

(1) 답안작성은 반드시 흑색 연필로 한다.
(2) 명시되지 않은 사항은 현행 관계법령의 범위 안에서 임의로 한다.
(3) 치수표기 시 답안지의 여백이 없는 경우에는 융통성 있게 표기한다.

<대지 현황도> 축척 없음

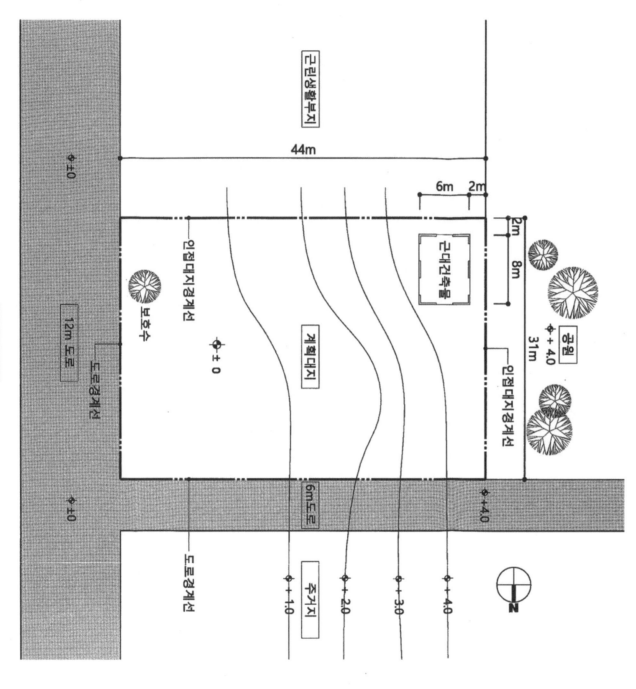

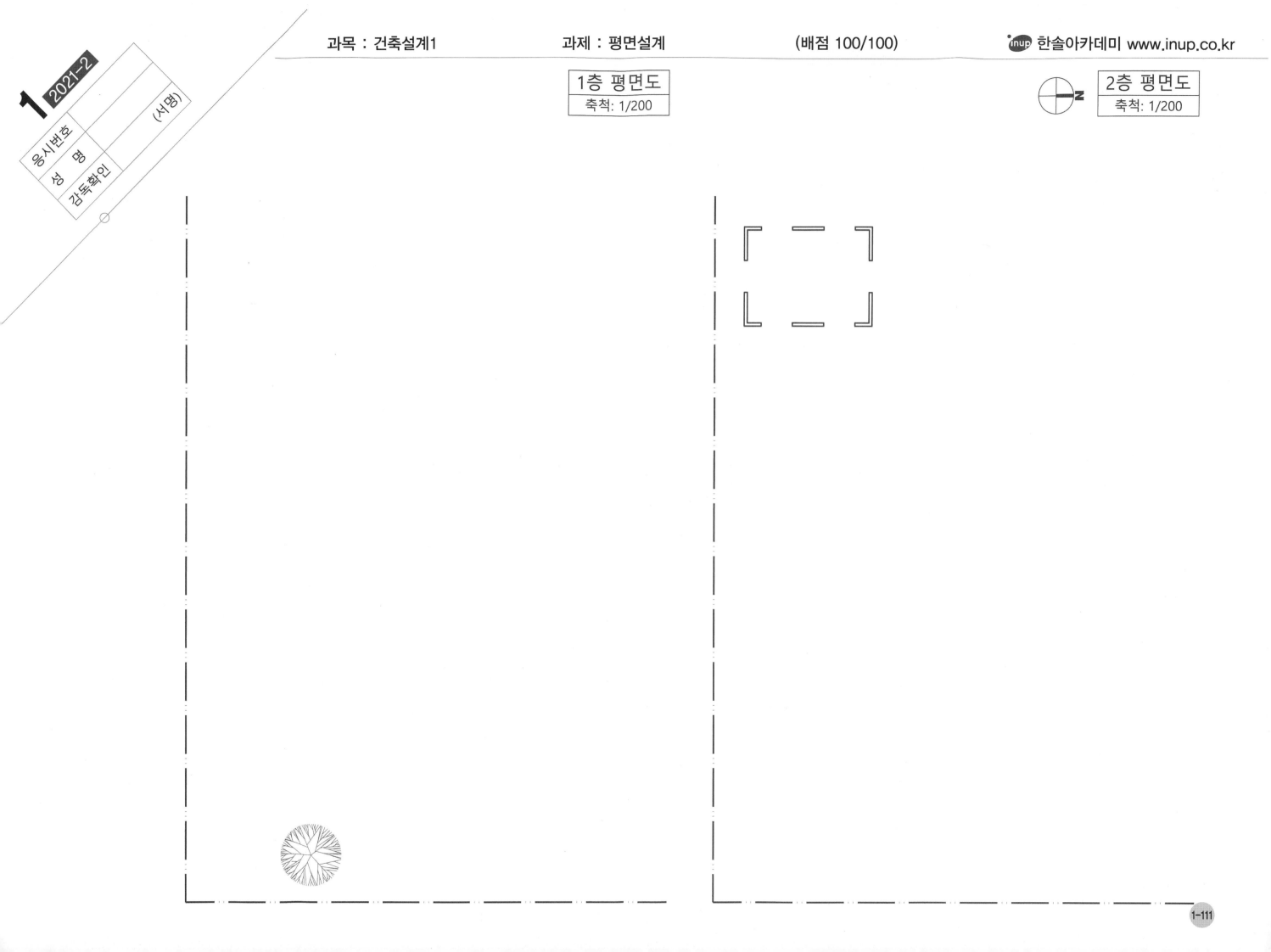

1층 평면도
축척: 1/200

2층 평면도
축척: 1/200

2022년도 제1회 건축사 자격시험 문제

과 목 명	과 제 명
건 축 설 계 1	제1과제 : 평 면 설 계 (100점)

응시자 준수사항

1. 문제지를 받더라도 시험시작 타종전까지 문제내용을 보아서는 안 됩니다.

2. 문제지를 받는 즉시 과목편철 순서, 문제누락 여부, 인쇄상태 이상 유무 등을 확인한 후 답안지에 본인의 응시번호와 성명을 기재합니다.

3. 시험이 시작되면 문제를 주의 깊게 읽은 후 답안을 작성하시기 바랍니다.

4. 시험시간종료 후 문제지와 보조용지 (깔판지, 트레이싱지)는 제출하지 않습니다.
※ 시험시간이 종료되기 전에는 어떠한 경우에도 문제지를 시험장 밖으로 가지고 갈 수 없습니다.

5. 답안지 미제출자는 부정행위자로 간주 처리됩니다.

공지사항

1. 문제지 공개
　- 방법 : 국토교통부 및 대한건축사협회 인터넷 홈페이지에 게시

2. 합격예정자 발표
　- 방법 : 국토교통부 / 대한건축사협회 인터넷 홈페이지 및 각 시·도 건축사회 게시판

3. 점수 열람
　- 방법 : 대한건축사협회 인터넷 홈페이지 / 성적열람 메뉴

※ 합격예정자 제출서류에 대한 자세한 사항은 대한건축사협회 인터넷 원서접수 프로그램 공지사항에 게재되어 있으며, 합격예정자 발표시 별도 공고합니다.

2022년도 제1회 건축사 자격시험 문제

과 목 : 건축설계 1　　　제1과제 (평면설계)　　　한솔아카데미 www.inup.co.kr

제 목 : 창작미디어센터 설계

배점 100 / 100

1. 과제개요

디지털 대전환 시대를 맞아 지역 주민의 미디어 생산과 활용을 위한 분동형 창작미디어센터를 건립하고자 한다. 대지의 지역적 맥락, 각 동의 기능과 동선을 고려하여 지상 1층과 지상 2층 평면도를 작성하시오.

2. 설계조건

(1) 건축개요

구분	내용	구분	내용
용도지역	준주거지역	구 조	철근콘크리트조
계획대지	<대지현황도> 참조	승 강 기	2대(각 동당 1대)
용 도	근린생활시설	주 차	시설면적 200m² 당 1대
대지면적	1,419m²	조 경	대지면적의 5% 이상
규 모	지하 1층, 지상 2층	지하층	3.6m
건 폐 율	70% 이하	층 고	지상 1층 4.5m
용 적 률	200% 이하		지상 2층 4.2m

(2) 건축물 및 외부공간 소요면적

구분		실명	면적(m²)	비고
창작동	지상 1층	오픈스튜디오	150	접이식 도어 활용
		분장실/소품실	60	
		창고	20	
		세미나실	50	
		공용면적	160	오픈스튜디오 내 설치
		관람석	30	
	지상 2층	편집실/영상자료실	60	
		개인스튜디오-1	40	
		개인스튜디오-2	40	
		개인스튜디오-3	40	
		공용면적	150	
		소 계	800	
미디어동	지상 1층	정보나눔실	60	
		아이돔도서실	120	미디어카페와 연계
		미디어카페	60	접이식 도어 활용
		공용면적	180	센터 운영 관리
	지상 2층	사무실	90	
		회의실	50	
		교육실	90	
		공용면적	160	
		소 계	810	
		총 계	1,610	
외부공간		옥외휴게데크	60	미디어동 2층, 공원 조망

주) 1. 건축물의 연면적 및 각 실의 면적은 5% 이내 증감 가능
2. 각 승강로 내부치수는 2.4m×2.4m (장애인 겸용)
3. 장애인 화장실 내부 유효폭 치수는 1.6m×2.0m 이상
4. 장애인전용주차 1대는 지상 1층에 배치
5. 공용면적 : 화장실, 승강기, 계단, 복도, 홀, 로비 등

3. 고려사항

(1) 건축물은 대지 경계선으로부터 1m 이상 이격하여 배치한다. (단, 보행통로에서의 이격 거리는 고려하지 않는다.)

(2) 대지 내 보행통로를 고려하여 분동형 건축물로 계획하고, 지상 2층에 두 개의 동을 연결하는 연결통로(폭 3m 이내)를 계획한다.

(3) 보행통로 상부는 개방감을 최대한 확보한다.

(4) 창작동의 주출입구는 8m 도로, 미디어동의 주출입구는 12m 도로에서 계획한다.

(5) 차량 출입구는 8m 도로에서 계획하고, 지하층은 대지 내 통합 설치한다.

(6) 지상층 평면계획(기둥 간격, 코어 배치 등)은 지하 주차장을 고려하여 계획한다.

(7) 오픈스튜디오와 미디어카페는 공원시설을 이용한 행사가 가능하도록 개방형으로 설계한다.

(8) 오픈스튜디오의 층고는 8m 이상 확보하고, 2층에서 출입 가능한 발코니형 관람석을 설계한다.

(9) 분장실/소품실은 오픈스튜디오 내에서 출입하도록 설계한다.

(10) 개인스튜디오는 8m 도로에 면한다.

(11) 정보나눔실과 아이돔도서실은 남향으로 배치한다.

(12) 사무실, 회의실, 교육실은 남향으로 배치한다.

(13) 방화구획, 무장애 기준(BF), 에너지절약을 고려하여 계획한다.

(14) 장애인 화장실은 각 동의 지상 1층에 넘녀 구분하여 설계한다.

4. 도면작성 요령

(1) 조경, 옥외주차장, 지하주차 경사로 등 외부공간간과 관련된 배치계획은 지상 1층 평면도에 표현한다.

(2) 중심선, 주요치수, 출입문, 바닥레벨, 실명, 실면적 등을 표기한다.

(3) 벽과 개구부가 구분되도록 표현한다.

(4) 단위 : mm, m, m²

(5) 축척 : 1/200

5. 유의사항

(1) 답안작성은 반드시 흑색 연필로 한다.

(2) 명시되지 않은 사항은 현행 관계법령의 범위 안에서 임의로 한다.

(3) 치수표기 시 답안지의 여백이 없는 경우에는 융통성 있게 표기한다.

<대지현황도> 축척 없음

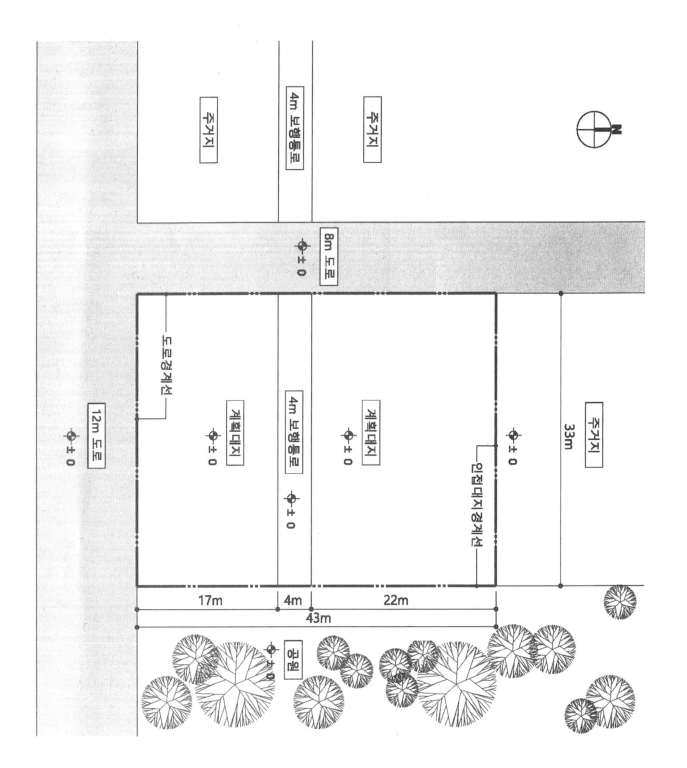

(서명)

응시번호
성   명
감독확인

N

1층 평면도
축척: 1/200

2층 평면도
축척: 1/200

2022년도 제2회 건축사 자격시험 문제

과 목 명	
건축설계 1	
과 제 명	제1과제 : 평 면 설 계 (100점)

응시자 준수사항

1. 문제지를 받더라도 시험시작 타종전까지 문제내용을 보아서는 안 됩니다.

2. 문제지를 받는 즉시 과목편철 순서, 문제누락 여부, 인쇄상태 이상 유무 등을 확인한 후 답안지에 본인의 응시번호와 성명을 기재합니다.

3. 시험이 시작되면 문제를 주의 깊게 읽은 후 답안을 작성하시기 바랍니다.

4. 시험시간종료 후 문제지와 보조용지 (깔판지, 트레이싱지)는 제출하지 않습니다.

※ 시험시간이 종료되기 전에는 어떠한 경우에도 문제지를 시험장 밖으로 가지고 갈 수 없습니다.

5. 답안지 미제출자는 부정행위자로 간주 처리됩니다.

공 지 사 항

1. 문제지 공개
   - 방 법 : 국토교통부 및 대한건축사협회 인터넷 홈페이지에 게시

2. 합격예정자 발표
   - 방 법 : 국토교통부 / 대한건축사협회 인터넷 홈페이지 및 각 시·도 건축사회 게시판

3. 점수 열람
   - 방 법 : 대한건축사협회 인터넷 홈페이지 / 성적열람 메뉴

※ 합격예정자 제출서류에 대한 자세한 사항은 대한건축사협회 인터넷 원서접수 프로그램 공지사항에 게재되어 있으며, 합격예정자 발표시 별도 공고합니다.

과목 : 건축설계1   제1과제(평면설계)   배점 100/100   한솔아카데미 www.inup.co.kr

제목 : 생활 SOC 체육시설 증축 설계

1. 과제개요
초등학교 내에 지역사회와 공유하는 생활체육시설을 증축하고자 한다. 대지의 지역적 맥락과 교사동과 연결동선을 고려하여 지상 1층과 지상 2층 평면도를 작성하시오.

2. 설계조건
(1) 건축개요

구분	내용	구분	내용
용도지역	일반주거지역	구 조	철근콘크리트 구조
계획대지	<대지현황도> 참조	승강기	1대 (장애인 겸용)
용 도	교육연구시설	주 차	장애인주차 1대 / 비상주차 1대
사업부지면적	1,518m²	조 경	고려하지 않음
규 모	지하 1층, 지상 2층	층 고 지하 1층	4.5m
건폐율	고려하지 않음	지상 1층	4.2m
용적률	고려하지 않음	지상 2층	4.2m

(2) 건축물 및 외부공간 소요면적

구분		실명	면적(m²)	비고
지상 1층	생활체육시설	수조 및 수영장데크	390	20m×4레인 및 수조 경사로 17개 포함
		탈의름	140	탈의실/파우더룸/샤워실 (남, 여 구분/ 70m²×2개)
		기숙탁구름	20	
		유아홀	40	유아 및 장애인 동반
		체온유지탕	20	레인오 설치하지 않음
		의무실	20	
		기구창고	20	
		강사실 및 강사휴게실	30	
		스포츠카페	60	
		공용면적	310	장애인화장실 남 여 각 1개소 포함
		소 계	1,050	
지상 2층		교육실	70	내부테크(20m²), 창고 포함
		사무실	70	내부테크(20m²), 창고 포함
		휴의실	25	
		체력단련실	190	탈의실/파우더룸/샤워실 (남, 여 구분/ 30m²×2개)
	주민체육공간	락커름	60	
		요가름	45	
		공용면적	240	
		소 계	700	
		총 계	1,750	
외부공간		진입마당	90	
		옥외휴게데크 1	60	체력단련실과 연접
		옥외휴게데크 2	30	요가름과 연접

주) 1. 증축 총면적 및 실별 면적은 5% 이내 증감 가능
2. 승강로 내부치수는 2.4m×2.4m (장애인 겸용)
3. 장애인화장실 내부 유효 치수는 1.6m×2.0m 이상
4. 공용면적은 화장실, 계단, ELEV, 복도, 홀, 로비, 통로로 구성
5. 직통계단 개소의 면적 기준은 고려하지 않음

3. 고려사항
(1) 건축물을 인접대지 및 도로 경계선으로부터 1m 이상 이격하여 배치한다. (단, 학교부지 내 사업부지경계선에서는 이격을 고려하지 않음)
(2) 주출입구에 면하는 진입마당은 8m 도로와 12m 도로에 접한다.
(3) 주차장 출입구는 8m 도로에 계획하며 지상에 배치한다. (그 외의 주차는 고려하지 않음)
(4) 건축물의 부출입구는 주차장과 연계하여 계획한다.
(5) 스포츠카페는 8m 도로에 면하고 별도 운영이 가능하도록 계획한다.
(6) 수영장의 수조는 학교 운동장과 공원 측 조망이 가능하도록 계획한다.
(7) 수영장 내 수영장데크(Pool Deck)의 일부는 수영 전 사전교육을 위해 폭 4m 이상을 확보한다.
(8) 기존 교사동 2층과 연결되는 증축동의 내부통로는 폭 3m 이상으로 계획한다.
(9) 의무실은 수영장에서 주차장으로 통하는 별도의 출입구와 연접하여 계획한다.
(10) 교육실과 사무실은 내부테크를 통해 수영장 내부의 조망이 가능하도록 계획한다.
(11) 체력단련실에서 수영장 및 공원을 조망할 수 있도록 계획한다.
(12) 모든 락커름 내 탈의실, 파우더룸 및 샤워실의 이용 동선은 사용자 편리성을 고려하여 계획한다.
(13) 방화구획, 무장애 기준(BF) 및 에너지절약을 고려하여 계획한다.

4. 도면작성 요령
(1) 중심선, 주요치수, 출입문, 바닥레벨, 실명 및 실면적 등을 표기한다.
(2) 벽과 개구부가 구분되도록 표현한다.
(3) 레인 및 수조 경사로는 <예시>를 참조하여 표현한다.
(4) 단위 : mm, m²
(5) 축척 : 1/200

5. 유의사항

(1) 답안작성은 반드시 흑색 연필로 한다.

(2) 명시되지 않은 사항은 현행 관계법령의 범위 안에서 임의로 한다.

(3) 치수표기 시 답안지의 여백이 없는 경우에는 응용성이 있게 표기한다.

<대지현황도> 축척 없음

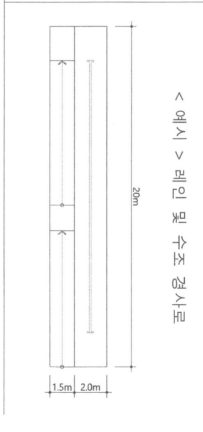

< 예시 > 레인 및 수조 경사로

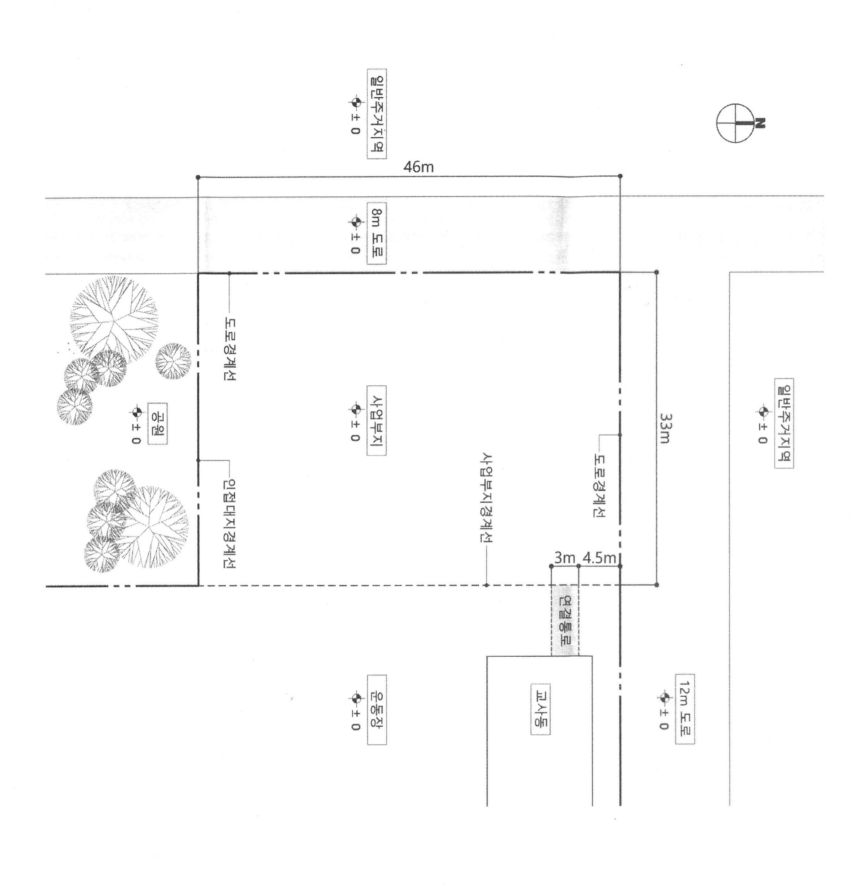

N

일반주거지역

46m

8m 도로

±0

도로경계선

인접대지경계선

공원

±0

사업부지

33m

일반주거지역

±0

도로경계선

사업부지경계선

3m　4.5m

연결통로

교사동

12m 도로

운동장

±0

20m

1.5m　2.0m

1
2022-2

응시번호

성 명

(서명)

감독확인

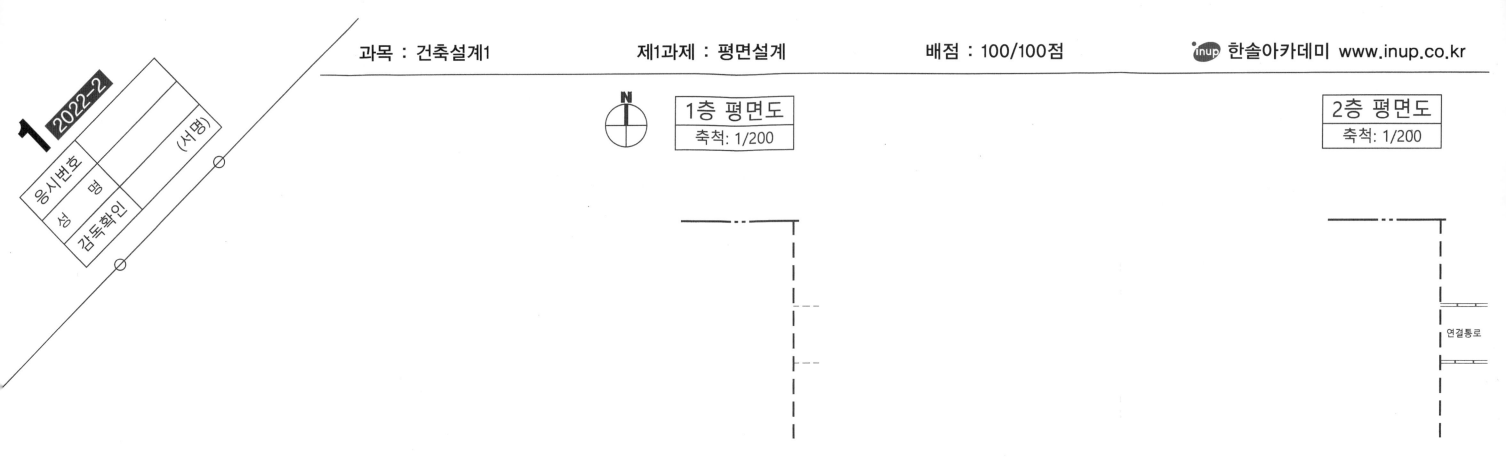

N
1층 평면도
축척: 1/200

2층 평면도
축척: 1/200

연결통로

2023년도 제1회 건축사 자격시험 문제

과 목 명	
건 축 설 계 1	

과 제 명	제1과제 : 평 면 설 계 (100점)

응시자 준수사항

1. 문제지를 받더라도 시험시작 타종전까지 문제내용을 보아서는 안 됩니다.

2. 문제지를 받는 즉시 과목편철 순서, 문제누락 여부, 인쇄상태 이상 유무 등을 확인한 후 답안지에 본인의 응시번호와 성명을 기재합니다.

3. 시험이 시작되면 문제를 주의 깊게 읽은 후 답안을 작성하시기 바랍니다.

4. 시험시간중료 후 문제지와 보조용지 (갱지, 트레이싱지)는 제출하지 않습니다.
   ※ 시험시간이 종료되기 전에는 어떠한 경우에도 문제지를 시험장 밖으로 가지고 갈 수 없습니다.

5. 답안지 미제출자는 부정행위자로 간주 처리됩니다.

공 지 사 항

1. 문제지 공개
   - 방 법 : 국토교통부 및 대한건축사협회 인터넷 홈페이지에 게시

2. 합격예정자 발표
   - 방 법 : 국토교통부 / 대한건축사협회 인터넷 홈페이지 및 각 시·도 건축사회 게시판

3. 접수 열람
   - 방 법 : 대한건축사협회 인터넷 홈페이지 / 성적열람 메뉴

※ 합격예정자 제출서류에 대한 자세한 사항은 대한건축사협회 인터넷 원서접수 프로그램 공지사항에 게재되어 있으며, 합격예정자 발표시 별도로 공고합니다.

2023년도 제1회 건축사 자격시험 문제

과목 : 건축설계1 　 제1과제(평면설계) 　 배점 100/100 　 한솔아카데미 www.inup.co.kr

제목: 어린이 도서관 설계

1. 과제개요

근린공원에 어린이 도서관과 편의시설을 신축하고자 한다. **대지의 환경적 맥락과 이용자 동선**을 고려하여 지상 1층과 지상 2층 평면도를 작성하시오.

2. 설계조건

(1) 건축개요

구분	내용	구분	내용
용도지역	자연녹지지역	용도	제1종 근린생활시설
대지면적	1,610m²	구조	철근콘크리트조
규모	지상 2층	층고	지상 1층 4.2m
			지상 2층 4.2m
승강기	2대(장애인 겸용)	계획대지	<대지현황도> 참고

(2) 소요면적 및 주요 설계조건 (단위: m²)

구분		실명	면적	주요 설계조건	
어린이도서관	지상 1층	정기간행물실	50	인접 배치	
		어린이열람실	100		
		독서계단공간	140	인접 배치	
		사무실	20		
		상담실	15	인접 배치	
		수유실	20	부출입구와 연계	
		보건실	15		
		서고	35		
		화장실	35	남: 대변기 2개 · 소변기 2개	
				여: 대변기 2개	
				장애인화장실: 남녀구분 설치	
	지상 2층	공용공간	185	계단실 · 승강기 · 복도 · 로비 등	
		A/V열람실	70	독서계단공간과 인접	
		유아열람실	50		
		세미나실	30	인접 배치	
		화장실	35	남: 대변기 2개 · 소변기 2개	
				여: 대변기 2개	
				장애인화장실: 남녀구분 설치	
		공용공간	150	계단실 · 승강기 · 복도 · 홀 등	
		소계	950		
편의시설	지상 1층	편의점	120		
		화장실	45	남: 대변기 2개 · 소변기 2개	
				여: 대변기 4개	
				장애인화장실: 남녀구분 설치	
		공용공간	70	계단실 · 승강기 · 복도 · 로비 등	
		카페	145	남향 배치	
	지상 2층	화장실	25	남: 대변기 2개 · 소변기 2개	
				여: 대변기 2개	
		공용공간	65	계단실 · 승강기 · 복도 · 홀 등	
		소계	470		
		합계	1,420		
외부공간		옥외휴게데크	60	브릿지형	
		놀이마당	157	<대지현황도> 참고	

* 연면적과 각 실의 면적은 5% 이내 증감 가능

3. 고려사항

(1) 계획대지경계선으로부터의 이격거리는 1m 이상으로 계획한다.

(2) 어린이 도서관과 편의시설은 분동형으로 계획하고, 두 건축물 사이에는 보행통로(유효너비 7.5m 이상)를 설치하여 공원주차장과 남측 공원을 연결한다.

(3) 도서관과 편의점의 주출입구는 보행통로와 남측 공원에서의 접근성을 고려하여 계획한다.

(4) 도서관의 부출입구는 공원주차장에서의 접근성을 고려하여 계획한다.

(5) 보행통로 상부를 이용하여 카페와 도서관을 연결하는 옥외휴게데크를 계획하고, 옥외휴게데크와 보행통로를 연결하는 외부계단을 계획한다.

(6) 정기간행물실은 로비에 인접한 개방형 평면으로 계획하고, 상부를 일부 오픈(면적: 30m² 이상)하여 개방감을 확보한다.

(7) 어린이열람실은 독서계단공간에 인접하여 배치하고, 수공간을 조망할 수 있도록 계획한다.

(8) 어린이열람실은 놀이마당으로 출입이 가능하도록 하고, 천장고를 2개층 높이로 계획하여 개방감을 확보한다.

(9) 독서계단공간은 독서, 휴식을 위한 넓은 계단식 형태이며, 어린이열람실을 조망할 수 있는 방향으로 계획한다.

(10) 독서계단공간은 1층과 2층을 연결하는 주요 이동 동선으로 너비 2.1m 이상의 직선형 계단을 포함하여 계획한다.

(11) 서고도 경사진 독서계단공간의 하부를 활용하여 계획한다.

(12) A/V열람실은 실의 특성을 고려하여 북향으로 배치한다.

(13) 유아열람실은 남향으로 배치한다.

(14) 편의점, 옥외덱, 주차계획 및 조경계획은 고려하지 않는다.

(15) 승강기(장애인 겸용)의 승강로 내부 치수는 2.4m × 2.4m로 계획한다.

(16) 장애인화장실 내부 유효 치수는 1.6m × 2.0m 이상으로 계획한다.

(17) 방화구획, 피난 · 안전, 무장애 및 에너지 절약을 고려하여 계획한다.

4. 도면작성 기준

(1) 중심선, 주요치수, 출입문, 각 층의 바닥레벨, 실명 및 실면적 등을 표기한다.

(2) 벽과 개구부가 구분되도록 표현한다.

(3) 지상 1층 평면도에 지상 2층 외곽선을 점선으로 표시한다.

(4) 단위: mm, m²

5. 유의사항

(1) 명시되지 않은 사항은 현행 관계법령의 범위 안에서 임의로 한다.

(2) 치수표기 시 답안지의 여백이 없는 경우에는 융통성 있게 표기한다.

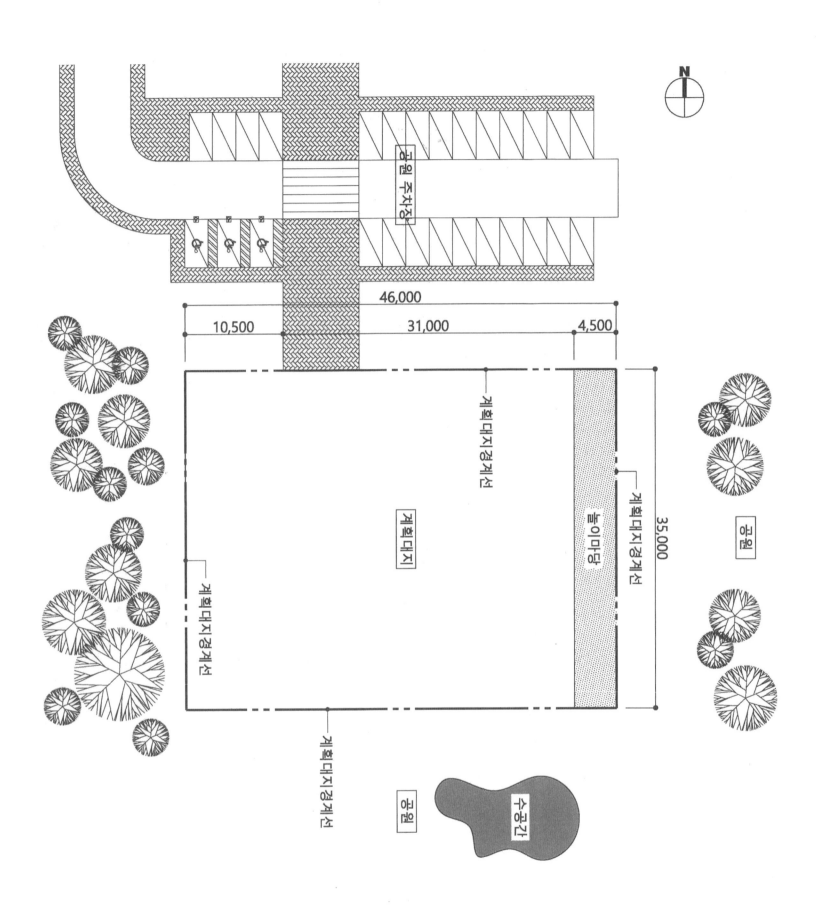

< 대지현황도 >　척 없음

2023-1

응시번호

성 명

(서명)

감독확인

1층 평면도
축척: 1/200

2층 평면도
축척: 1/200

N

N

2023년도 제2회 건축사 자격시험 문제

과 목 명	과 제 명
건 축 설 계 1	제1과제 : 평 면 설 계 (100점)

응시자 준수사항

1. 문제지를 받더라도 시험시작 타종전까지 문제내용을 보아서는 안 됩니다.

2. 문제지를 받는 즉시 과목편철 순서, 문제누락 여부, 인쇄상태 이상 유무 등을 확인한 후 답안지에 본인의 응시번호와 성명을 기재합니다.

3. 시험이 시작되면 문제를 주의 깊게 읽은 후 답안을 작성하시기 바랍니다.

4. 시험시간종료 후 문제지와 보조용지(낱장지, 트레이싱지)는 제출하지 않습니다.

※ 시험시간이 종료되기 전에는 어떠한 경우에도 문제지를 시험장 밖으로 가지고 갈 수 없습니다.

5. 답안지 미제출자는 부정행위자로 간주 처리됩니다.

공 지 사 항

1. 문제지 공개
- 방 법 : 국토교통부 및 대한건축사협회 인터넷 홈페이지에 게시

2. 합격예정자 발표
- 방 법 : 국토교통부 / 대한건축사협회 인터넷 홈페이지 및 각 시ㆍ도 건축사회 게시판

3. 점수 열람
- 방 법 : 대한건축사협회 인터넷 홈페이지 / 성적열람 메뉴

※ 합격예정자 제출서류에 대한 자세한 사항은 대한건축사협회 인터넷 원서접수 프로그램 공지사항에 게재되어 있으며, 합격예정자 발표시 별도 공고합니다.

2023년도 제2회 건축사 자격시험 문제

제 목: 다목적 공연장이 있는 복합상가

1. 과제개요

다목적 공연장이 있는 복합상가를 신축하고자 한다. 대지의 환경적 맥락과 이용자 동선을 고려하여 지상 1층과 지상 2층 평면도를 작성하시오.

2. 설계조건

(1) 건축개요

구분	내용	구분	내용
용도지역	준주거지역	규모	지상 2층
계획대지	<대지현황도> 참고	구조	철근콘크리트구조
건축물용도	제1, 2종 근린생활시설	층고	지상 1층 : 4m 지상 2층 : 5~7m
대지면적	1,428m²	조경	고려하지 않음
건폐율	70% 이하	승강기	1대 (장애인 겸용)
용적률	300% 이하	주차	8대 (장애인용 전용주차 1대 포함)

(2) 소요면적 및 주요 설계조건 (단위: m²)

구분		실명	면적	주요 설계조건
지상 1층	근린상가	전면상가	150	개별 상가 (25m² x 6개)
		후면상가	125	개별 상가 (25m² x 5개)
		청년카페	25	
	공용공간(로비,복도, 계단실,승강기,화장실)		100	
	주차장		300	주차진입로 폭 3.5m 이상
	소계		700	
지상 2층	공연장	다목적 공연장	270	고정형 계석과 내부의 기둥이 없는 공연장
		공연지원공간	50	공연장에 연접
		카페테리아	40	로이어 공간과 연계된 실내 개방형
	운영사무실		40	
	임대사무실		150	개별 사무실 (50m² x 3개)
	공용공간(로비,포이어, 복도,계단실,승강기,화장실)		270	장애인 화장실 설치 (남녀 구분 설치)
	소계		820	
합계			1,520	
외부공간		진입마당	100	자연지반에 배치
		아외무대	100	자연지반에 배치

* 외부공간과 각 실의 면적은 5% 이내에서 증감이 가능하다.
* 연결통로 노대 등의 하부는 면적에 산입하지 않는다.
* 포이어는 공연장 관객의 대기공간이자 휴게공간이다.

3. 고려사항

(1) 건축물은 인접대지 및 도로경계선으로부터 1m 이상 이격하여 배치한다.

(2) 주차장은 20m 도로에서 진출입하며 지상 1층에 배치한다.

(3) 근린상가는 주변 대지의 도시적 맥락을 연계하여 배치하며 전면상가와 후면상가 사이는 채광을 고려하여 상부 개방형으로 계획한다.

(4) 지상 1층 근린상가는 외부에서 직접 진입하도록 하며 개별 상가의 평면비율은 1 : 2 를 넘지 않도록 계획한다.

(5) 후면상가를 위한 개방형 보행통로는 20m 도로에서 접근하도록 계획한다.

(6) 청년카페는 10m 도로에 면하여 계획한다.

(7) 진입마당과 야외무대는 북측 보행자전용도로에 면하여 계획한다.

(8) 다목적 공연장의 주진입은 북측 보행자전용도로에서 계획하며 야외무대와 연계한다.

(9) 운영사무실과 임대사무실은 공연장 영역을 있는 연결통로를 계획한다.

(10) 운영사무실과 임대사무실은 별도의 직통계단을 설치한다.

(11) 승강기(장애인 겸용)의 승강로 내부 치수는 2.4m x 2.4m 이상으로 계획한다.

(12) 장애인 화장실 내부 유효 치수는 1.6m x 2.0m 이상으로 계획한다.

(13) 방화구획, 피난 · 안전, 무장애 및 에너지 절약을 고려하여 계획한다.

4. 도면작성 기준

(1) 중심선, 주요 치수, 출입문, 각 층의 바닥레벨, 실명 및 실면적 등을 표기한다.

(2) 벽과 개구부가 구분되도록 표현한다.

(3) 지상 1층 평면도에 지상 2층 상부 외곽선을 점선으로 표시한다.

(4) 흙에 묻힌 부분은 지상 1층 평면도에 표현한다.

(5) 단위: mm, m²

(6) 축척: 1/200

5. 유의사항

(1) 명시되지 않은 사항은 현행 관계법령의 범위 안에서 임의로 한다.

(2) 치수표기 시 답안지의 여백이 없는 경우에는 융통성 있게 표기한다.

(3) 도면작성 시 답안지에 표기된 도면명을 확인한다.

<대지현황도> 축척 없음

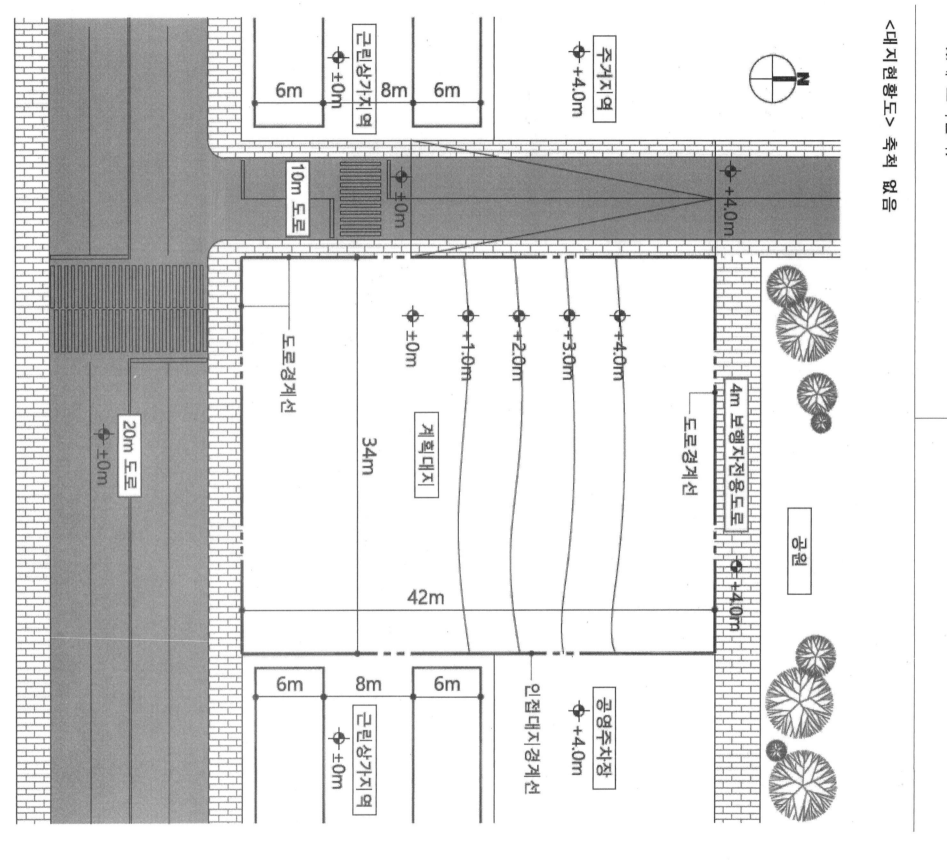

2023-2

1

응시번호

성 명

감독확인

(서명)

N

지상 1층 평면도
축척: 1/200

지상 2층 평면도
축척: 1/200

건축사자격시험 기출문제해설

2교시 건축설계1 (해설+모범답안)

건축사자격시험 기출문제해설

2교시 건축설계1 (해설+모범답안)

| 구 성 | FACTOR | 지 문 본 문 | FACTOR | 구 성 |

2007년도 건축사 자격시험 문제

과목: 건축설계1 ① 제1과제 (평면설계) 배점: 100/100점

제목 : 지방공사 신도시 사옥 평면설계

1. 과제개요 ②

저층부(1층~2층)에 지역사회 주민에게 개방하는 공익문화시설과 은행지점을 갖춘 사옥(업무시설)을 건축하고자 한다. 아래 설계조건에 따라 1층 및 2층 평면도를 작성하시오.

2. 건축개요

(1) 용도지역 : 일반상업지역
(2) 계획대지 : 대지 현황도 참조
(3) 대지면적 : 1,948m²
(4) 규모 : 지하 3층, 지상 12층 ③
(5) 구조 : 철골철근콘크리트조
(6) 층별 주요용도 및 층고 ④

층별	주요 용도	층고(m)
3-12층 (기준층)	사무실	3.9
2층	민원실, 전시실 및 강당홀 체력단련실	4.5
	다목적 강당	5.4
1층	로비, 홍보실, 은행지점, 디지털자료 열람실 북카페, 어린이도서 열람실	5.1
지하 1, 2층	주차장	3.6
지하 3층	기계실, 전기실	5.5

※ 1층 바닥 마감레벨은 EL+300mm

(7) 외벽마감 : 알루미늄커튼월(복층유리)
(8) 냉·난방설비 : 단일덕트방식 + 팬코일 유니트방식 ⑤
(9) 기타 주요설비
 ① 승강기 : 16인승 승용 2대, 비상용 1대
  (승강로 내부 규격은 1대당 2,500×2,500mm)
 ② 에스컬레이터 : 상·하행 1-2층간 연결 ⑥
(10) 건폐율 및 용적률은 고려하지 않음

3. 설계조건

(1) 건축물의 각 부분까지 떠어야 하는 거리
 ① 인접대지경계선으로부터 3m 이상
 ② 도로경계선으로부터 2m 이상
(2) 차량 동선을 고려하여 지하주차장 진·출입을 위한 유효너비 6m 이상의 경사로를 계획

(3) 1층 ⑦ 은행지점에는 외부에서 직접 출입이 가능하며 객장으로도 연결할 수 있는 자동화 기기(현금인출기)실을 계획
(4) 북카페와 디지털자료 열람실은 지역 주민들의 ⑧ 접근이 유리하도록 남동쪽으로 배치하고, 북카페와 접하여 40m² 이상의 옥외테라스 계획
(5) 어린이도서 열람실은 디지털자료 열람실과 근접하여 배치
(6) 홍보실은 별도 구획이 없는 오픈플랜형으로 하 ⑨ 고 로비와 연계되도록 계획
(7) 1층과 2층을 연결하는 상·하행의 에스컬레이터를 계획(1대의 유효너비 600mm) ⑩
(8) 기준층의 바닥면적은 780m² 정도이며, 사무실은 ⑪ 공간의 효율적 활용을 위해 무주(無株)공간으로 계획
(9) 조경은 임의로 계획

4. 실별소요면적 및 요구사항

(1) 실별 소요면적 및 해당 요구사항은 <표>를 참조 (<표>의 실별 소요면적은 벽체 중심선 기준 면적임)
(2) 각 실별 면적은 10%, 층별 바닥면적은 5% 범위 내에서 증감 가능

5. 도면작성요령 ⑫

(1) 1층 평면도에 지하 기계실의 위치를 고려하여 드라이에어리어를 표기하고 조경, 보도, 경사로 등 옥외배치 관련 주요 내용을 표현
(2) 다목적 강당은 무대와 객석을 표현
(3) 외벽은 모듈계획과 커튼월을 표현
(4) 기준층의 외벽선을 2층 평면도에 점선으로 표현
(5) 화장실에는 위생기구의 배치를 표현
(6) 수직 설비공간 등을 표현
(7) 기둥, 벽, 개구부 등이 구분되도록 표현
(8) 실명, 주요치수 및 주요실의 바닥 마감레벨을 표기
(9) 단위 : mm
(10) 축척 : 1/200

6. 유의사항

(1) 제도는 반드시 흑색연필심으로 한다.
(2) 명시되지 않은 사항은 현행 관계법령을 준용한다.

좌측 FACTOR 란

① 배점 확인
- 평면은 100점의 단일과제로 구성
- 계획 및 작도에 3시간이라는 점은 중요하다.

② 과제개요
- 2006년 1,2회 평면과 유사한 지층(1,2층)은 공공시설, 기준층은 사무실로 이용되는 구조임

③ 규모/구조
- 지하3층, 지상12층(비상용승강기, 특별피난계단 등을 고려)
- SRC구조(장스판가능)

④ 층별용도
- 1,2층은 공공시설로 높은 층고와 주민의 사용성을 고려한 계획
- 기준층은 사무실로 무주공간 (기둥이 없는 구조)
- 지하층은 주차장등으로 스판계획시 고려

⑤ 냉난방설비
- FCU방식으로 평면에 표현

⑥ 에스컬레이터
- 건축사시험에 처음 출제되는 설비로 특별한 조건을 제시

좌측 구성 란

1. 제목
- 건축물의 용도를 제시
- 용도를 통해 일반적인 시설의 특징을 고려한다.

2. 과제개요
- 계획시설의 이용자와 전체적인 용도를 제시한다.

3. 건축개요
- 지역지구제시
- 주변현황/대지면적/건폐율/용적률등의 일반적인 정보를 제시
- 규모와 구조, 층고에 대해 제시
- 냉난설비등을 제시

4. 설계조건
- 이격거리등이 주어짐
- 출제자가 일반적인 조건이 아닌 본 시설에서 특별히 요구하는 조건으로 이는 채점의 기준으로 해석해도 좋다.

우측 FACTOR 란

⑦ 은행계획
- 다수의 이용자를 고려 도로에서 직접진입이 가능하도록 계획
- 자동화 기기(ATM)설치고려

⑧ 북카페
- 주민의 이용성을 고려해 도로모퉁이에 계획
- 옥외카페와 연계된 옥외테라스 계획

⑨ 홍보실
- 구획 없이 로비와 연계되어 사용성을 고려

⑩ 에스컬레이터
- 층고를 고려하고 에스컬레이터의 경사도를 고려해 소요길이를 구한다.

⑪ 기준층
- 면적을 고려해 스판을 계획하며 사용성을 고려해 무주공간으로 계획된다.

⑫ 도면작성
- 드라이에어리어, 조경, 보도, 경사로 등은 반드시 표현
- 대형실은 가구 등을 표현
- 기타마감, 특이한 표현의 요구 등이 주어지며 이들은 채점포인트라는 것을 명심하자.

우측 구성 란

4. 실별소요면적 및 요구사항
- 실별면적은 표를 참조
- 각 실별면적은 증감이 가능한 범위가 있으므로 계획시 여유를 가지고 유연한 사고를 한다.

5. 도면작성요령
- 요구도면을 제시
- 실명, 치수, 출입구, 기둥 등을 반드시 표기해야 한다.

6. 유의사항
- 명시되지 않은 부분은 건축법을 준용
- 도면크기가 계획지에 거의 차므로 치수를 적절히 표현하라는 조건을 제시

2-3

7. 실별면적표

- 계획시설의 각 실별 면적과 용도가 제시

- 1.2층의 층별조닝이 되었던 경우와 주어지지 않는 경우가 있다.

- 각 실의 기능과 사용성을 고려해 그룹별로 그룹핑을 통해 각 용도별로 영역을 나누어야 한다.

- 영역별로 나누어진다면 다음은 코아, 로비, 복도 등의 공용부의 면적을 고려해 각 영역을 이어 하나의 덩어리로 구성한다.

- 각 실과 공용부는 유기적으로 연결되어야하며 합리적으로 구성되도록 한다.

- 특별한 조건이 요구되는 실은 보편적계획개념보다는 지문에서 요구되는 조건을 먼저 고려해야만 한다.

① 서비스 코어
- 서비스코어는 가급적 북측에 집중배치를 고려한다.
- 계단실은 특별피난계단으로 계획 (전실설치)
- 승강로, EPS 등 수직설비공간을 효율적으로 계획
- 화장실은 대.소변기 개수가 주어지므로 상세히 표현한다.

② 은행의 계획
- 영업시설은 객장과 영업장으로 구분하며 상담실을 포함
- 별도진입 고려

③ 어린도서/디지털자료
- 각 실은 서로 연관되며 주민의 이용이 먼저 고려되어야 한다.

④ 다목적강당
- 다목적강당은 높은 층고를 요구하고 있으므로 2층 외주부에 설치해서 기준층과 겹치지 않도록 계획
- 가구 등을 상세히 표현할 것

⑤ 전시실 및 강당홀
- 홀과 개방적구조로 계획

과목: 건축설계1 　　제1과제 (평면설계) 　　배점: 100/100점

<표> 실별 소요면적 및 요구사항

* 제시된 면적들은 5% 범위 내에서 증감가능

층별	실별		실수	면적 (m²)	요구사항
1층	① 서비스코어	계단실 및 부속실	2	185	
		엘리베이터 홀	1		
		비상용 엘리베이터 전실	1		
		남자화장실	1		대변기3개, 소변기3개 세면기2개
		여자화장실	1		대변기3개, 세면기2개
		장애인화장실	1		남·녀 공용
		EPS실	1		
		승강로, 수직 설비공간 등			
		소 계		185	
	② 은행지점	로비	1	115	방풍실 포함
		홍보실	1	75	로비와 연계
		영업장, 객장	1	190	영업장내 상담실 20m² 포함
		자동화기기실	1	20	
		소계		210	
	③	어린이도서 열람실	1	85	
		디지털자료 열람실	1	50	

층별	실별		실수	면적 (m²)	요구사항
1층	북카페		1	80	
	방재실		1	40	
	기계실		1	40	수직 설비공간과 인접
	복도 등			115	
	1층 계			995	
2층	서비스코어(1층과 동일)			185	1층과 동일
	다목적 강당 ④		1	156	준비실 2개소, 영사실 포함
	전시실 및 강당홀 ⑤		1	150	
	민원실 ⑥	민원인 대기실	1	70	
		민원 사무실	1	80	
		소 계		150	
	체력단련실 ⑦		1	95	
	탈의실		2	32	남·녀로 구분
	샤워실		2	32	남·녀로 구분
	복도 등			110	
	2층 계			910	
기준층 ⑧	사무실 및 서비스코어			780	

⑥ 민원실
- 은행과 마찬가지로 대기실과 사무실로 영역을 구분할 것

⑦ 체력단련실
- 비교적 대형실로 샤워/탈의실과는 기능적으로 연계되어야 한다.

⑧ 기준층
- 사무실의 용도로 무주공간으로 계획되어야 한다.
- 코어는 2층과 같고 커튼월마감이며 2층평면도에 그 영역을 점선으로 표기한다.

1 대지분석

① 현황도 분석
- 30m, 12m의 두 개의 도로에 접한 평탄한 대지
- 일반상업지역으로 둘러쌓여 있는 대지

② 각종동선 파악
- 30m도로에서의 보행자접근
- 12m도로에서 차량진출입과 부출입을 고려

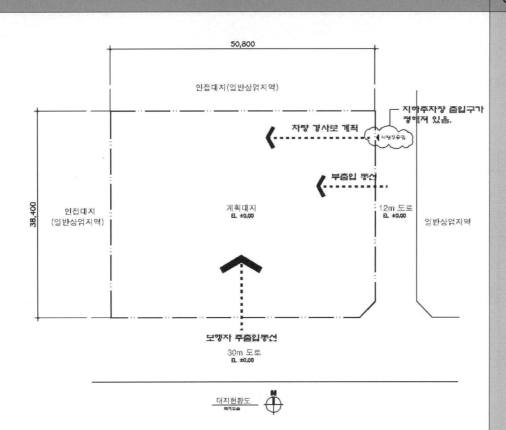

2 토지이용계획 / 설계조건분석

① 토지이용계획
- 2개의 도로가 접하는 부분에 접근이 요구되는 시설을 배치
- 북측에 차량경사로 (지하주차장 이용)를 고려
- 북측에 조경고려

② 주도로에서 건물에 이르는 공간은 공개공지를 계획

③ 건물의 형태를 예측

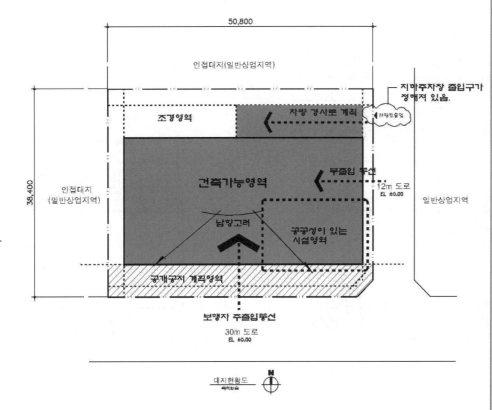

3 설계조건분석

① 주요설계조건 분석
- 주어진 주요설계조건을 그림으로 스케치한다.
- 로비와 은행의 진출입을 고려한 평면계획
- 에스컬레이터계획은 계획적으로 층고(H)×1.73을 이용해서 소요길이를 구한다.

② 단면개념
- 다목적강당은 높은 층고를 요구하므로 기준층과 겹치지 않도록 계획한다.

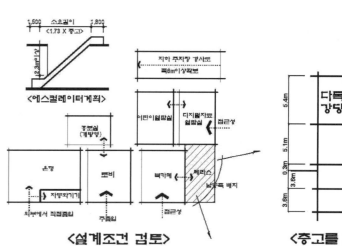

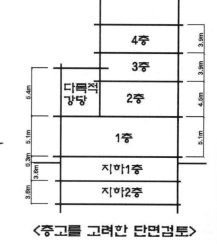

4 층별 기능도 및 면적분석

① 기능도 작성
- 주어진 조건에 따라 기능도를 그리고 각 실의 연관관계를 나타낸다.
- 어린이 열람실, 디지털열람실, 북카페 등은 이용자의 편의성을 고려한다.

② 면적분석
- 코어면적을 고려하고 대지폭을 고려하여 건물의 전체적인 규모를 가늠한다.

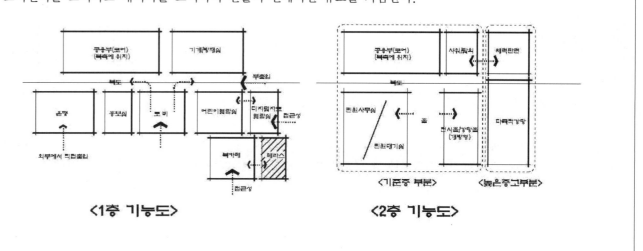

<1층 기능도>   <2층 기능도>

5 블록다이어그램 및 면적조정

① 면적을 고려한 블록다이아그램 작성
- 서비스코어는 북측에 배치하고 스판은 SRC구조를 고려해
  8m 내외로 잡고 다목적강당을 고려해 10m 스판도 고려
- 사무실면적을 고려해 사무실구간은 15m이내의 무주공간으로
  계획할 수 있다.

② 면적조정
- 코어는 8m 내외의 스판으로 3모듈 정도로 고려하고 OPEN과
  필로티를 적절히 사용하여 면적을 조정한다.

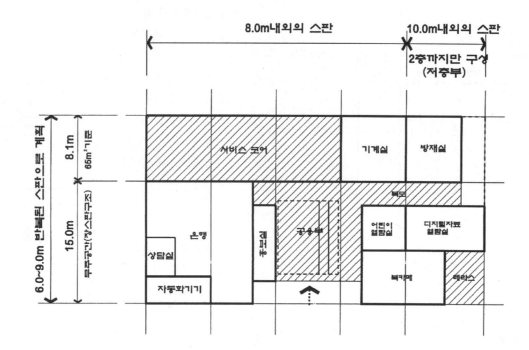

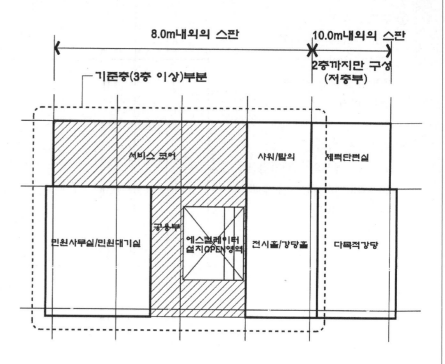

6 답안리뷰 및 체크포인트

① 접근동선
- 주도로에서의 보행자접근, 부도로에서 차량접근 부출입구를 통한
  1층 로비로 접근을 고려

② 요구시설검토
- 용도별로 그룹핑을 통해 조닝하고 각 실별 조건을 상세히 고려하여
  실을 배치
- 공공시설은 접근성을 최대한 고려

③ 이격거리등
- 30m도로에서 건물을 적절히 이격하여 공개공지개념으로 진입공간을 둔다.

④ 실들의 기능적 배치
- 1, 2층 계획시 기준층 사무실의 기능과 구조를 염두해 두고 계획하여야만
  좋은 계획이 될 수 있다.

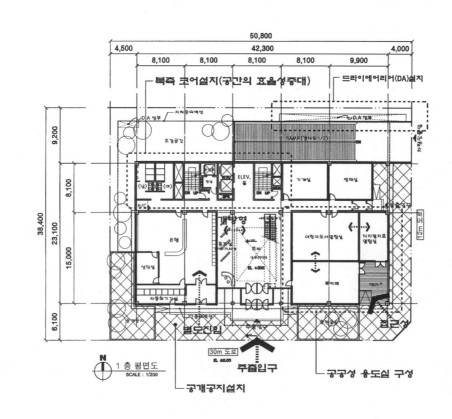

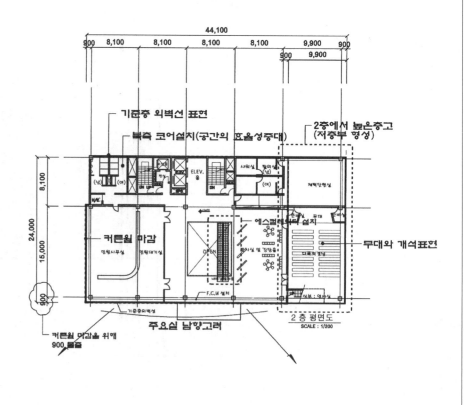

2 층 평 면 도
SCALE : 1/200

1 층 평 면 도
SCALE : 1/200

구 성	FACTOR	지 문 본 문	FACTOR	구 성

2008년도 건축사 자격시험 문제

과목: 건축설계1　　① 제1과제 (평면설계)　　배점: 100/100점

제목 : 숙박이 가능한 향토문화체험시설

1. 제목
- 건축물의 용도를 제시
- 용도를 통해 일반적인 시설의 특징을 고려한다.

① 배점 확인
- 평면은 100점의 단일과제로 구성
- 계획 및 작도에 3시간이라는 점은 중요하다.

1. 과제개요

　지역 내 주변 관광지와 지역특산물(예 : 도자기, 전통고예등)의 홍보 및 수익사업을 목적으로 숙박이 가능한②향토문화체험시설을 신축하고자 한다. 아래사항을 고려하여 평면도를 작성하시오.

2. 과제개요
- 계획시설의 이용자와 전체적인 용도를 제시한다.
- 요구되는 평면을 제시하기도 한다.

② 과제개요
- 본 건축물의 기능과 용도에 대한 설명
- 특산물홍보+숙박이라는 복합된 용도의 건물임

2. 건축개요 ③
(1) 지역 : 고려하지 않음
(2) 계획대지 및 주변현황 : 대지현황도 참조
(3) 건폐율과 용적률 : 고려하지 않음
(4) 규모 : 지하1층, 지상3층
(5) 구조 : 철근콘크리트조
(6) 층고
　① 지상1층 : 4.2m
　② 지상2・3층 : 3.3m
(7) 주차장 : 고려치 않음

3. 건축개요
- 지역지구제시
- 주변현황/대지면적/건폐율/용적률등의 일반적인 정보를 제시
- 규모와 구조, 층고에 대해 제시

③ 개요
- 지역지구에 대한언급이 없음
- 구조는 철근콘콘크리트조 (스판이 6~9m 내외)
- 규모는 지하1층, 지상3층
- 주차는 고려하지 않음

④ 이격거리
- 인접대지경계선, 건축선, 보호수목에서 이격거리 제시

3. 설계조건
(1) 건축물은 인접대지경계선과 건축한계선에서 2m 이상 이격 ④
(2) 건축물은 보존수목 경계에서 3m 이상 이격 ④
(3) 실개천과 보존수목을 연계하여 옥외휴게공간을 배치 ⑤
(4) 로비에서 보존수목을 조망하도록 계획
(5) 식당은 경관을 고려하여 배치
(6) 주방용 화물 반출입공간은 전면배치를 피하도록 계획 ⑥
(7) 전시・홍보실은 로비와 연결된 공간으로 계획 ⑦
(8) 판매실은 전시・홍보실에 인접하여 배치
(9) 작업실은⑧야외 체험장과 연계하여 계획
(10) 2층⑨숙박부분의 2인실과 가족실은 분리 배치
(11) 계단은 2개소 설치(주계단1개소, 비상계단1개소)
(12) 장애인 겸용 엘리베이터 1대 설치 ⑩
(13) 1층 바닥레벨은 EL+20.3m
　　(지표면 : EL+20.0m)

4. 설계조건
- 이격거리등이 주어짐
- 출제자가 일반적인 조건이 아닌 본 시설에서 특별히 요구하는 조건으로 이는 채점의 기준으로 해석해도 좋다.

⑤ 휴게공간
- 실개천과 보존수목을 포함한 휴게공간계획

⑥ 화물 반출입공간
- 미관상 좋지 않을 수 있으므로 전면보다는 측면에 배치(시선차단효과)

4. 실별소요면적 및 요구사항
(1) 실별 소요면적 및 해당 요구사항은 <표>를 참조 (<표>의 실별 소요면적은 벽체 중심선 기준 면적임)
(2) 각 실별 면적은 10%, 층별 바닥면적은 5% 범위 내에서 증감 가능

5. 도면작성요령
(1) 1, 2층 평면도 작성(배치계획은 1층 평면도에 표현)
(2) 2인실과 가족실의 단위평면은 각1실만 표현⑪ (침대 배치가 가능하도록 계획)
(3) 주요치수, 출입문, 기둥, 실명 등을 표기
(4) 벽과 개구부가 구분되도록 표현
(5) 기계/전기실 등의 설비관련 시설은 지하1층에 위치하며 관련된 도면작성은 생략
(6) 단위 : mm
(7) 축척: 1/200

6. 유의사항
(1) 제도는 반드시 흑색연필심으로 한다.
(2) 명시되지 않은 사항은 현행 관계법령을 준용한다.

⑦ 로비
- 본 과제에서 로비는 1층 시설의 중심적인 기능을 요구함
- 주출입구와 보존수목을 포함한 휴게 공간으로 개방감 있는 공간을 요구하고 있음

4. 실별소요면적 및 요구사항
- 실별면적은 표를 참조
- 각 실별면적은 증감이 가능한 범위가 있으므로 계획시 여유를 가지고 유연한 사고를 한다.

⑧ 야외체험장
- 서측의 야외체험장은 본시설과 연계동선을 요구하고 있으며 특히 작업실과 연계를 고려

⑨ 숙박부분
- 2층 숙박부분 중 2인실과 가족실은 홀 등 공용부를 사이에 두고 분리배치

5. 도면작성요령
- 요구도면을 제시
- 실명, 치수, 출입구, 기둥 등을 반드시 표기해야 한다.
- 출제자가 도면표현상에서 특별히 요구하는 요소를 제시
- 단위 및 축척을 제시

⑩ 승강기
- 장애인용을 겸한 승강기 설치

⑪ 도면의 표현
- 2인실, 가족실 등 숙소부분은 침실, 거실 등으로 구획된 단위세대를 표현할 것을 요구

6. 유의사항
- 도면작성 도구
- 현행법령안에서 계획할 것

구 성	FACTOR	지 문 본 문	FACTOR	구 성

구성 (좌)

7. 실별면적표
- 계획시설의 각 실별 면적과 용도가 제시

- 1,2층의 층별조닝이 되있는 경우와 주어지지 않는 경우가 있다.

- 각 실의 기능과 사용성을 고려해 그룹별로 그룹핑을 통해 각 용도별로 영역을 나누어야 한다.

- 최근의 경향은 설계 조건은 비교적 자세하고 다양하게 요구하고 있지만 실별요구사항은 많지 않아지고 있음에 유의한다.

- 각 실은 건축계획적 측면에서 합리적이고 보편적인 계획되도록 해야 한다.

FACTOR (좌)

① 전시/홍보실
- 본과제의 주요시설로 로비와 직접 연계를 요구

② 판매실
- 전시/홍보실과 기능적으로 연계되며 도로면에 면하면 좋다

③ 세미나실
- 가변형 벽체로 계획

④ 작업실
- 야외체험장과 직접적인 연계를 적극 고려

⑤ 화장실
- 대·소변기 상세표현

지문본문 (중앙)

과목: 건축설계1   제1과제 (평면설계)   배점: 100/100점

<표> 실별 소요면적 및 요구사항

* 제시된 면적들은 5%범위 내에서 증감가능

층수	실명		단위 면적 (m²)	실수	면적 (m²)	요구조건
1층	전시/홍보실①		65	1	65	향토문화 특산물 전시, 홍보
	판매실②		25	1	25	향토문화 특산물 판매
	관리사무실		25	1	25	안내 및 접수기능포함
	관리소장실		15	1	15	응접기능고려
	강사대기실		10	1	10	
	세미나실③		50	1	50	2개실로 분리가능
	작업실④		75	1	75	향토문화 체험
	준비실		25	1	25	작업실에 부속
	화장실⑤		50	1	50	남 : 대·소변기 각2개 여 : 대변기 3개 장애인 : 남·녀 각1개
	식당⑥		95	1	95	다목적으로 사용가능
	주방		35	1	35	부속창고 포함
	기타공용면적				230	로비, 복도, 계단실 등
	소 계				700	
2층	숙박부분⑦	2인실	25	10	250	화장실(양변기, 세면기, 샤워) 포함, 주방 제외
		가족실	50	4	200	거실1, 침실2, 화장실(양변기, 세면기, 샤워) 포함, 주방제외
	기타공용면적⑧				200	라운지, 복도, 계단실, 창고 등
	소 계				650	
3층	소 계				650	2층과 동일
	계				2,000	

FACTOR (우)

⑥ 식당
- 비교적대규모 공간
- 식당, 행사 등의 다목적 공간으로 사용
- 주방을 포함 (전면에서 시선차단)

⑦ 숙박부분
- 2인실은 가급적 남향으로 배치 (중복도)
- 가족실은 경관이 좋은 방향으로 배치(편복도)

⑧ 공용부
- 라운지, 창고 등 면적을 고려하여 적절히 배치

1	대지분석

① 현황도 분석
 – 8m도로에서 전면공지를 통해 진입
 – 실개천으로의 조망
 – 서측으로 경관이 양호

② 각종동선 파악
 – 전면공지를 통한 보행자 진출입
 – 야외체험장과 연계동선

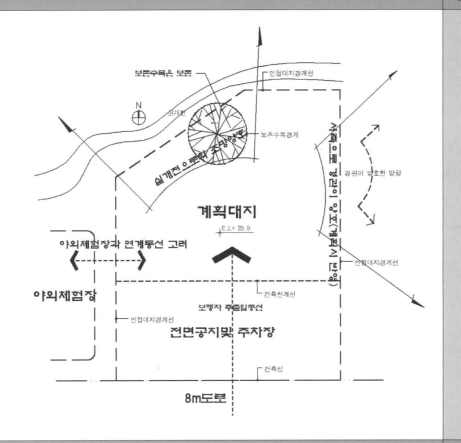

3	설계조건분석

① 주요설계조건 분석
 – 주어진 주요설계조건을
  그림으로 스케치한다.
 – 주보행동선, 물품반입동선
  등을 고려

② 단면계획
 – 층고가 고려된 단면계획

③ 실별기능분석
 – 로비와 연계된 시설을
  중심으로 각각의 실을
  조건에 맞게 계획

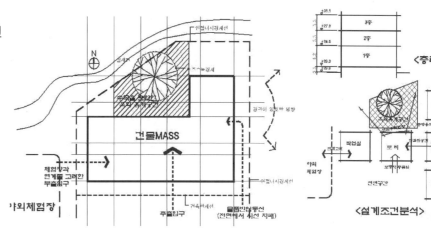
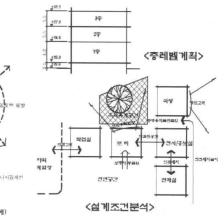

2	토지이용계획 / 설계조건분석

① 토지이용계획
 – 전면공간에서 진입
 – 보존수목에서 이격을 통한
  건물의 mass

② 건물형태
 – 기능과 보호수목을 고려한
  ㄴ자 형태의 건물로 고려

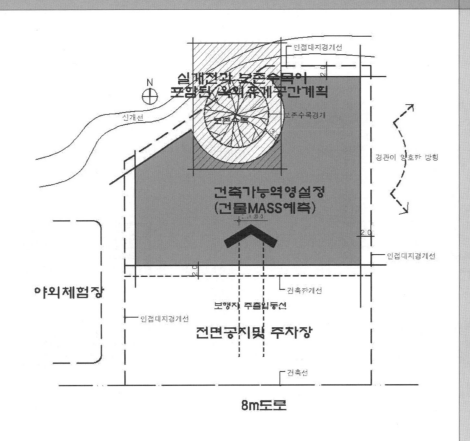

4	층별 기능도 및 면적분석

① 실별면적을 고려해 기준모듈을 찾는다.
 – 본 시설은 기준모듈을 찾기가 어려운 관계로 50m², 60m²의 두 개의 모듈을 사용해 본다.

② 기능도
 – 실의 요구조건을 분석해 서로의 연관관계를 고려한 계획을 한다.
 – 약간의 면적차이는 피로티, 테라스 등으로 균형을 맞춘다.

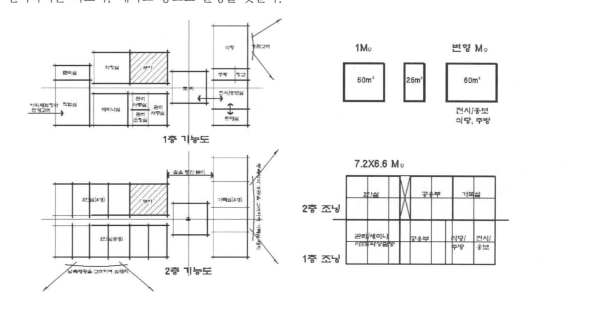

5	블록다이어그램 및 면적조정

① 면적을 고려한 블록다이아그램 작성
- 본 과제는 반복되는 실이 있으므로 2층을 먼저 계획해보고
  거기에 맞추어 1층을 계획하는 것이 유리하다.
- 비교적 작은 실은 중복도를 두고 계획하고 대형인 가족실은
  편복도와 서측경관지역으로 배치

② 면적조정
- 1층은 필로티로 2층은 OPEN 또는 가족실의 테라스를 고려
- 7.2m와 9.0m의 스판을 적절히 고려하여 계획

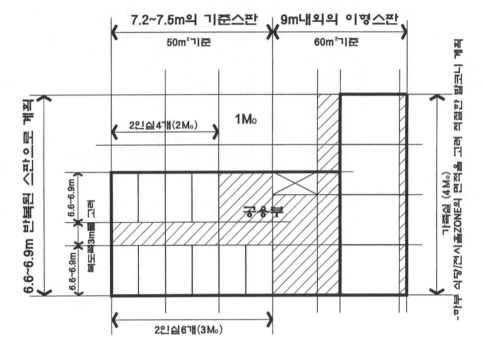
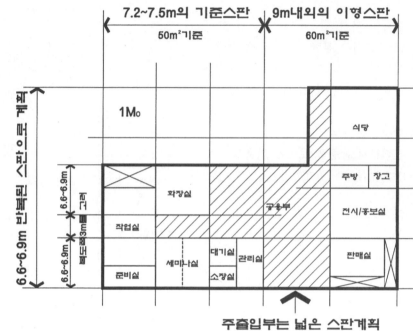

6	답안리뷰 및 체크포인트

① 접근동선
- 전면공지에서 로비로 진입해 보호수목까지의 동선이
  가장 중요한 체크포인트
- 야외체험장에서 작업실로의 직접동선
- 주방으로의 반입동선은 전면에서 차단

② 요구시설 검토
- 경관을 고려한 식당의 배치
- 로비에서 전시/홍보실 직접진입
- 2인실과 가족실이 공용부를 사이로 서로 분리된 평면형태

③ 이격거리등
- 보호수목에서 이격되어 배치

④ 특별한 표현의 요구
- 2인실과 가족실중 1실씩 별도로 상세한 표현

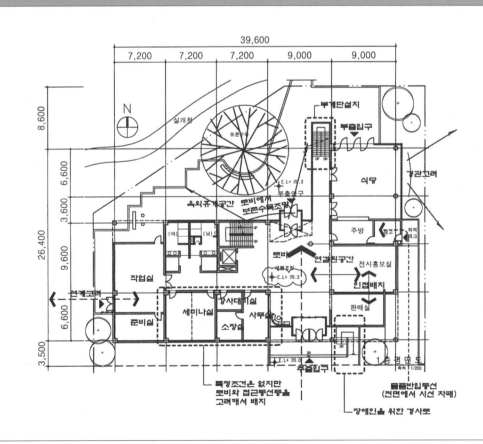
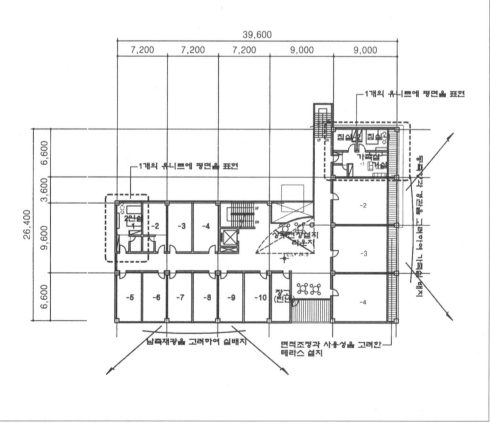

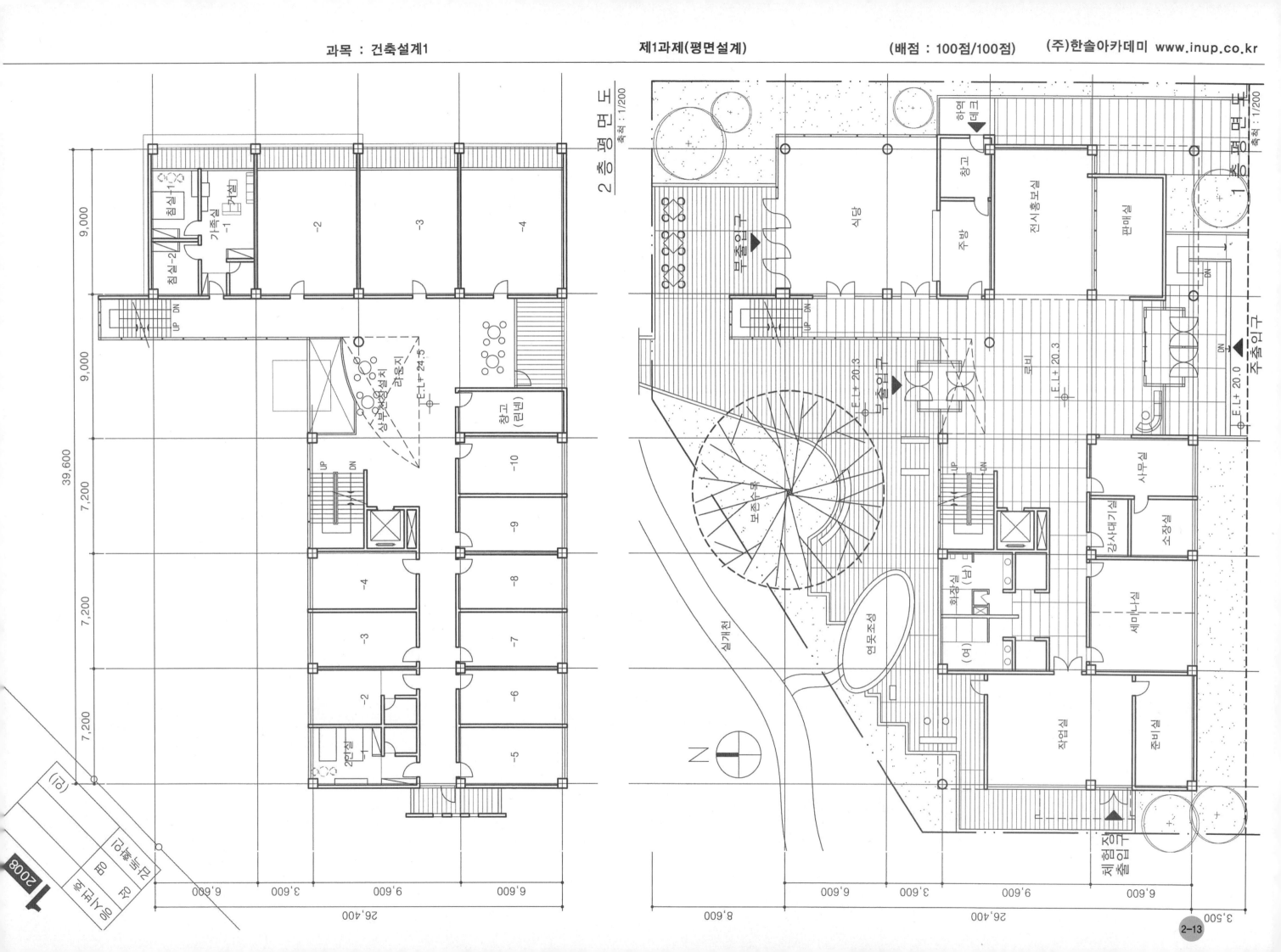

2 층 평 면 도　축척 : 1/200

1 층 평 면 도　축척 : 1/200

2009년도 건축사 자격시험 문제

과목: 건축설계1　① 제1과제 (평면설계)　배점: 100/100점

제목 : 임대형 미술관 평면설계

1. 과제개요

1층 카페가 있는 임대형 미술관을 신축하고자 한다. 아래사항을 고려하여 1층 및 2층 평면도를 작성 하시오.

2. 건축개요

(1) 용도지역 : 상업지역, 최고고도지구(모든 돌출부 ②는 최고 12m 높이를 초과할 수 없음)
(2) 계획대지 : 대지현황도 참조
(3) 대지면적 : 1,519m²
(4) 규모 : 지하1층, 지상2층 ③
(5) 구조 : 철근콘크리트조
(6) 건폐율 : 60% 이하 ④
(7) 용적율 : 200% 이하 ④
(8) 층고 : 1층 5.1m, 2층 5.1m ⑤
(9) 층별 마감레벨
　① 1층 : EL + 150mm
　② 2층 : EL + 5,250mm
(10) 주차대수 : 4대 ⑥
　　　(장애인용 주차1대 이상 포함)
(11) 기타 주요설비
　① 승용승강기(장애인겸용) : 15인승1대(승강기 ⑦샤프트 내부 평면치수는 2,500mm×2,500mm)
　② 미술작품 운반용 리프트 : 6,000mm×3,000mm (1대)　⑦

3. 설계조건

(1) 건축물은 인접대지경계선으로부터 1.5m 이상 이격 ⑧
(2) 건축물은 보호수목 경계선으로부터 2.5m 이상 이격 ⑧
(3)⑨보호수목에 자연광이 최대한 유입되도록 계획
(4) 로비, 카페에서 보호수목을 조망하도록 계획
(5) 2층 지붕의⑩옥상정원을 이용할 수 있도록 계획
(6) 대지 내 기존⑪노출암반은 보존(노출암반의 최상부로부터 1.5m 이상은 건축가능 영역)
(7) 전시장-1의 바닥면적 중 50m² 이상을 천장높이 8.4m로 계획 ⑫
(8) 전시장은 자연채광을 이용하도록 계획

(9)⑬카페의 주방물품반입을 위한 외부동선 확보
(10) 별도의 장애인용 화장실(남·녀 각1개소)
(11) 미술작품 운반용 리프트는 외부에서 직접 반출입 가능하도록 설치
(12) 외부조경은 임의로 계획
(13) 주출입구에 에너지 보존을 위해 방풍실 설치

4. 실별소요면적 및 요구사항

(1) 실별 소요면적은 <표>를 참조
(2) 각 층별 바닥면적 합계는 5% 범위 내에서 증감 가능
(3) 실별 바닥면적은 10% 범위 내에서 증감 가능
(4) 필로티 하부는 바닥면적 산입에서 제외

5. 도면작성요령

(1) 1, 2층 평면도 작성(배치계획은 1층 평면도에 표현)
(2) 주요치수, 출입문(회전방향 포함), 기둥, 실명 등을 표기
(3) 벽과 개구부를 구분되도록 표현
(4) 지하1층은 기계실·전기실, 수장고, 시청각실 등이 포함되지만 지하1층 도면작성은 생략
(5) 단위 : mm
(6) 축척 : 1/200

6. 유의사항

(1) 제도는 반드시 흑색연필심으로 한다.
(2) 명시되지 않은 사항은 현행 관계법령을 준용 한다.
(3) 치수표기시 답안지의 여백이 없을 때에는 융통성 있게 표기한다.

FACTOR (왼쪽)

① 배점 확인
- 평면은 100점의 단일과제로 구성
- 계획 및 작도에 3시간이라는 점은 중요하다.

② 용도지역
- 상업지역이며 최고고도지구 이므로 최대높이를 12m 이하로 규정

③ 규모/구조
- 지하1층, 지상2층
- 철근콘크리트조 (6~9m의 기둥간격을 고려)

⑥ 건폐율/용적률을 제시

⑦ 층고
- 1,2층 모두 5.1m로 비교적 높은 층고를 요구

⑧ 주차대수
- 4대(지상주차)

⑨ 승강기
- 승용승강기 설치
- 미술품 운반을 위한 리프트 설치 (CAR사이즈 검토)

구성 (왼쪽)

1. 제목
- 건축물의 용도를 용도를 제시
- 용도를 통해 일반적인 시설의 특징을 고려 한다.

2. 과제개요
- 계획시설의 이용자와 전체적인 용도를 제시 한다.
- 요구되는 평면을 제시 하기도 한다.

3. 건축개요
- 지역지구제시
- 주변현황/대지면적/건 폐율/용적율등의 일반 적인 정보를 제시
- 규모와 구조, 층고에 대해 제시

4. 설계조건
- 이격거리등이 주어짐
- 출제자가 일반적인 조건이 아닌 본 시설 에서 특별히 요구하는 조건으로 이는 채점의 기준으로 해석해도 좋다.

FACTOR (오른쪽)

⑧ 이격거리
- 인지경계선에서 1.5m
- 보호수목에서 2.5m 이상

⑨ 보호수목
- 보호수목에 최대한 채광유입을 위해 중정형으로 계획
- 카페와 로비에서 보호수목이 조망되 도록 계획

⑩ 옥상정원
- 계획상에 나타나지 않지만 옥상정원 으로 연결되는 계단을 계획

⑪ 노출암반
- 대지 일부에 노출된 암반은 최상부로부터 1.5m이내는 건축금지
- 암반에 기둥설치가 안되고 1층은 피로티구조로 할 것을 요구하고 있다.

⑫ 전시장-1
- 전시장-1계획시 일부는 상부일부를 OPEN구조로 할 것
- 자연채광을 요구하고 있으므로 벽의 개구부는 유리로 2층전시장은 일부 천창을 계획

⑬ 카페
- 주방은 외부에서 반입동선을 고려할 것

구성 (오른쪽)

4. 실별소요면적 및 요구사항
- 실별면적은 표를 참조
- 각 실별면적은 증감이 가능한 범위가 있으므 로 계획시 여유를 가지 고 유연한 사고를 한다.

5. 도면작성요령
- 요구도면을 제시
- 실명, 치수, 출입구, 기둥 등을 반드시 표기해야 한다.

6. 유의사항
- 명시되지 않은 부분은 건축법을 준용
- 도면크기가 계획지에 거의 차므로 치수를 적절히 표현하라는 조건을 제시

7. 실별면적표

- 계획시설의 각 실별 면적과 용도가 제시

- 1,2층의 층별조닝이 되있는 경우와 주어지지 않는 경우가 있다.

- 각 실의 기능과 사용성을 고려해 그룹별로 그룹핑을 통해 각 용도별로 영역을 나누어야 한다.

- 최근의 경향은 설계조건은 비교적 자세하고 다양하게 요구하고 있지만 실별요구사항은 많지 않아지고 있음에 유의한다.

- 각 실은 건축계획적 측면에서 합리적이고 보편적인 계획되도록 해야 한다.

---

① 카페
- 주방과 창고를 포함한 면적
- 주방은 외부에서 반입동선을 고려
- 좌석배치등 가구의 표현을 요구하고 있다.

② 전시장-1
- 일부면적(50m²)을 높은 천정으로 계획할 것을 요구
- 이는 전시장-1 천정을 2개층 OPEN 하라는 의미로 해석

③ 기타실
- 특별한 요구조건이 없지만 실의 기능등을 고려하여 합리적으로 배치

④ 공용부
- 로비, 복도 등으로 구성되며 설계조건에 의해 로비에서 보호수목이 조망되도록 계획

과목: 건축설계1　　제1과제 (평면설계)　　배점: 100/100점

<표> 실별 소요면적 및 요구사항

* 제시된 면적들은 5% 범위 내에서 증감가능

층수	실명	면적 (m²)	요구조건
1층	카페①	140	주방, 창고, 좌석배치 표기
	아트숍	50 ③	
	사무실	40	
	전시장-1 ③	120	50m² 이상 천장높이 8.4m확보
	화장실	40	남 : 대·소변기 각1개 여 : 대변기2개
	장애인 화장실	20	남·녀 각1개소
	④기타 공용면적	190	로비, 복도, 계단실 등
	소계	600	

층별	실명	면적 (m²)	요구조건
2층	전시장-2 ⑤	90	전시장-2, 전시장-3은 통합사용 가능하도록 계획
	전시장-3	230	
	세미나실	40	
	화장실	40	남 : 대·소변기 각1개 여 : 대변기2개
	장애인화장실	20	남·녀 각1개소
	기타공용면적⑥	180	홀, 복도, 계단실 등
	소계	600	라운지, 복도, 계단실, 창고등
지하층	소 계	430	기계실·전기실 50m² 수장고 50m² 시청각실 250m² 기타 80m²
	계	1,630	

---

⑤ 전시장-2, 3
- 통합사용가능
- 서로 인접하게 계획하며 상황에 따라서 벽으로 구획할 수도 있고 합쳐질 수도 있는 구조로 한다.

⑥ 기타공용부
- 전시장 및 세미나실 이외의 공용부는 면적을 고려해 라운지, 복도, 창고 등으로 계획한다.
- 구체적 요구 조건이 없으므로 유연한 사고로 다양한 답안이 나올 수 있는 과제임.

■ 문제풀이 Process

1 대지분석

① 현황도 분석
- 4m 도로에 접한 평탄한 대지
- 북측에 일부암반이 노출되어 있음

② 각종동선 파악
- 4m도로에서의 보행자접근
- 4m도로에서 차량진출입을 고려

③ 보호수목 보존

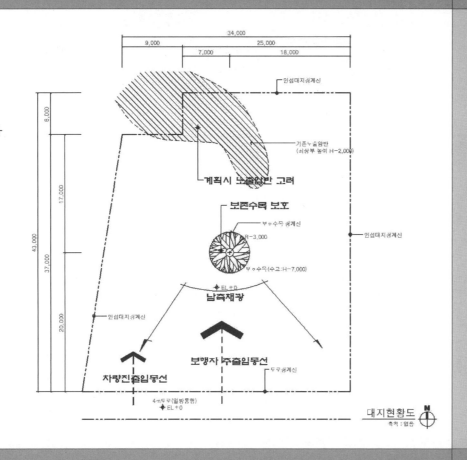

2 토지이용계획 / 설계조건분석

① 토지이용계획
- 보존수목에서 이격과 주차가능영역을 제외하고 건축가능영역을 고려
- 노출암반은 상부면으로부터 1.5m는 계획불가이므로 1층은 필로티, 2층에서는 건축가능한 영역임

② 건물형태
- 건물형태는 제한조건으로 볼 때 중정형 건물로 계획함이 합리적임.

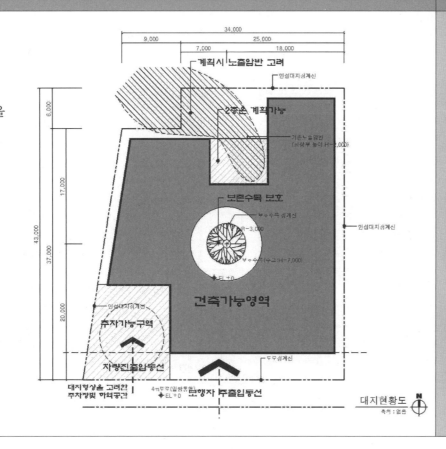

3 설계조건분석

① 주요설계조건 분석
- 주어진 주요설계조건을 그림으로 스케치한다.
- 암반은 지상으로 2m 노출되어 있고 그 직상부 1.5m까지는 건축이 금지됨
- 전시상-1 단면계획
- 승용승강기와 반입용 리프트의 크기고려
- 보호수목을 고려한 중정형 건물 mass
- 로비와 카페에서 보호수목조망

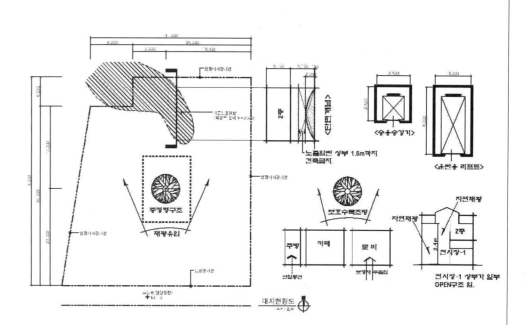

4 층별 기능도 및 면적분석

① 실별면적을 고려해 기준모듈을 찾는다.
- 전시장이라는 용도상 스판간격은 8m 내외 고려
- 한 모듈을 50m² 와 80m² 로 고려해 본다.

② 기능도
- 실의 요구조건을 분석해 서로의 연관관계를 고려한 계획을 한다.
- 약간의 면적차이는 피로티, 테라스 등으로 균형을 맞춘다.

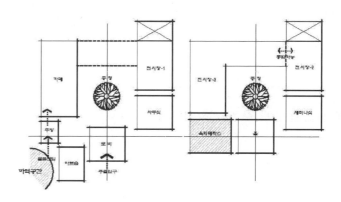

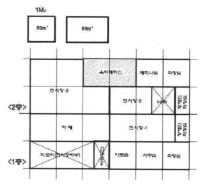

5	블록다이어그램 및 면적조정

① 면적을 고려한 블록다이아그램 작성
 - 노출암반, 보호수목, 주차장영역 등의 제한조건을 고려해 중정형 구조로 계획
 - 스판은 세로방향으로 9m 내외로 결정하고 가로방향은 요구실의 면적에 따라서
   6~9m의 스판을 적용한다.

② 면적조정
 - 1층은 노출암반부의 필로티구간을 2층에서 1층 계획을 고려해 일부에
   옥상형 테라스를 계획하여 면적을 조정한다.
 - 전시장-2는 일부슬라브가 전시장-1의 조건에 의해 open되는 구조이다.

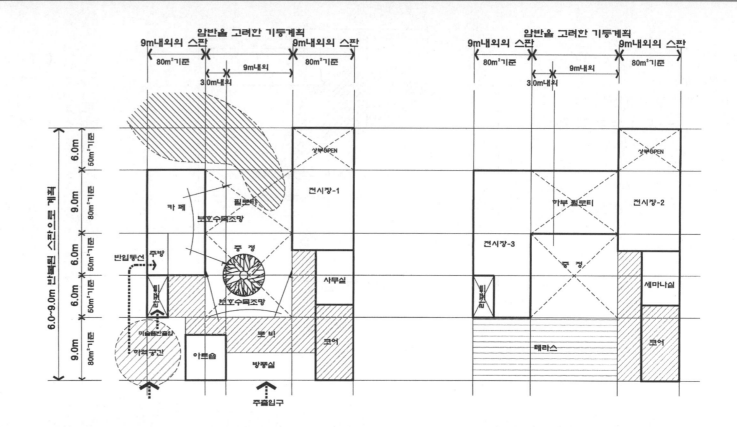

6	답안리뷰 및 체크포인트

① 접근동선
 - 4m도로에서 보행자와 차량이 모두 접근
 - 하역공간을 통해 주방반입동선과 미술반입 리프트로 동선이 고려

② 요구시설 검토
 - 카페와 전시장등의 주요실이 보호수목을 중심으로 형성되도록 계획
 - 로비에서의 보호수목조망은 중요한 요소임
 - 전시장2,3의 통합사용가능
 - 옥상정원으로 동선을 위한 계단설치

③ 실들의 기능적 배치
 - 요구조건에 부합하는 기능적이고 합리적인 계획이 될 수 있도록 할 것

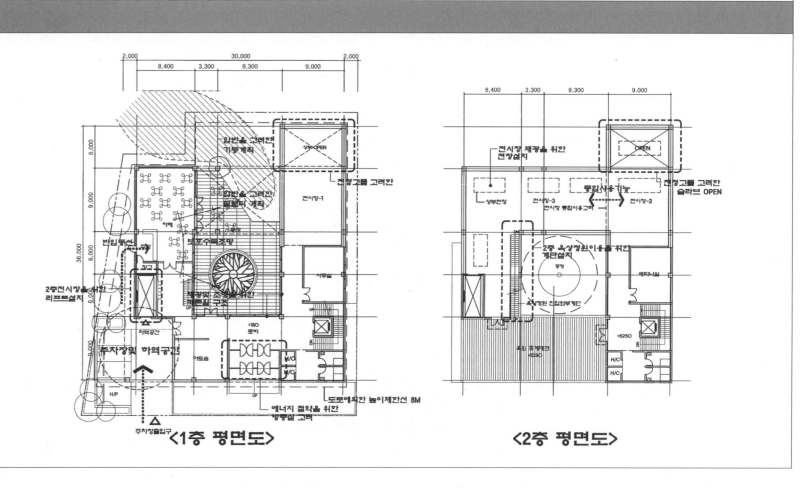

<1층 평면도>   <2층 평면도>

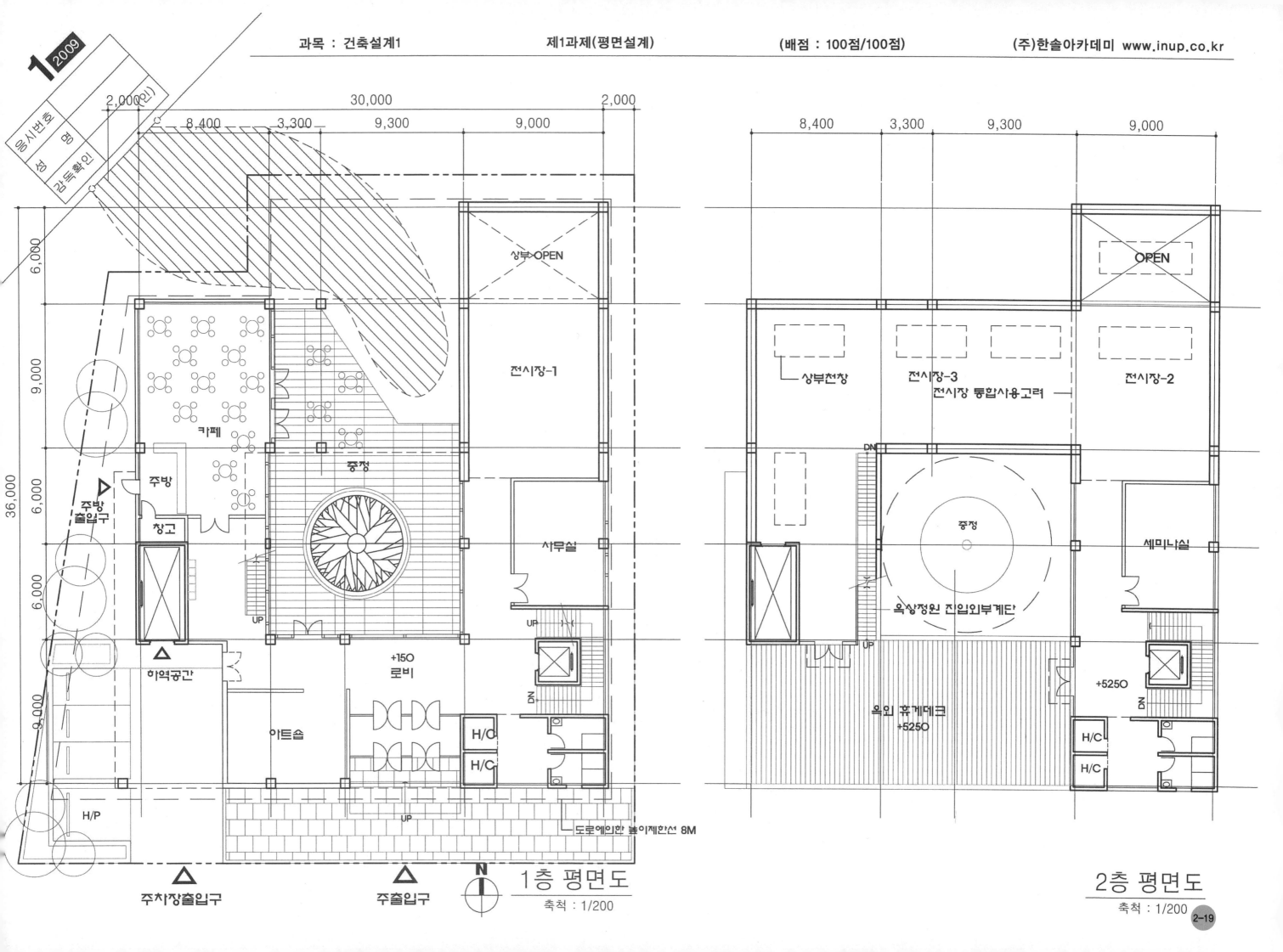

1층 평면도
축척 : 1/200

주차장출입구   주출입구   N

상부OPEN

전시장-1

카페

주방

주방
출입구

창고

중정

사무실

하역공간

UP

+150
로비

아트숍

H/C

H/C

H/P

UP

도로에의한 높이제한선 8M

2,000(인)
30,000   2,000
8,400   3,300   9,300   9,000
6,000
9,000
36,000
6,000
6,000
9,000

2층 평면도
축척 : 1/200

OPEN

상부천창   전시장-3
전시장 통합사용고려

전시장-2

DN

중정

옥상정원 진입외부계단

세미나실

UP

옥외 휴게데크
+5250

+5250

H/C

H/C

8,400   3,300   9,300   9,000

2-19

구 성	FACTOR	지 문 본 문	FACTOR	구 성

2010년도 건축사 자격시험 문제

과목: 건축설계1 　제1과제 (평면설계)　　배점: 100/100점

제목 : 청소년 창작스튜디오

1. 제목
- 건축물의 용도제시

① 지식기반사회대비 → 청소년 창작 스튜디오

② 준주거지역 : 일조권 ×

③ 대지면적
33.6×44.1 = 1,481.76m²

2. 과제개요
- 전체적인 평면 기능과 용도제시 또는 암시
- 평면설계 주제의 제시 또는 암시
- 전반적인 방향제시

④ 용도 : 수련시설

⑤ 규모 : 지하1층, 지상2층

⑥ 구조 : 철근콘크리트조
구조 span 6~9m 내외로 결정

⑦ 건폐율
1481.76×0.6 = 889.06 > 610 OK

3. 대지조건 및 건축개요
- 전반적인 주변현황과 성격
- 지역 지구 및 도시 계획적 내용
- 대지면적
- 용도
- 규모
- 구조
- 건폐율 및 용적률
- 층고
- 층별 마감레벨
- 주차대수
- Elevator

⑧ 용적률
1481.76×4 = 5,927.04 > 1,360 OK

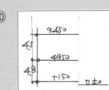
⑨, ⑩

⑪ 주차대수 : 4대

⑫ Elevator = 2.5m × 2.5m

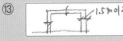
⑬

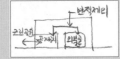
⑭

4. 설계조건
- 건축가능영역
- 완충지대
- 외부공간
- 공개공지와 근린공원과의 연계
- 면적산정 예시
- 필로티주차
- 주출입구의 정면성 확보
- 주차장과 부출입구 연계

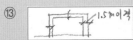
⑮, ⑯, ⑰

⑱ 필로티 주차계획

⑲, ⑳, ㉑, ㉒

1. 과제개요
　문화적 상상력이 국가경쟁력이 되는 지식기반사①회에 대비하여 창작스튜디오를 신축하고자 한다. 아래 사항을 고려하여 1층과 2층 평면도를 작성하시오.

2. 건축개요
(1) 용도지역 : 준주거지역 ②
(2) 계획대지 : <그림> 대지현황도 참조
(3) 대지면적 : 1,481.76m² ③
(4) 용도 : 수련시설 ④
(5) 규모 : 지하1층, 지상2층 ⑤
(6) 구조 : 철근콘크리트조 ⑥
(7) 건폐율 : 60% 이하 ⑦
(8) 용적률 : 400% 이하 ⑧
(9) 층고 : 1층 4.8m, 2층 4.5m ⑨
(10) 층별 마감레벨 ⑩
　① 1층 : EL+150mm
　② 2층 : EL+4,950mm
(11) 주차대수 : 4대 ⑪
　(장애인전용 주차 1대 포함)
(12) 엘리베이터(장애인 겸용) : 15인승 1대 ⑫
　(엘리베이터 샤프트의 내부 평면치수는
　2,500mm×2,500mm)

3. 설계조건
(1) 건축물은 인접 대지경계선에서 1.5m 이상 이격한다. ⑬
(2) 북동측 대형 판매시설의 인접 대지경계선과 건축물 사이에 완충지대(buffer zone)를 확보한다. ⑭
(3) 건축물 전면에 야외전시, 기획행사 등을 위한 외부공간(240m² 이상)을 계획한다. ⑮
(4) 공개공지(80m² 이상)는 근린공원과 연계하여 계획한다. ⑯
(5) 외부공간 면적 산정시 공개공지와 필로티 면적은 포함되지 않는다. ⑰
(6) 4면 이상의 주차공간을 필로티로 계획한다(세로로 인접배치 금지). ⑱
(7) 건축물의 주출입구는 도로와 마주 보게 계획한다. ⑲
(8) 주차장은 건축물로 출입이 가능한 부출입구를 계획한다. ⑳
(9) 로비와 연계하여 벽체구획이 없는 개방형 라운지를 계획한다. ㉑
(10) 로비와 라운지의 일부공간(50m² 이상)을 자연채광이 가능하도록 2개층 높이로 계획한다. ㉒

(11) 라운지는 전시공간으로도 사용될 수 있도록 전시실에 인접시킨다. ㉓
(12) 라운지는 외부공간 조망이 가능하도록 계획한다.
(13) 스낵바는 라운지에 인접시킨다.
(14) 스낵바의 물품반입동선을 효율적으로 계획한다.
(15) 옥상정원(100m² 이상)은 공원으로 조망이 열리도록 근린공원에 가깝게 배치한다. ㉗
(16) 입체조형실은 옥상정원과 연계하여 야외작업이 가능하도록 합니다. ㉘
(17) 입체조형실, 평면조형실, 영상디자인실, 워크숍실, 미디어정보실은 하나의 존(zone)이 되도록 합니다. ㉙
(18) 미디어정보실과 워크숍실은 인접시킨다.
(19) 복도의 유효폭은 2.1m 이상으로 한다. ㉛
(20) 대지 북측에 위치한 기존수목은 보존한다. ㉜
(21) 자전거보관소(10대 이상)를 설치한다. ㉝
(22) 장애인의 편의성을 고려하여 계획한다. ㉞
(23) 출입구에 방풍실을 설치한다. ㉟
(24) 친환경 설계기법을 적용하여 계획한다. ㊱

4. 실별소요면적 및 요구사항
(1) 실별 소요면적과 요구조건은 <표>를 따른다.
(2) 각 층별 바닥면적 합계는 5% 범위내에서 증감 가능하다.
(3) 실별 바닥면적은 10% 범위내에서 증감 가능하다.
(4) 바닥면적은 실명 아래에 기입한다.
　(예) 사무실
　　　(00m²)

5. 도면작성요령
(1) 조경, 주차 등 옥외공간과 관련된 배치계획은 1층 평면도에 표기한다. ㊲
(2) 개방형 라운지의 해당영역을 표기한다. ㊲
(3) 주요치수, 출입문(회전방향 포함), 기둥, 실명 등을 표기한다. ㊲
(4) 벽과 개구부가 구분되도록 표기한다. ㊲
(5) 지하층의 도면작성은 생략한다.
(6) 소숫점 이하는 반올림하여 정수로 표기한다.
(7) 단위 : mm ㊲
(8) 축척 : 1/200

6. 유의사항
(1) 제도는 반드시 흑색연필심으로 한다.
(2) 명시되지 않은 사항은 현행 관계법령을 준용한다.

㉓

㉖

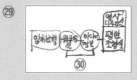
㉗

㉘

㉙

㉚

㉛ 복도의 유효폭은 2.1m 이상

㉜ 북측 기존수목 보존

㉝ 자전거 보관소 10

㉞ 장애인 편의성 고려

㉟ 출입구(방풍실 설치)

㊱ 친환경 설계기법 적용

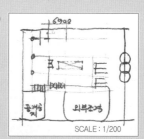
SCALE: 1/200
㊲

■ 모범답안 참고

- 로비와 라운지 연계
- 자연채광
- 라운지와 전시공간 연계
- 조망 확보
- 스낵바와 라운지 인접
- 스낵바 서비스 동선
- 옥상정원 계획
- 입체조형실
　→ 옥상정원과 연계
- 실의 Zoning
- 실의 인접과 근접
- 복도의 유효폭
- 기존수목 보존
- 자전거 보관소
- 장애인의 편의성
- Energy 절약
- 친환경설계기법 적용

5. 도면작성요령
- 요구도면의 종류와 축척(Scale)
- 조경, 주차, 옥외공간 관련 표기
- 개방형 라운지 해당 영역 표기
- 벽과 개구부의 표현
- 주요치수, 출입문, 기둥, 실명표기
- 치수단위 기준 : 주로 mm로 표현

6. 유의사항
- 제도용구
　(흑색연필 요구)
- 명시되지 않은 사항에 대한 기준 : 현행 관계법령 준용

7. 실별소요면적과 요구조건
- 면적오차 범위
- 실별요구조건과 요구 조건
- 실명
- 화장실의 구체적 제안
- 실명
- 외부공간과의 연계성, 실간의 인접성, 근접성, 부속실과의 위치와의 관계는 설계조건에서 제시
- 기타 공용면적 제시
- 층별 구분

8. 대지현황도
- 주변시설
- 주변지반의 레벨
- 도로현황
- 방위(향)
- 축척
- 기존수목
  (답안작성지는 현황도와 대부분 중복되는 내용이지만 현황도에 있는 정보가 답안작성지에는 생략되기도 하므로 문제접근시 현황도를 꼼꼼히 체크하는 습관이 필요합니다.)

㊳ 실별소요면적과 요구조건
- 각 층별 바닥면적 5% ┐ 증감허용
- 실별바닥면적 10% ┘
(Space program을 참고하여 주시기 바랍니다.)

㊴ 주변현황을 알 수 있는 대지현황도, 기존시설 주변지반의 레벨 인접건물 현황, 도로 방위 등 제시된 현황도를 이용하여 1차적인 현황분석을 합니다.

과목: 건축설계1　　제1과제 (평면설계)　　배점: 100/100점

<표> 실별 소요면적 및 요구조건 ㊳

구 분	실 명	면적(m²)	요구조건
지하층	기계·전기실	100	–
	창고	50	–
	소 계	150	–
1층	라운지	110	휴게시설로 활용
	전시실	100	
	다목적실	85	
	스낵바	15	
	사무실	50	
	화장실	50	남자용 : 대변기·소변기·세면대 각 2개
			여자용 : 대변기 4개, 세면대 2개
			장애인용 : 남·여 각 1개소 설치
	기타 공용면적	190	로비, 복도, 계단, 방풍실, 엘리베이터 홀 등
	소 계	600	–

구 분	실 명	면적(m²)	요구조건
2층	입체조형실	100	–
	영상디자인실	70	–
	평면조형실	85	–
	워크숍실	50	–
	미디어정보실	50	–
	창작지원실	35	강사연구실로 사용
	화장실	50	남자용 : 대변기·소변기·세면대 각 2개
			여자용 : 대변기 4개, 세면대 2개
			장애인용 : 남·여 각 1개소 설치
	기타 공용면적	170	홀, 복도, 계단, 엘리베이터홀 등
	소 계	610	–
합 계		1,360	–

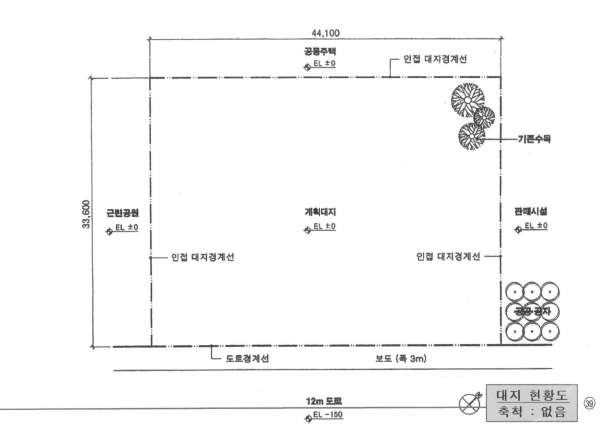

대지 현황도 ㊴
축척 : 없음

1 대지분석

① 현황도 분석
- 공동주택, 근린공원, 판매시설 등으로 둘러 쌓인 평탄한 대지임
- 12M도로와 접함
- 기존수목 보호

② 각종동선 파악
- 12M도로에서 보행자 접근
- 12M도로에서 차량동선 접근

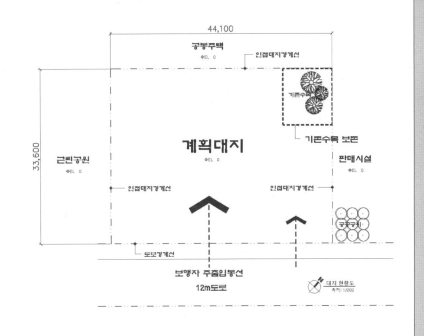

2 토지이용계획 / 설계조건분석

① 토지이용계획
- 북서측 완충공간
- 공개공지확보
- 외부공간 고려
- 주차공간은 필로티 구조로 요구

② 연계동선
- 공개공지는 근린공원과 연계고려

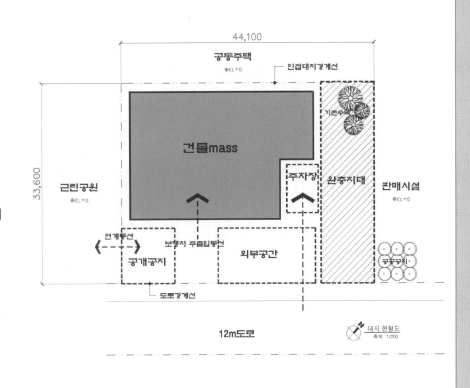

3 면적분석 및 기능도 작성

① 주요설계조건 분석
- 건축가능영역을 분석해서 실별조건을 파악해서 기능도를 스케치
- 1층은 공용부를 중심으로 라운지와 다목적실, 코어 등으로 구분됨
- 2층은 홀을 통한 주요실이 접하고 특히 옥상정원이 본과에서는 주요한 요소임.

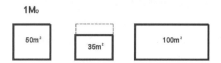

$1 M_0$

$50m^2$ $35m^2$ $100m^2$

1층 600/50 = 12 M_0
2층 610+옥상정원 100+50/50=15 M_0

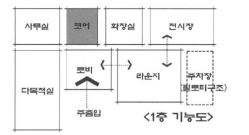

〈1층 기능도〉

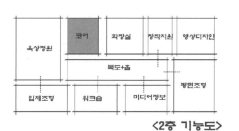

〈2층 기능도〉

4 기능도 작성을 통한 모듈조정

① 실별면적을 고려해 기준모듈을 찾는다.
- $50m^2$ 정도의 기준모듈로 구조 모듈을 조정
- 기존 구조모듈을 이용한 모듈계획
- 필로티와 OPEN부분을 고려한 정확한 면적계획이 요구됨

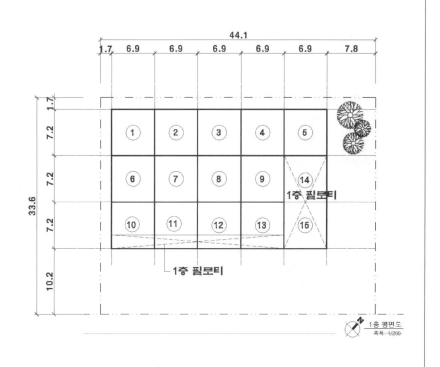

5 블록다이어그램 및 면적조정

① 면적을 고려한 블록다이아그램 작성
- 비교적 면적계획이 쉬운 과제임
- 기존모듈의 결정하고 1층에서 특히 필로티하부에서 주차장이 형성됨을 주의한다.
- 적절한 공용부(로비, 복도 등)를 중심으로 각각의 실들이 계획됨
- 라운지는 개방형(로비와 연결)
- 2층은 면적조절을 위한 슬라브 OPEN을 고려

② 면적조정
- 필로티와 OPEN을 고려한 면적조정 계획
- 실명을 기입할 때 실면적의 표기 요구

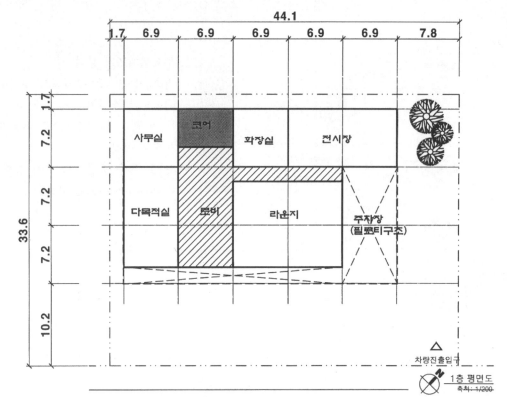

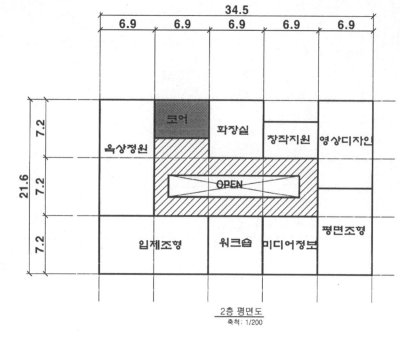

6 답안리뷰 및 체크포인트

① 접근동선
- 12M도로를 통한 보행자/차량출입

② 요구시설검토
- 공개공지는 근린공원과 연계
- 주차자은 필로티 하부에 계획
- 개방형 라운지
- 옥상조경은 공원조망을 강력히 요구
- 에너지 절약을 위한 루버설치와 천창설치

③ 실들의 기능적 배치
- 요구조건에 부합하는 기능적이고 합리적인 계획이 될 수 있도록 할 것
- 요구실의 면적을 반드시 표기

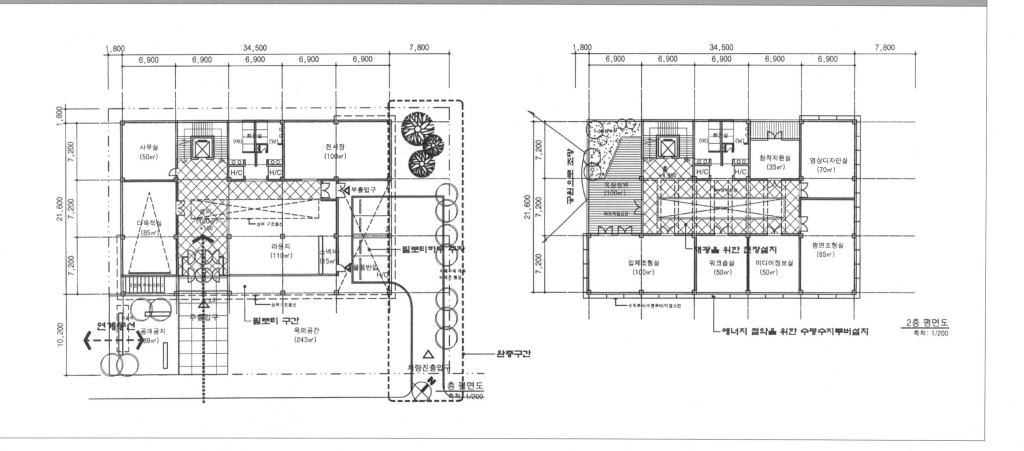

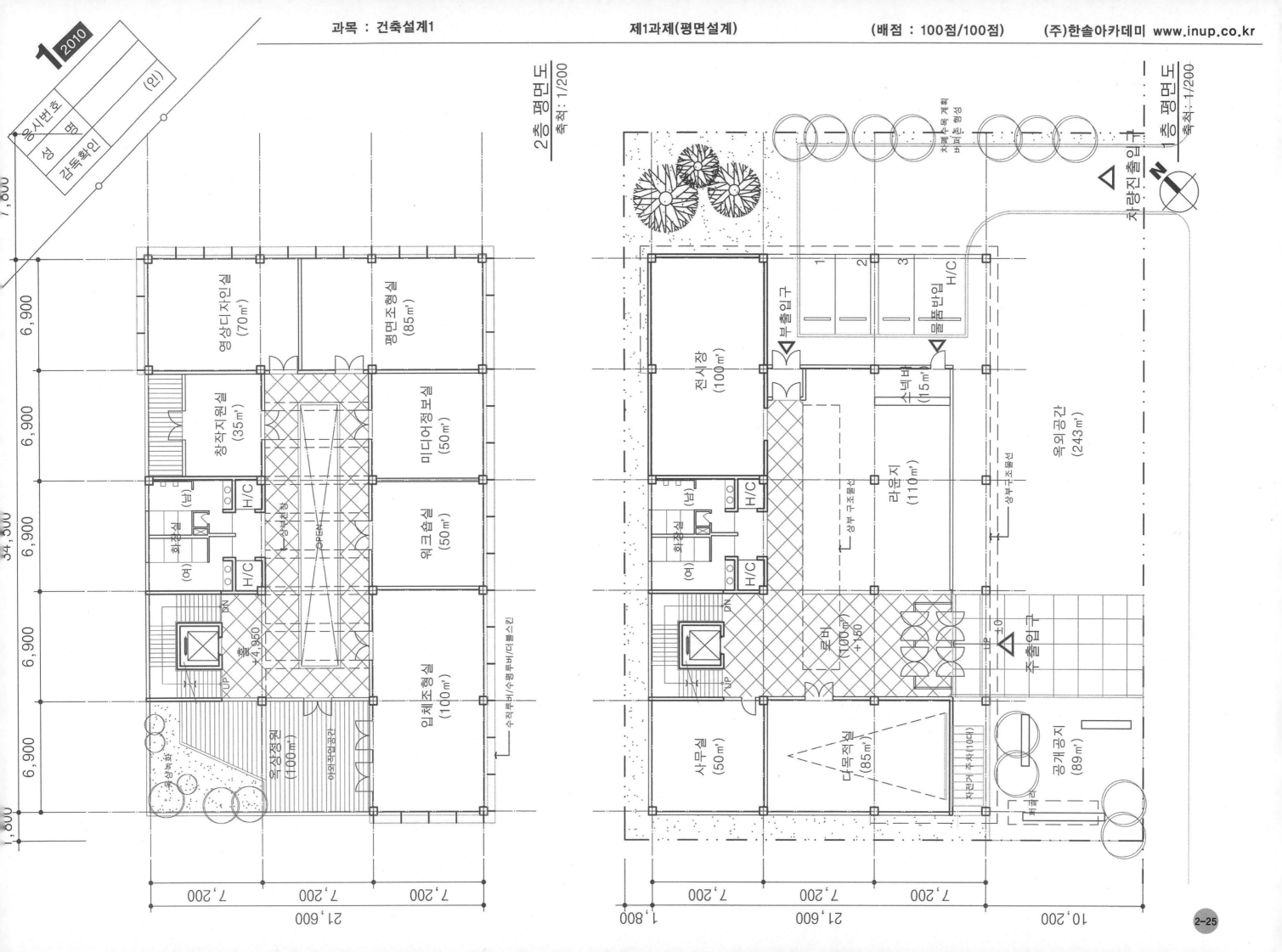

1 2010
응시번호
성명
감독확인 (인)

2층 평면도
축척 : 1/200

영상디자인실 (70㎡)

평면조형실 (85㎡)

창작지원실 (35㎡)

미디어정보실 (50㎡)

H/C

워크숍실 (50㎡)

화장실 (남)

H/C

화장실 (여)

입체조형실 (100㎡)

옥상정원 (100㎡)

DN

UP

옥상독서

H/C

1층 평면도
축척 : 1/200

대체수목 계획
수목존 형성

물품반입 H/C

1
2
3

부출입구

전시장 (100㎡)

스낵바 (15㎡)

라운지 (110㎡)

로비 (100㎡) +150

옥외공간 (243㎡)

화장실 (남)

H/C

화장실 (여)

H/C

DN

UP

사무실 (50㎡)

다목적실 (85㎡)

주출입구

UP ±0

공개공지 (89㎡)

자전거 주차(10대)

차량진출입구

N

2-25

2011년도 건축사 자격시험 문제

1. 제목
- 건축물의 용도를 제시
- 용도를 통해 일반적인 시설의 특징을 고려한다.

① 배점 확인
- 평면은 100점의 단일과제로 구성
- 계획 및 작도에 3시간이라는 점은 중요하다.

② 소극장
- 본 건축물의 기능과 용도에 대한 설명
- 객석과 무대를 고려

2. 건축개요
- 지역/지구제시
- 대지면적과 도로현황을 제시
- 건폐율, 용적률, 규모, 구조를 구체적으로 제시
- 층고 및 기타 설비조건 등을 제시

③ 건축개요
- 지역지구에 제시
- 구조는 철근콘크리트조와 소극장 장스판을 고려한 철골조를 고려
- 규모은 지상2층 (지하층없음)
- 주차는 고려하지 않음
- 승용승강기, 주방용승강기를 고려

④ 지형고려
- 경사지형을 고려해 최대한 절토를 최소화하여 경제적인 설계를 고려 (단면계획 고려)

3. 설계조건
- 이격거리등이 주어짐
- 출제자가 일반적인 조건이 아닌 본 시설에서 특별히 요구하는 조건으로 이는 채점의 기준으로 해석해도 좋다.

⑤ 건물이격거리
- 계획영역을 결정하는 주요단서가 된다.

⑥ 외부공간
- 보호수목에서의 이격을 공간을 활용한 외부휴게공간 계획

과목 : 건축설계1 　　제1과제 (평면설계) 　　① 배점: 100/100점

제목 : 소극장 평면설계 ②

1. 과제개요

준주거지역내에 소극장을 신축하려고 한다.
다음 사항을 고려하여 1층 및 2층 평면도를 작성하시오.

2. 건축개요 ③

(1) 용도지역 : 준주거지역
(2) 계획대지 : 대지현황도 참조
(3) 대지면적 : 1,744m²
(4) 건 폐 율 : 해당 없음
(5) 용 적 율 : 해당 없음
(6) 규　　모 : 지상 2층
(7) 구　　조 : 철근콘크리트조, 철골조
(8) 층　　고 : 실의 요구조건에 따라 변화 가능
　　　　　　 (단, 계단실 1개층 높이는 3.6m)
(9) 주 차 장 : 해당 없음 (대지 내 주차장 이용)
(10) 조경면적 : 해당 없음
(11) 기타주요설비
　① 승용승강기(장애인용 겸용) : 15인승 1대
　　 (승강기 샤프트 내부 평면치수는 2.5m×2.5m 이상)
　② 주방용승강기 : 1대
　　 (승강기 샤프트 내부 평면치수는 0.9m×0.9m)

3. 설계조건

(1) 대지의 ④지형을 최대한 활용하여 계획한다.
(2) 건축물은 건축선, 인접대지 경계선으로부터 3m 이상 ⑤이격한다.
(3) 건축물은 보호수목 경계선으로부터 1m 이상 이격한다.
(4) 보호수목을 중심으로 내부공간과 연계되는 ⑥외부 휴게공간을 계획한다.
(5) 소극장 관람석 제일 앞 열과 제일 뒷열의 ⑦바닥 레벨 차이는 1m로 계획한다.
(6) 1층 소극장 및 2층 야외 공연장 내에 각각 장애인용 좌석을 4개 이상 설치한다.
(7) 2층 야외 공연장은 주변에 조경을 계획한다.
(8) 1층 카페와 2층 레스토랑 사이는 30㎡ 이상의 수직 개방 공간(Void)을 계획하고, 서로 연결사용 가능하도록 한다. ⑧
(9) 카페와 레스토랑은 주방용 승강기를 공유한다.
(10) 장애인이 편리하게 이용가능 하도록 무장애(Barrier Free)로 계획한다. ⑨

---

4. 실별소요면적 및 요구사항

(1) 실별 소요면적과 요구조건은 <표>를 따른다.
(2) 층별 바닥면적 합계는 5% 범위 내에서 증감이 가능하다.
(3) 실별 바닥면적 합계는 10% 범위 내에서 증감이 가능하다.
(4) 필로티는 바닥면적 산입에서 제외한다.

5. 도면작성요령

(1) 1층(배치계획 포함), 2층 평면도를 작성한다.
(2) 주요치수, 출입문(회전방향 포함), 기둥, 실명 등을 표기한다.
(3) 벽과 개구부가 구분되도록 표기한다.
(4) 바닥레벨은 반드시 표기한다.
(5) 소극장, 야외공연장은 무대와 객석을 표기한다. ⑩
(6) 단위 : mm
(7) 축척 : 1/200

6. 유의사항

(1) 제도는 반드시 흑색연필심으로 한다.
(2) 명시되지 않은 사항은 현행 관계법령을 준용한다.
(3) 치수표기 시 답안지의 여백이 없을 때에는 융통성 있게 표기한다. ⑪

---

⑦ 바닥레벨차
- 소극장 관람을 위한 객석바닥의 높이차를 고려(경사지형고려)

⑧ 수직개방공간
- 2층 슬라브 OPEN을 고려한 단면 계획 (내부에 계단고려)

⑨ 장애인을 위한 계획
- 장애인을 위한 경사로, 승강기 등을 고려

⑩ 무대와 객석
- 대형공간의 표현에서 디테일한 부분을 표현할 것을 요구

⑪ 치수표기
- 도면작성시 도면볼륨이 커지면 치수를 정상적인 위치에 표기하가 쉽지 않으므로 도면 범위내에도 표기할 수 있다.

4.실별소요면적 및 요구사항
- 실별면적은 표를 참조
- 각 실별면적은 증감이 가능한 범위가 있으므로 계획시 여유를 가지고 유연한 사고를 한다.

5. 도면작성요령
- 요구도면을 제시
- 실명, 치수, 출입구, 기둥 등을 반드시 표기해야 한다.
- 출제자가 도면표현상에서 특별히 요구하는 요소를 제시
- 단위 및 축척을 제시

6. 유의사항
- 도면작성 도구
- 현행법령안에서 계획할 것

7. 실별면적표

- 계획시설의 각실별면 적과 용도가 제시

- 1. 2층의 층별조닝이 되있는 경우와 주어 지지 않는 경우가 있다.

- 각 실의 기능과 사용 성을 고려해 그룹별 로 그룹핑을 통해 각 용도별로 영역을 나 누어야 한다.

- 최근의 경향은 설계조 건은 비교적 자세하고 다양하게 요구하고 있 지만 실별요구사항은 많지 않아지고 있음에 유의한다.

- 각실은 건축계획적 측면에서 합리적이고 보편적인 계획되도록 해야 한다.

---

⑫ 카페

- 도로에서의 접근성과 2층 레스토랑 과의 수직연계가 중요조건

- 좌석배치를 평면에 표기해야 함

⑬ 소극장

- 본 건물의 주요용도로 일부 높은천 정고와 계단식 좌석배치가 주요조건

- 경사지형을 최대한 활용한 단면계획

⑭ 화장실

- 대, 소변기 상세표현

과목: 건축설계1　　　제1과제 (평면설계)　　　배점: 100/100점

<표> 실별 소요면적 및 요구조건

층 별	실 명	소요면적(m²)	요구조건	층 별	실 명	소요면적(m²)	요구조건
1층	⑫카페(cate)	100	주방, 창고, 좌석배치 표시,2층 레스토랑과 연결	2층	⑮레스토랑(restaurant)	180	주방,창고,좌석배치표시, 1층 카페아 연결
	⑬소극장	240	천정고 : 최소3.3m 최고7m		사무실	50	-
	연습실	40	-		⑯야외공연장	220	조경면적 30㎡ 포함
	분장실	20	-		준비실	40	-
	⑭화장실	40	남 : 대,소변기 각2개 여 : 대변기 4개		화장실	40	남 : 대,소변기 각2개 여 : 대변기 4개
	장애인용 화장실	10	남,여 각 1개소		장애인용 화장실	10	남,여 각 1개소
	기타 공용공간	220	로비,복도,계단실등		⑰기타 공용공간	200	홀,복도,계단실등
	소 계	670	-		소 계	740	-
					합계	1,410	-

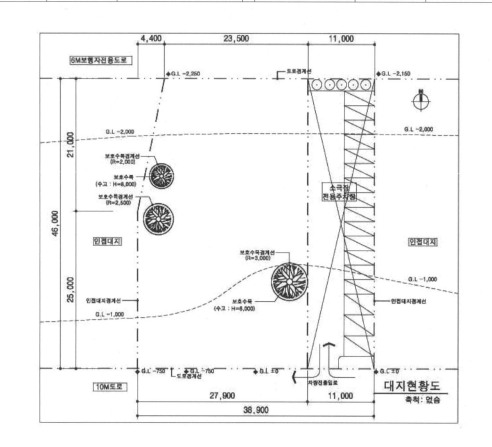

---

⑮ 레스토랑

- 1층 카페와 수직공간 연계를 고려

- 계단계획

- open계획

- 주방용 승강기를 카페와 수직연계

⑯ 야외공연장

- 1층 소극장 상부의 위치에 고려

- 객석을 표현

- 주변에 조경 계획

⑰ 공용부

- 1,2층 공용부 면적은 거의 동일함.

1 대지분석

① 현황도 분석
- 남에서 북으로 완만하게 경사진 대지
- 대지 단면형태를 고려
- 보호수목은 보존함.

② 각종동선 파악
- 10m 도로에서 주진입동선, 보행자도로에서 보행자 출입동선 고려
- 기존주차장에서 동선 고려

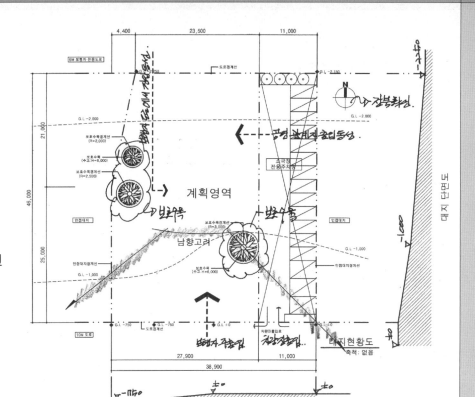

도로 단면도

2 토지이용계획 / 설계조건분석

① 토지이용계획
- 보존수목에서 이격을 통한 건물의 mass와 외부공간 계획
- 각종 이격거리 확인

② 건물형태
- 대지형태와 보존수목을 고려한 건물형태

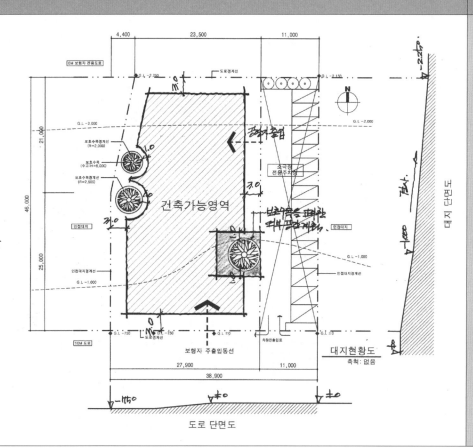

도로 단면도

3 주요 설계조건 분석

① 주요 설계조건 분석
- 주어진 주요설계조건을 그림으로 스케치한다.
- 주차장에서 공연관계자 동선, 카페의 접근성을 고려한 평면계획

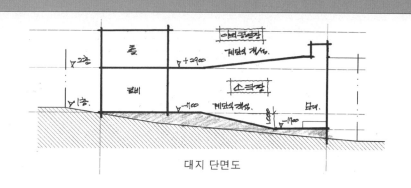

대지 단면도

② 단면계획
- 경사지형을 고려하여 단차를 고려한 소극장 단면계획을 한다.
(소극장의 위치를 결정)
- 1층 카페와 2층 레스토랑의 수직적연와 스라브 OPEN계획

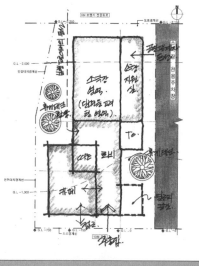
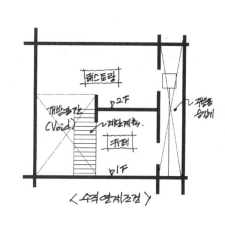

4 층별 기능도

① 기능도 작성
- 실의 요구조건을 분석해 서로의 연관관계를 고려한 계획을 한다.
- 1층 : 공용부와 주요실의 관계, 소극장의 지원을 위한 실들의 위치
- 2층 : 야외공연장의 위치, 카페상부의 레스토랑계획
(카페와 레스토랑의 면적차이를 고려)

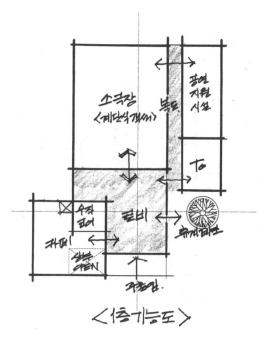
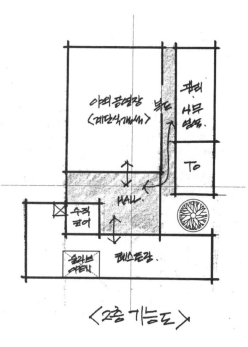

〈1층기능도〉   〈2층기능도〉

| 5 | 면적 분석 및 면적 조정 |

① 면적분석
- 면적표를 통해 40m²의 기본 모듈과 복도가 포함된 50m² 면적모듈을 고려
- 대지형태를 고려해 기능도를 참고하여 실들을 깔아보며 면적 조정
- 소극장은 무주공간의 장스판을 고려
- 레스토랑은 카페상부에 계획되며 면적이 카페보다 크므로 하부는 필로티로 계획되며 그 공간은 자연스럽게 출입공간으로 활용

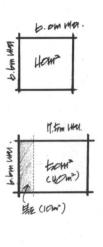

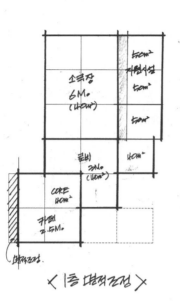

<1층 면적조정>

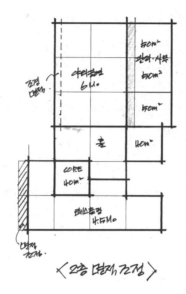

<2층 면적,조정>

| 6 | 블록다이어그램 |

- 기능도와 면적조정을 통해 각실의 형태를 구체적으로 잡아본다.
- 40m²와 50m²의 기본 모듈을 고려하여 기둥간격은 6.6×6.0와 6.6×7.5 간격을 적절히 활용하면서 정리한다.
- 소극장은 자연스럽게 12m 내외의 장스판으로 계획된다.
- 1층 카페와 2층 레스토랑은 면적을 고려하여 이형 기둥간격이 적용될 수 있다.

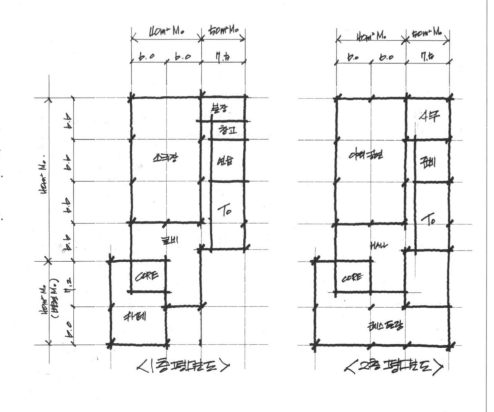

| 7 | 답안리뷰 및 체크포인트 |

① 접근동선
- 경사지형을 최대한 활용한 1층 바닥계획
- 장애인을 고려한 경사로계획 (상부는 우천시를 대비한 필로티 구조가능)
- 카페는 접근이 용이한 동선계획
- 주차장에서 공연관계자와 보행자의 접근가능
- 보행자도로에서 접근도 고려

② 요구시설검토
- 대지 단차를 고려한 소극장 계획
- 1층 카페와 2층 레스토랑의 입체적 동선계획
- 소극장과 지원실과의 관계를 고려한 조닝계획
- 야외공연장 계획과 주변의 조경계획

③ 외부공간 등
- 보호수목을 고려한 옥외 데크 계획

④ 특별한 표현의 요구
- 소극장과 야외공장의 계단식 객석표현

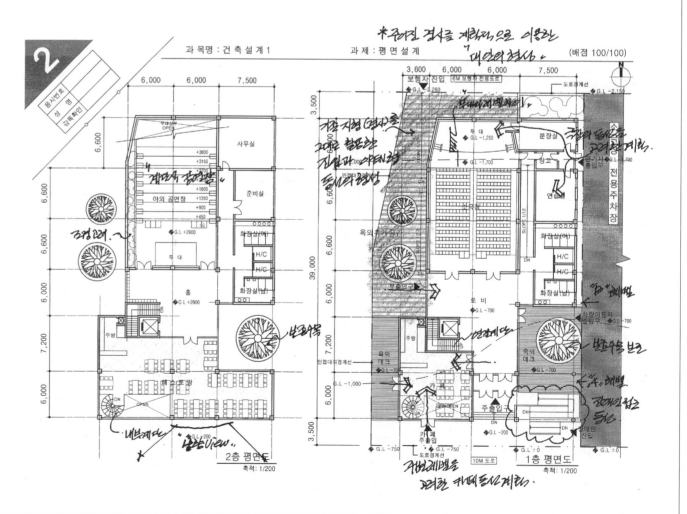

1 2011

응시번호
성　명
감독확인

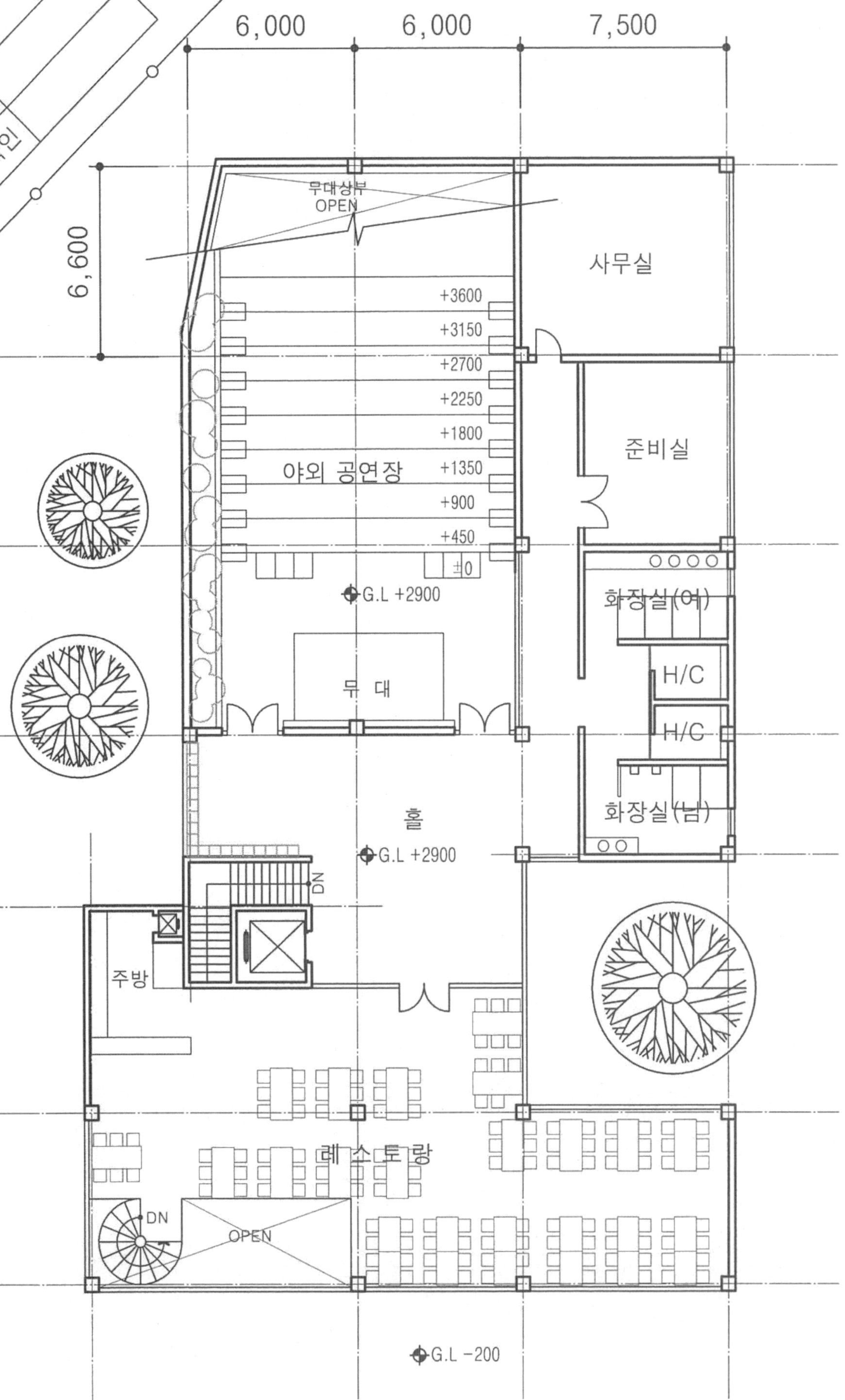

2층 평면도

6,000　6,000　7,500

6,600

6,600

6,000

7,200

6,000

무대상부
OPEN

사무실

+3600
+3150
+2700
+2250
+1800
+1350
+900
+450
±0

야외 공연장

준비실

화장실(여)

H/C

H/C

화장실(남)

◆ G.L +2900

무 대

홀
◆ G.L +2900

주방

OPEN

DN

레스토랑

DN

◆ G.L -200

2층 평면도
축척: 1/200

1층 평면도

N

3,600　6,000　6,000　7,500

3,500

보행자 진입　6M 보행자 전용도로
◆ G.L -2,250

도로경계선
◆ G.L -2,150

6,600

소극장 전용주차장

무 대
◆ G.L -1,250

분장실

창고

연기자
출입구 ◆ G.L -1,700

G.L -2,000
◆ G.L -1,700

SLOPE 1/12

인접대지경계선

6,600

옥외 휴게공간

소극장

연습실

SLOPE 1/12

SLOPE 1/12

SLOPE 1/12

화장실(여)

H/C

H/C

화장실(남)

DN

DN

6,000

39,000

부출입구

로비
◆ G.L -700

7,200

주방

UP

차량이용자
출입구 ◆ G.L -700

인접대지경계선

옥외데크
◆ G.L -700

G.L -1,000

옥외데크
◆ G.L -700

6,000

카페

상부OPEN

주출입구

DN

DN

DN

장애인
진입

UP

3,500

카페
주출입

◆ G.L -750　◆ G.L -750
도로경계선

◆ G.L -200

10M 도로

◆ G.L ±0

◆ G.L ±0

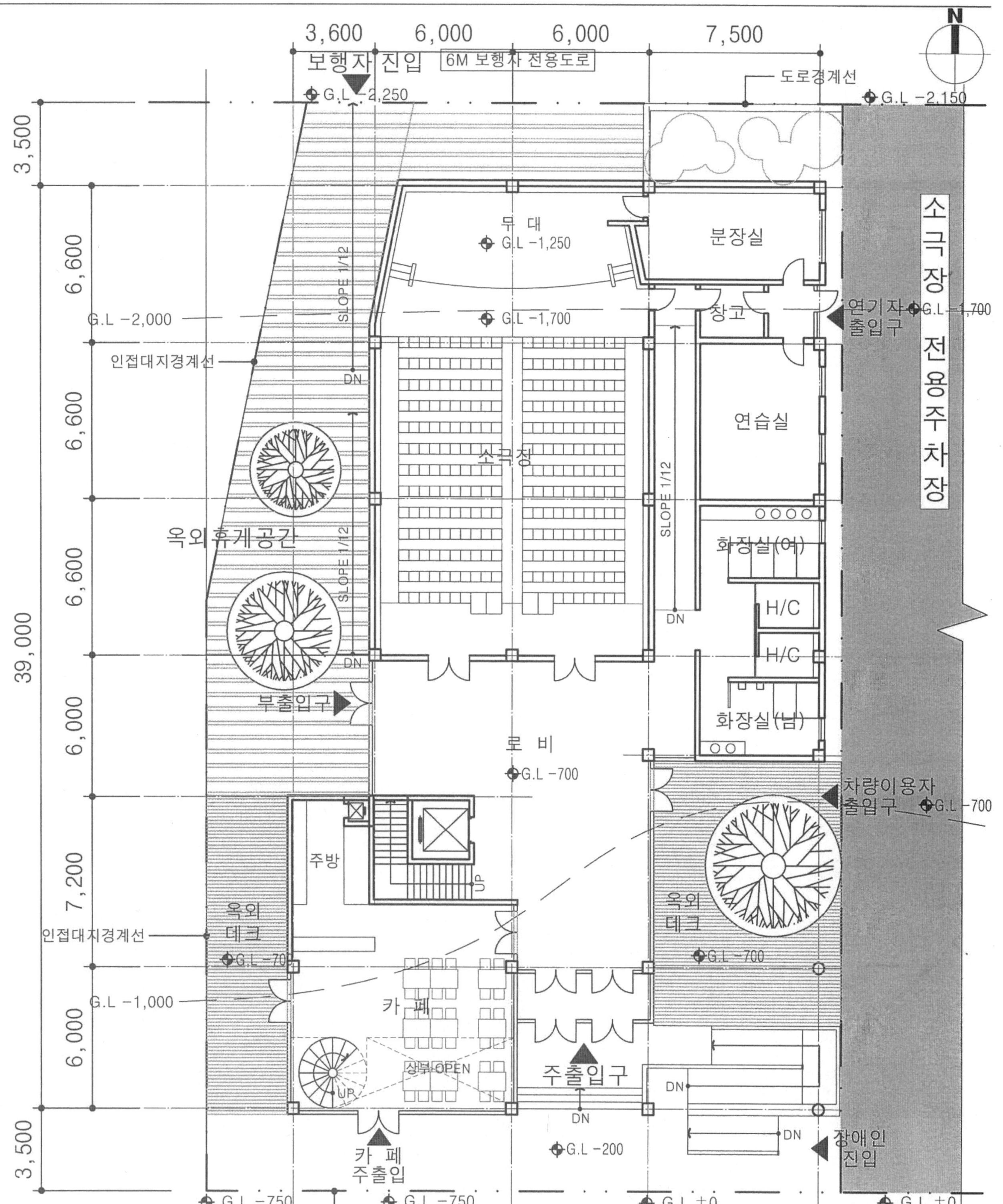

1층 평면도
축척: 1/200

2-31

구 성	FACTOR	지 문 본 문

2012년도 건축사 자격시험 문제

과목: 건축설계1　　제1과제 (평면설계)　　① 배점: 100/100점

제목 : 기업홍보관 평면설계 ②

1. 제목
- 건축물의 용도를 제시
- 용도를 통해 일반적인 시설의 특징을 고려한다.

① 배점 확인
- 평면은 100점의 단일과제로 구성
- 계획 및 작도에 3시간이라는 점은 중요하다.

② 홍보관
- 본 건축물의 기능과 용도에 대한 설명
- 전시와 관련된 시설임을 예측할 수 있다.

1. 과제개요
　기업홍보관을 신축하려고 한다. 아래 사항을 고려하여 지상 1층, 2층 평면도를 작성하시오.

2. 건축개요 ③
(1) 용도지역 : 준주거지역
(2) 주변현황 : 대지현황도 참조
(3) 대지면적 : 2,730㎡
(4) 건 폐 율 : 60% 이하
(5) 용 적 률 : 300% 이하
(6) 규　　모 : 지하 1층, 지상 2층
(7) 구　　조 : 철근콘크리트 라멘조
(8) 주 차 장 : 지하주차장
(9) 기타설비 : 승용승강기(장애인용 겸용) 15인승 1대
　　　　　　　(승강기 샤프트 내부 평면치수는
　　　　　　　2.5m X 2.5m 이상)

2. 건축개요
- 지역/지구제시
- 대지면적과 도로현황을 제시
- 건폐율, 용적률, 규모, 구조를 구체적으로 제시
- 층고 및 기타 설비조건 등을 제시

③ 건축개요
- 준주거지역이므로 일조권등의 높이제한은 없음
- 건폐율/용적률 확인
- 규모는 지하1층, 지상2층
- 주차는 기존의 지하경사로를 활용한 지하주차로 계획
- 장애인용 승강기 고려 (구체적 size를 요구하고 있음)

④ 지형고려
- 경사지형을 고려해 최대한 절토를 최소화하여 경제적인 설계를 고려 (단면계획 고려)

3. 설계조건
- 이격거리등이 주어짐
- 출제자가 일반적인 조건이 아닌 본 시설에서 특별히 요구하는 조건으로 이는 채점의 기준으로 해석해도 좋다.

3. 설계조건
(1) 대지의 지형을 최대한 활용하여 계획한다. ④
(2) 건축물은 도로경계선, 인접 대지경계선으로부터 1.5m 이상 이격한다. ⑤
(3) 전시실 A는 외부전시공간(400㎡, 최소 폭 18m)과 ⑥ 연계되도록 계획한다.
(4) 2층 카페에는 외부테라스를 설치한다. ⑦
(5) 장애인 등이 이용 가능하도록 무장애(Barrier Free)로 계획한다. ⑧
(6) 경사로의 구배는 1/12 이하로 한다. ⑨
(7) 각 층 화장실은 장애인 화장실을 포함한다. ⑩
(8) 층별 면적은 5%, 실별 면적은 10% 범위내에서 증감이 가능하다.
(9) 기타 요구조건은 <표>를 따른다.

⑤ 건물이격거리
- 계획영역을 결정하는 주요단서가 된다.

⑥ 외부공간
- 일정 크기의 외부공간을 계획하고 전시실과 연계를 고려

---

4. 도면작성요령
(1) 외부전시공간은 1층 평면도에 표시한다. ⑪
(2) 실명, 주요치수, 기둥, 창문, 출입문(개폐방향 포함)
(3) 바닥레벨은 반드시 표기한다. ⑫
(4) 등고선조정은 표시하지 않는다.
(5) 단위 : mm
(6) 축척 : 1/200

5. 유의사항
(1) 답안작성은 반드시 흑색연필로 한다.
(2) 명시되지 않은 사항은 현행 관계법령의 범위안에서 임의로 한다.
(3) 치수표기 시 답안지의 여백이 없을 때에는 융통성 있게 표현한다. ⑬

FACTOR	구 성

⑦ 외부테라스
- 2층의 카페와 연계를 고려한 외부테라스를 계획(면적은 제외됨)

⑧ 장애인을 위한 계획
- 장애인을 위한 경사로, 승강기 등을 고려

⑨ 내부에 경사로가 계획되며
- 구배(경사도)는 1/12임.

⑩ 장애인 화장실
- 장애인을 위한 화장실은 별도로 계획

⑪ 외부공간 표현
- 1층에 외부공간등 배치에 관한표현을 할 것을 요구

⑫ 바닥레벨표현
- 각층의 레벨과 층고가 상이하므로 각각의 레벨을 반드시 표기

⑬ 치수표기
- 도면작성시 도면볼름이 커지면 치수를 정상적인 위치에 표기하가 쉽지않으므로 도면범위내에도 표기할수 있다.

4. 도면작성요령
- 요구도면을 제시
- 실명, 치수, 출입구, 기둥 등을 반드시 표기해야 한다.
- 출제자가 도면표현상에서 특별히 요구하는 요소를 제시
- 단위 및 축척을 제시

5. 유의사항
- 도면작성 도구
- 현행법령 안에서 계획할 것

6. 실별면적표
- 계획시설의 각실별면적과 용도가 제시
- 1,2층의 층별조닝이 되었는 경우와 주어지지 않는 경우가 있다.
- 각 실의 기능과 사용성을 고려해 그룹별로 그룹핑을 통해 각 용도별로 영역을 나누어야 한다.
- 최근의 경향은 설계조건은 비교적 자세하고 다양하게 요구하고 있지만 실별요구사항은 많지않아지고있음에 유의한다.
- 각실은 건축계획적 측면에서 합리적이고 보편적인 계획되도록 해야 한다.

⑭ 홍보실
- 본 시설의 주요실임
- 실의 일부는 높은 층고를 요구(경사지를 활용한 평면계획을 고려)

⑮ 전시실A
- 2개층 이상의 높은층고를 요구하고 있음
- 외부 전시공간과 연계고려

⑯ 경사로
- 레벨이 다른 평면의 연결을 고려한 경사로 계획

과목: 건축설계1   제1과제 (평면설계)   배점: 100/100점

<표> 실별 소요면적 및 요구조건

층별	실 명	소요면적(m²)	층고(m)	층별	실 명	소요면적(m²)	층고(m)
1층	기념품점	90	3.6	2층	⑰전시실 B	170	7.2
	⑭홍보실	180	층고 : 3.6 / 층고 : 5.4		사무실	50	3.6
	⑮전시실A	130	9		⑱카페	170	5.4
	시청각실	70	3.6		화장실	40	3.6
	화장실	40	3.6		경사로 및 기타 공용공간	240	3.6
	⑯경사로 및 기타 공용공간	280	3.6				
	소계	790	–		소계	670	–
외부전시공간		400 (연면적에서 제외)	–		합계	1,460	–

⑰ 전시실B
- 2개층 층고를 고려한 단면계획

⑱ 카페
- 1.5개층 높이를 고려한 단면계획
- 외부테라스와 연계

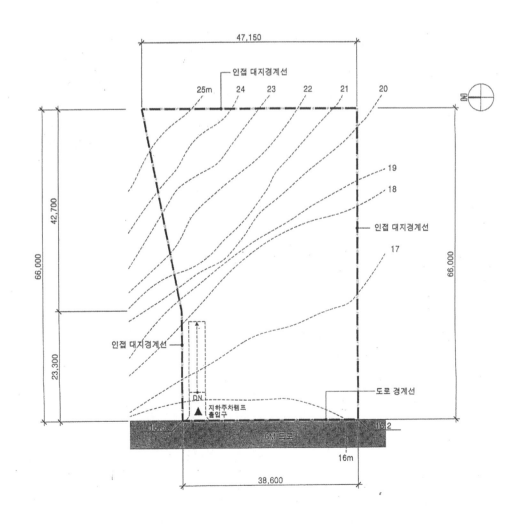

1 대지분석

① 현황도 분석
- 북동에서 남서방향으로 경사진 대지
- 대지북측은 비교적 급경사지이며 아래쪽으로는 완만한 경사지임
- 대지 종횡단면을 고려한 평면계획

② 각종동선 파악
- 6m도로에서 보행자 주진출입을 고려
- 차량동선은 기존 경사로를 활용한 지하주차로 고려
- 외부연계동선은 별도로 고려하지 않음

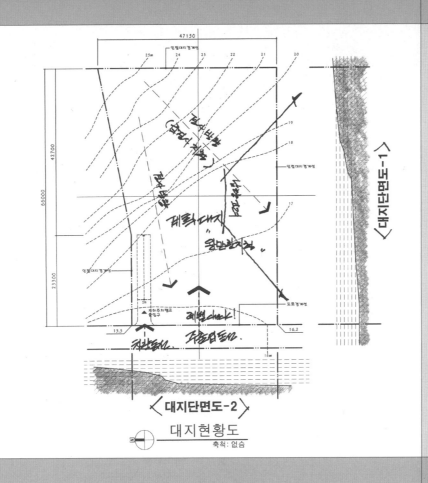

〈대지단면도-1〉

〈대지단면도-2〉

대지현황도
축척: 없음

2 토지이용계획 / 설계조건분석

① 토지이용계획
- 북동축 급경사면은 건축계획에서 제외됨
- 대지 남서측의 완만한 경사면을 평면계획에 적극 활용
- 완만한 평지에 외부전시공간 계획
- 성절토 최소화를 통한 단면계획
- 각종 이격거리 확인

② 건물형태
- 경사지형과 외부공간을 고려한 역 'ㄱ'자 형태의 건물mass계획

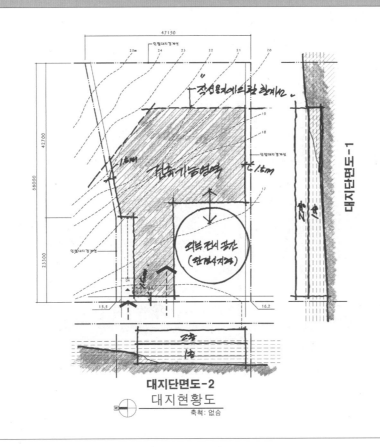

대지단면도-1

대지단면도-2
대지현황도
축척: 없음

3 주요 설계조건 분석

① 주요 설계조건 분석
- 주어진 주요설계조건을 그림으로 스케치한다.
- 전시실A에서 외부전시공간으로의 동선연결계획
- 2층 카페에서 외부테라스로 연계

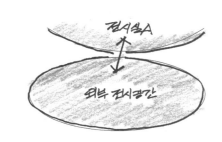

② 단면계획
- 경사지형을 활용한 단면계획
- 홍보실층고(5.4,3.6M), 전시실A(9M), 전시실B(7.2M)층고 계획

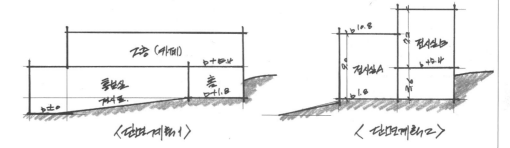

〈단면계획1〉   〈단면계획2〉

4 층별 기능도

① 기능도작성
- 실의 요구조건을 분석해 서로의 연관관계를 고려한 계획을 한다.
- 1층: 경사로 계획과 홍보실의 층고계획, 전시실A 계획
- 2층: 카페와 외부테라스, 전시실A 층고를 고려한 슬라브 OPEN계획

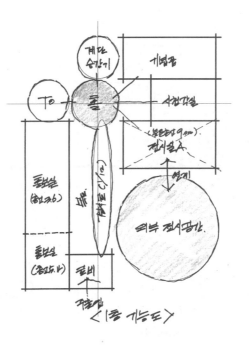

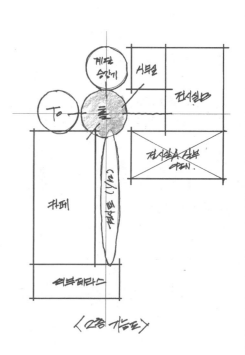

〈1층 기능도〉   〈2층 기능도〉

5	면적 분석 및 면적 조정

① 면적분석
- 면적표를 통해 60㎡의 기본 모듈과 공용부의 40㎡ 면적모듈을 고려
- 대지형태을 고려해 기능도를 참고하여 실들을 깔아보며 면적 조정
- 경사로를 고려한 공용부 계획
- 전시실A는 높은 층고를 고려하여 슬라브 OPEN을 고려

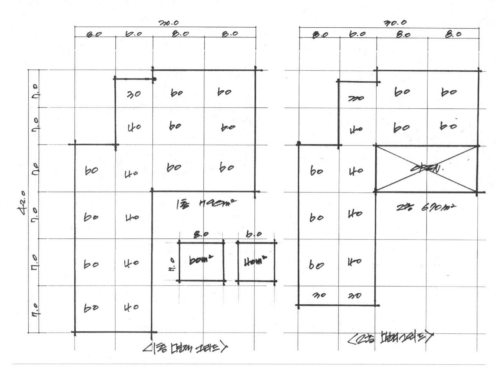

6	블록다이어그램

① 기능도와 면적조정을 통해 각실의 형태를 구체적으로 잡아본다.
② 60㎡와 40㎡의 기본 모듈을 고려하여 기둥간격은 8.0×7.0와 7.0×6.0 간격을 적절히 활용하여 정리한다.
③ 공용부는 동선이 짧고 명확하게 계획
④ 별도의 이형구조모듈은 계획되지 않음

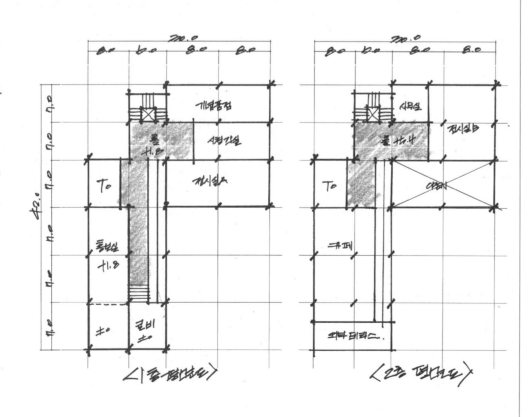

7	답안리뷰 및 체크포인트

① 전체 계획대중 경사면 훼손을 최소화한 건물MASS계획

② 접근동선
- 경사지형을 최대한 활용한 1층 바닥계획
- 장애인을 고려한 경사로계획
- 경사로이동시 외부전시공간 조망이 가능

③ 요구시설검토
- 경사지형을 고려한 홍보실의 층고계획(5.4,3.6M)
- 전시실A와 외부전공간의 연계
- 전시실A의 높은 층고계획
- 외부전시공간 이동시 경사로 계획
- 2층 카페에서 외부테라스로의 연계

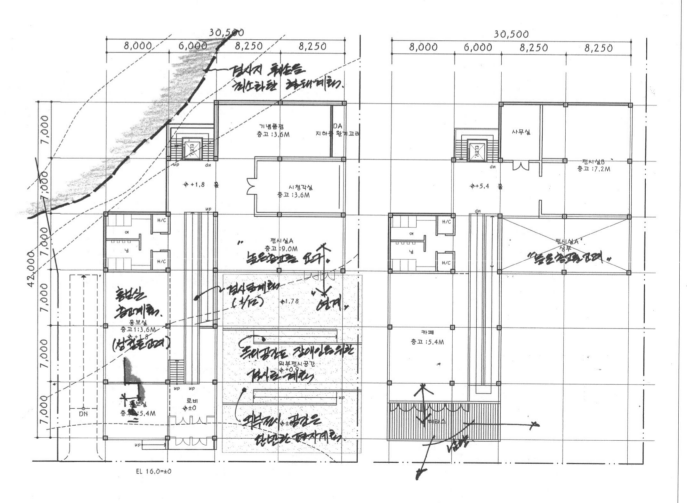

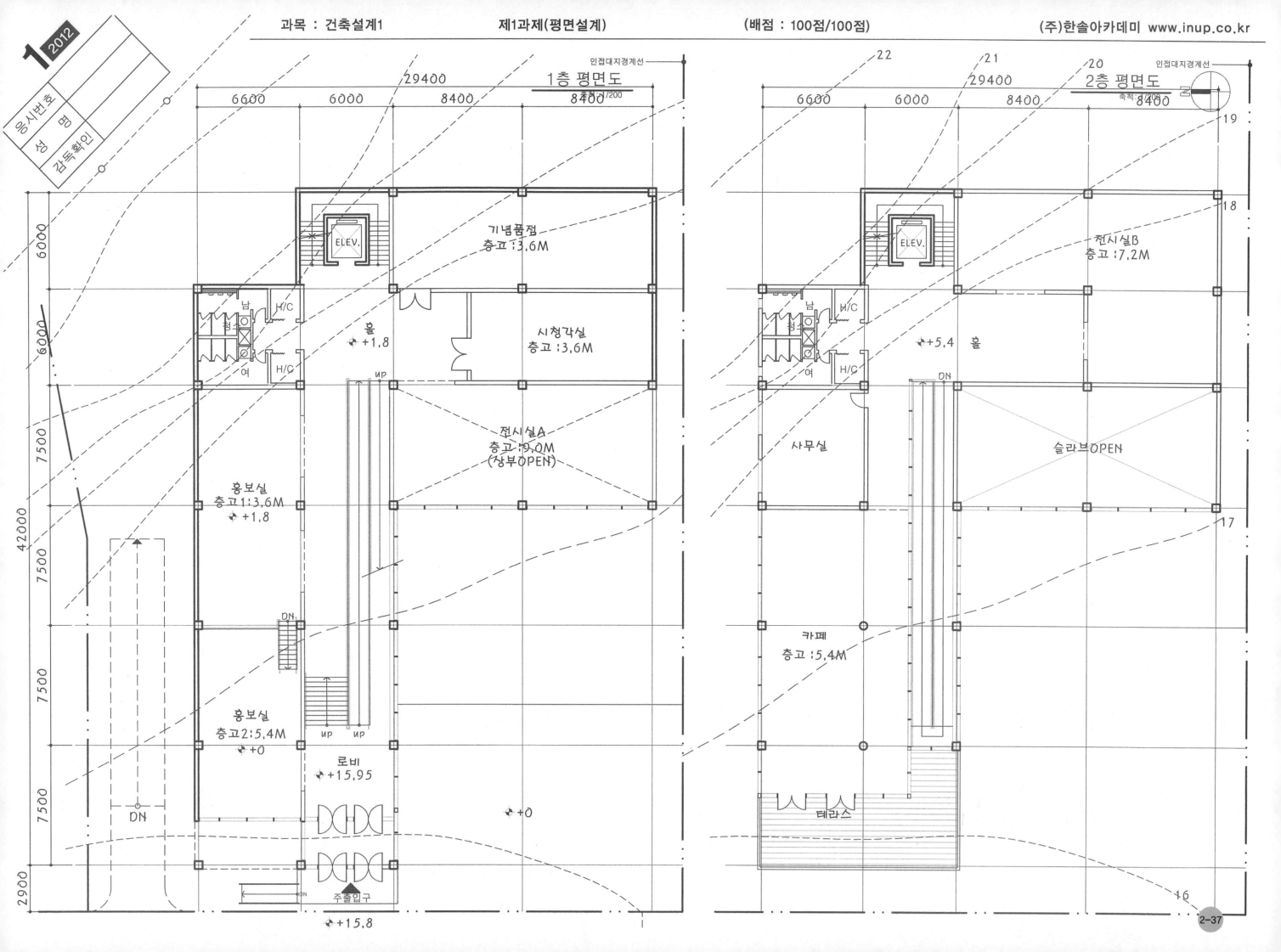

1층 평면도
축척 : 1/200

인접대지경계선

29400
6600 6000 8400 8400

기념품점
층고 :3,6M

홀
+1,8

시청각실
층고 :3,6M

전시실A
층고 :9,0M
(상부OPEN)

홍보실
층고1:3,6M
+1,8

up

DN

홍보실
층고2:5,4M
+0

up up

로비
+15,95

DN

주출입구

+15,8

+0

ELEV.
남 H/C
여 H/C

6000 6000 7500 7500 7500 7500 2900
42000

2층 평면도
축척 : 1/200

인접대지경계선

22 21 20 19

29400
6600 6000 8400 8400

전시실B
층고 :7,2M

홀
+5,4

사무실

슬라브OPEN

DN

카페
층고 :5,4M

테라스

ELEV.
남 H/C
여 H/C

18

17

16

2-37

구 성 | FACTOR | 지 문 본 문 | FACTOR | 구 성

좌측 구성 / FACTOR

1. 제목
- 건축물의 용도를 제시
- 용도를 통해 일반적인 시설의 특징을 고려한다.

① 배점 확인
- 평면은 100점의 단일과제로 구성
- 계획및 작도에 3시간이라는 점은 중요하다.

② 증축
- 계획대지내에 기존건물 존재
- 기존건물의 활용방안을 계획단계에서 고려

2. 건축개요
- 지역/지구제시
- 대지면적과 도로현황을 제시
- 건폐율, 용적률, 규모, 구조를 구체적으로 제시
- 층고 및 기타 설비조건 등을 제시

③ 건축개요
- 일반주거지역이므로 정북일조를 적용한 높이 체크
- 건폐율/용적률 확인
- 규모는 지상2층(지하없음)
- 기존건물 높이체크와 증축부분의 각 층 높이 체크
- 부설주차확인
- 장애인용 승강기 고려

3. 설계조건
- 이격거리등이 주어짐
- 출제자가 일반적인 조건이 아닌 본 시설에서 특별히 요구하는 조건으로 이는 채점의 기준으로 해석해도 좋다.

④ 기존건물 형상유지
- 기존건물의 최대한 유지보존하여 증축을 고려함

⑤ 기존건물의 벽체 노출
- 기존건물 외벽이 접하는 영역이 주어짐으로써 증축될 영역을 간접적으로 암시

⑥ 아뜨리움
- 아뜨리움의 위치에 대한 조건을 제시함(2개층 open)

지문본문

2013년도 건축사자격시험 문제

과목: 건축설계1   제1과제 (평면설계)   ①배점: 100/100점

제목 : 도시재생을 위한 마을 공동체 센타

1. 과제개요

주민들이 오랫동안 사용한 기존 건축물을 활용하여 마을 공동체 센타를 증축②하고자 한다. 다음 사항을 고려하여 1,2층 평면도를 작성하시오.

2. 건축개요 ③

(1) 용도지역 : 제2종 일반주거지역
(2) 주변현황 : 대지현황도 참조
(3) 대지면적 : 1,460m²
(4) 건 폐 율 : 60% 이하
(5) 용 적 률 : 200% 이하
(6) 규 모 : 지상 2층(지하층은 고려하지 않음)
(7) 구   조 : 철근콘크리트조(기존건물은 1층 조적구조)
(8) 층   고 :
   - 기존건물물 : 처마높이 4.8m, 최고높이 7.5m
   - 증축건물물 : 1층 4.8m, 2층 4.2m
(9) 부설주차장 : 5대(장애인전용 1대 포함)
   (주차규격 : 일반형 2.3m X 5.0m, 장애인전용 3.3m X 5.0m)
(10) 조경면적 : 고려하지 않음
(11) 주요설비 : 승용승강기(장애인용 겸용 15인승) 1대
   (승강기 승강로 내부 평 면치수는 2.5m X 2.5m 이상)

3. 설계조건

(1) 기존 건축물의 구조와 외벽 및 지붕의 형태는 최대한 유지한다. ④
(2) 기존 건축물 외벽면의 40%~60%를 외부에 나머지 벽면은 증축하는 건축물의 내부에 노출한다. ⑤
(3) 기존 건축물 외벽의 일부가 아트리움(층고 9m)의 내부에 노출되도록 한다. ⑥
(4) 나눔장터는 아트리움과 서로 맞닿게 한다. ⑦
(5) 주민카페는 센타와 운영시간이 다른점을 고려하여 별도출입이 가능하도록 한다. ⑧
(6) 앞마당은 주민카페와 인접시키고, 2층 테라스로 접근이 용이하도록 한다. ⑨
(7) 유아방은 사무실에서 관리가 용이하도록 배치한다.
(8) 주차장은 1층 창고에 인접시키고 하역이 가능하도록 한다. ⑩

4. 실별소요면적 등 요구조건

구분	주요실명	소요면적 (m²)	용 도
1층	아트리움	60	내부 중심공간⑪
	나눔장터	120	판매, 물물교환
	주민카페	180	주민회의, 전시, 북카페⑫
	사무실	50	건물 및 유아방 관리
	유아방	70	놀이, 수면, 세면
	창 고	25	물품해체, 포장, 보관
	공용공간	210	홀, 복도, 화장실, 계단실 등
	소 계	715	
2층	공방(4개실)	120	제작, 교육
	만남의 방	50	회의, 휴식, 만남
	공부방 (2개실)	45	교육, 학습
	창 고	25	보관
	공용공간	120	홀, 복도,화장실,계단실 등
	소 계	360	
합 계		1,075	
옥외 공간	앞마당	-	-
	테라스	150m² 이상, 2층에 배치	
· 시설	주차장	필로티 이용가능(8대 이하 소형연접주차방식은 배제)⑬	

*1) 연면적과 각 실별 소요면적은 각각 10%내에서 증감이 가능하다.
2) 필로티는 바닥면적에서 제외한다.

5. 도면작성요령

(1) 1층(배치계획포함), 2층 평면도를 작성한다.⑭
(2) 주요치수, 출입문(개폐방향 포함),실명 및 각실의 면적 등을 표기한다.
(3) 벽과 개구부는 구분하여 표기한다.
(4) 바닥레벨(마감레벨)을 표기한다.
(5) 단위 : mm
(6) 축척 : 1/200

6. 유의사항

(1) 답안작성은 반드시 흑색연필로 한다.
(2) 명시되지 않은 사항은 현행 관계법령의 범위 안에서 임의로 한다.
(3) 치수표기 시 답안지의 여백이 없을 때에는 융통성 있게 표현한다.⑮

우측 FACTOR / 구성

⑦ 인접조건
- 나눔장터와 아뜨리움은 직접 인접함

⑧ 주민카페
- 별도의 이용시간을 고려한 별도의 진출입을 고려(출입문 별도설치)

⑨ 앞마당, 주민카페, 2층테라스의 연계조건을 제시함으로써 서로 인접한 동선을 고려
(앞마당에서 2층 테라스로 계단계획을 고려)

⑩ 주차와 하역
- 주차동선을 고려한 창고위치를 제시함으로서 주차장에서 하역동선을 고려

⑪ 아뜨림움
- 본 평면계획의 중심공간으로서 계획시 중요한 실임을 암시

⑫ 주민카페
- 외부공간(앞마당)과 연계되어 별도출입이 가능한 큰실로 본계획에서 중요한 역할을 하는 실임

4. 도면작성요령
- 요구도면을 제시
- 실명, 치수, 출입구, 기둥 등을 반드시 표기해야 한다.
- 출제자가 도면표현상에서 특별히 요구하는 요소를 제시
- 단위 및 축척을 제시

5. 유의사항
- 도면작성 도구
- 현행법령안에서 계획할 것

6. 실별면적표

- 계획시설의 각실별면적과 용도가 제시

- 1,2층의 층별조닝이 되었는 경우과 주어지지 않는 경우가 있다

- 각 실의 기능과 사용성을 고려해 그룹별로 그룹핑을 통해 각 용도별로 영역을 나누어야 한다.

- 최근의 경향은 설계조건은 비교적 자세하고 다양하게 요구하고 있지만 실별요구사항은 많지 않아지고 있음에 유의한다.

- 각실은 건축계획적 측면에서 합리적이고 보편적인 계획되도록 해야한다.

---

⑬ 주차계획
- 도로를 차로로 사용할 수 없도록 조건을 제시

⑭ 도면작성
- 1층 평면도에 외부공간의 바닥패턴, 조경, 주출입부, 주차장계획 등 배치에 관련된 표현을 요구하고 있음.

과목: 건축설계   제1과제 (평면설계)   배점: 100/100점

<기존 건축물 현황도>
- 1층, 조적구조, 기와지붕
- 15m도로에서 본 등각투상도 ⑯

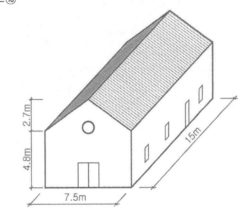

<대지 현황도> 축적없음

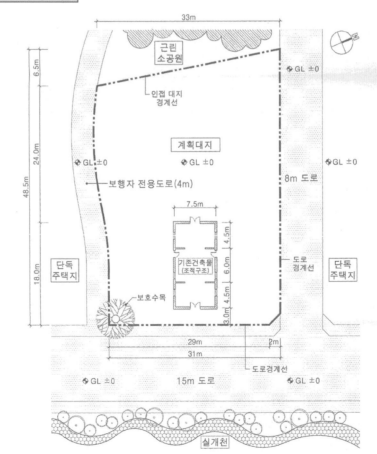

---

⑮ 치수표기
- 도면작성시 도면볼륨이 커지면 치수를 정상적인 위치에 표기하가 쉽지 않으므로 도면범위 내에도 표기할 수 있다.

⑯ 기존건물 투상도
- 기존건물의 형상을 제시함으로서 기존건물의 지붕이 보존되며 기존건물상부로 수직증축이 불가능함을 제시

■ 문제풀이 Process

1	대지분석

① 현황도 분석
- 15m, 8m도로와 6m보행자도로에 접함
- 대지서측은 근린소공원, 동측은 실개천이 위치함
- 평탄형대지임
- 기존의 조적조의 1층 건물이 대지내에 위치함

② 각종동선 파악
- 15m도로에서 보행자 주진출입을 고려
- 8m도로에서 차량진출입 고려
- 6m보행자도로에서 보행자 출입 고려할 수 있음

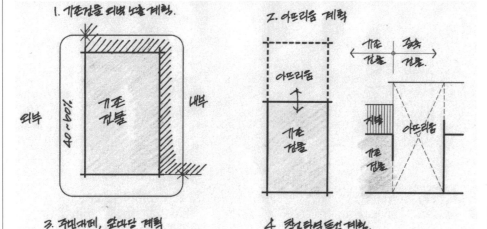

2	토지이용계획/설계조건분석

① 토지이용계획
- 기존건물은 보존하여 활용하며 수평 및 수직증축을 고려
- 도로의 교차점에서 주출입동선을 고려
- 15m도로와 보행자도로에서 접근이 용이한 앞마당(외부공간) 계획
- 주차장 위치를 고려여 8m도로에서 차량진출입을 계획
- 별도의 이격거리 조건이 없으므로 적당한 거리를 이격

② 건물형태
- 보호수목을 포함한 앞마당을 고려하여 전체적으로 "ㄱ"자형의 mass를 예상

3	주요설계조건분석

① 주요 설계조건 분석
- 주어진 주요설계조건을 그림으로 스케치한다.
- 기존건물의 외벽의 절반정도는 내부에 나머지는 외부에 접하게 됨
- 주민마당은 별도의 출입, 앞마당과의 관계를 고려하고 앞마당에서 2층 테라스로 연결을 위한 계단을 계획
- 주차장에서 창고의 하역동선을 고려

② 단면계획
- 기존건물은 박공지붕을 고려하여 수직증축 불가
- 아뜨리움은 기존건물과 인접하고 2개층 높이를 고려

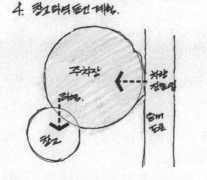

4	층별 기능도

① 기능도작성
- 실의 요구조건을 분석해 서로의 연관관계를 고려한 계획을 한다
- 1층 : 기존건물활용, 아뜨리움은 mass의 중심, 주민카페는 앞마당과 인접, 주차장과의 관계를 고려한 창고를 계획
- 2층 : 하부 아뜨리움을 고려한 슬라브 open, 1층 앞마당에서의 출입을 고려한 테라스 계획

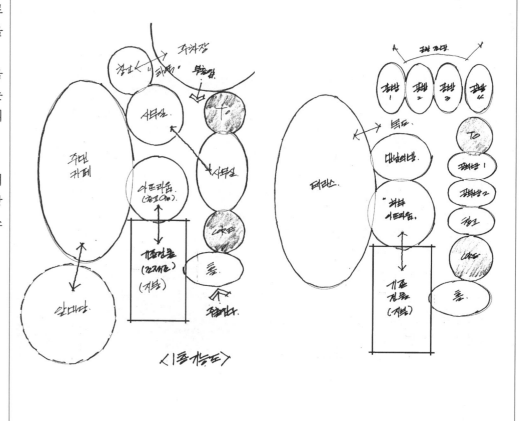

5	면적 분석 및 면적 조정

① 면적분석
- 면적표를 통해 60m²의 기본 모듈로 계획되는 실의 면적에 따라 적절히 면적을 증감
- 대지형태을 고려해 기능도를 참고하여 실들을 깔아보며 면적 조정
- 기존건물은 그대로 활용 1층에서 주차장과 하역을 고려한 필로티 고려
- 2층에서 테라스, 하부 아뜨리움을 고려한 슬라브 open고려

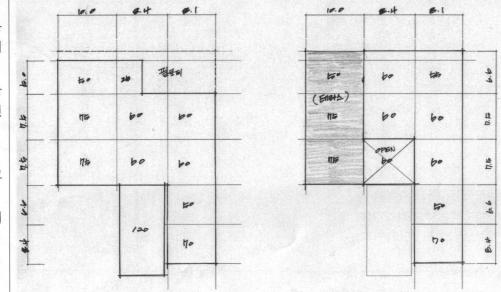

6	블럭다이어그램

① 기능도와 면적조정을 통해 각 실의 형태를 구체적으로 잡아 본다.
② 60m²의 기본 모듈을 고려하여 기둥간격은 8.0×7.5를 고려 하여 부분적으로 이형 span을 고려
③ 공용부는 동선이 짧고 명확하 게 계획

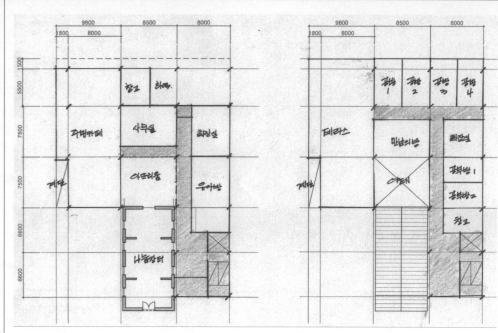

7	답안리뷰 및 체크포인트

① 기존건물을 보존활용한 MASS 계획
② 접근동선
- 나눔장터는 기존건물을 활용 해 접근이 용이하도록 한다.
- 전면도로와 보행자도로에서 진입이 용이한 앞마당 계획
- 8m도로에서 차량출입, 주민카 페는 보행자도로에서도 진입 가능
③ 요구시설검토
- 아뜨리움은 시설의 중심공간 으로 나눔장터와 인접하고 2 개층 open하여 개방감 유지
- 주민카페는 별도출입도 고려, 앞마당과 인접
- 앞마당에서 2층 테라스로의 동선 고려
- 주장장과 하역동선을 고려한 창고계획

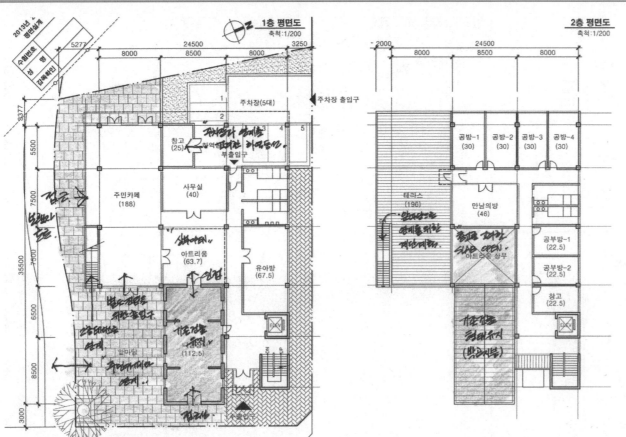

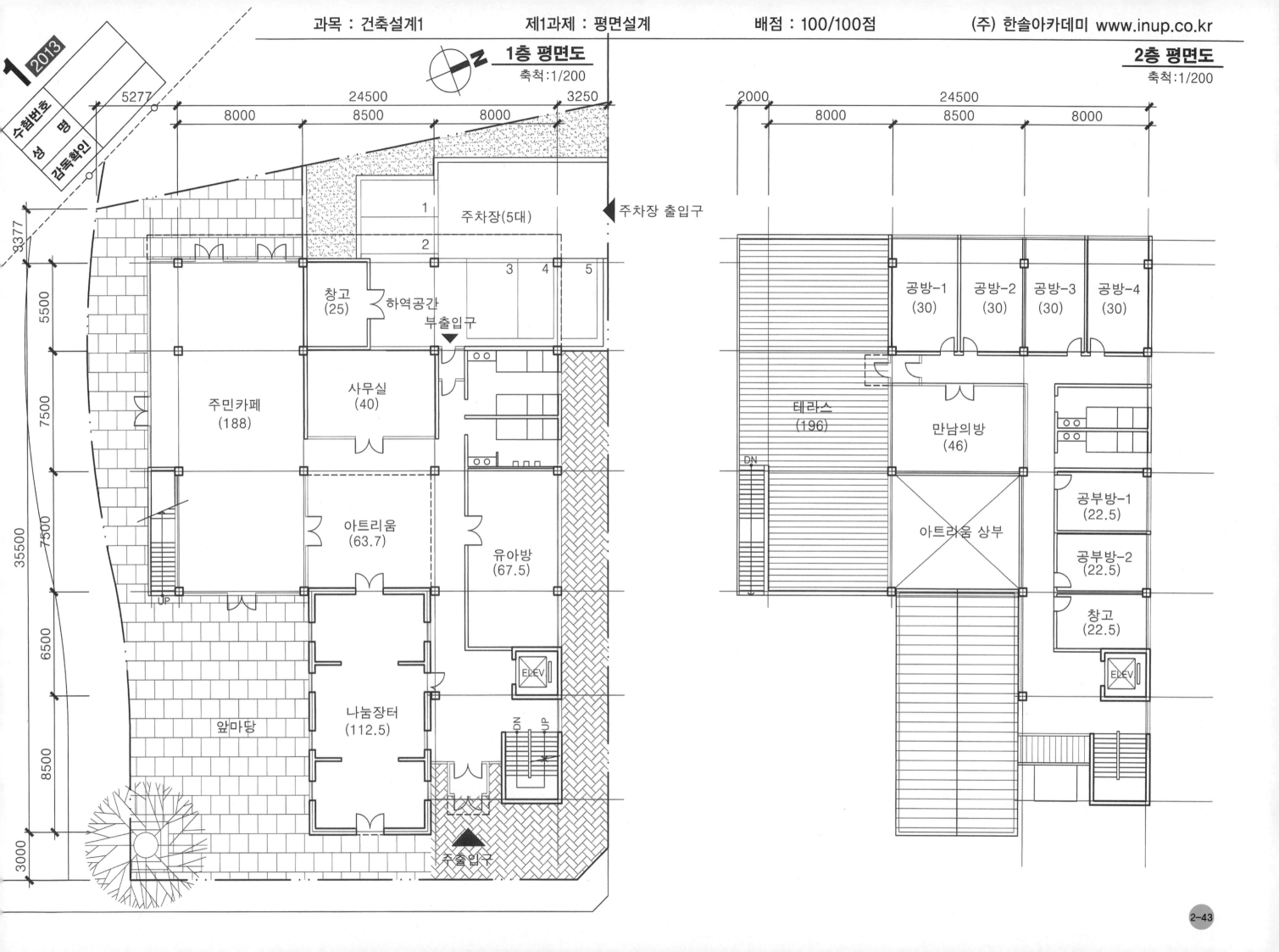

1층 평면도
축척:1/200

2층 평면도
축척:1/200

1 2013

수험번호
성 명
감독확인

주차장(5대)

주차장 출입구

1
2
3 4 5

창고
(25)

하역공간
부출입구

사무실
(40)

주민카페
(188)

아트리움
(63.7)

유아방
(67.5)

ELEV

나눔장터
(112.5)

앞마당

DN UP

주출입구

5277
24500
3250
8000 8500 8000

3377
5500
7500
7500
6500
8500
3000
35500

테라스
(196)

공방-1
(30)
공방-2
(30)
공방-3
(30)
공방-4
(30)

만남의방
(46)

아트리움 상부

공부방-1
(22.5)

공부방-2
(22.5)

창고
(22.5)

ELEV

DN

2000
24500
8000 8500 8000

1. 제목
- 건축물의 용도를 제시
- 용도를 통해 일반적인 시설의 특징을 고려한다.

① 배점 확인
- 평면은 100점의 단일과제로 구성
- 계획 및 작도에 3시간이라는 점은 중요하다.

② 증축 및 리모델링
- 계획대지내에 기존건물 존재
- 기존건물의 활용방안을 계획 단계에서 고려

2. 건축개요
- 지역/지구제시
- 대지면적과 도로현황을 제시
- 건폐율, 용적률, 규모, 구조를 구체적으로 제시
- 층고 및 기타 설비조건 등을 제시

③ 건축개요
- 일반주거지역이므로 정북일조를 적용한 높이 체크
- 건폐율/용적률 확인
- 규모는 지상2층(지하없음)
- 기존건물 높이체크와 증축부분의 각 층 높이 체크
- 부설주차확인

3. 설계조건
- 이격거리등이 주어짐
- 출제자가 일반적인 조건이 아닌 본 시설에서 특별히 요구하는 조건으로 이는 채점의 기준으로 해석해도 좋다.

④ 기존건물현황
- 기존건물3개동이 존재하며 각 동의 구조와 층고를 체크

⑤ 경사지형 활용
- 경사지형을 최소한의 성절토를 통해 건물을 계획

⑥ 기존건물의 활용
- 조적조인 "가"동은 철거가능하고 철근콘크리트조인 "나", "다"동은 최대한 활용한 증축

2014년도 건축사자격시험 문제

과목: 건축설계1   제1과제 (평면설계)   ① 배점: 100/100점

제목 : 게스트하우스 리모델링 설계

1. 과제개요

기존 건축물을 증축 및 리모델링하여 게스트하우스로 설계하고자 한다. 다음 사항을 고려하여 1, 2층 평면도를 작성하시오.

2. 건축개요 ③

(1) 용도지역 : 제2종 일반주거지역
  지구단위계획구역(권장용도 : 숙박시설)
(2) 주변현황 : 대지현황도 참조
(3) 대지면적 : 1,297m²
(4) 건 폐 율 : 60% 이하
(5) 용 적 률 : 200% 이하
(6) 규 모 : 지상 2층(지하층은 고려하지 않음)
(7) 구 조 : 철근콘크리트조
(8) 층 고 : 3.0m, 3.9m
(9) 부설주차장 : 5대(장애인전용 1대 포함)
(10) 조경면적 : 270m² 이상(옥상조경 제외함)
(11) 기존 건축물 현황(3개동 연면적의 합계 363m²) ④
  - ㉮주택(1층) : 조적조, 층고 3.0m
  - ㉯주택(2층) : 철근콘크리트조, 층고 3.0m
  - ㉰창고(2층) : 철근콘크리트조, 층고 3.9m

3. 설계조건

(1) 대지의 지형을 최대한 활용하되, 대지 내 옹벽의 높이는 1m 이하로 계획한다. ⑤
(2) 기존 건축물 중 ㉮는 철거가능하고 ㉯, ㉰는 최대한 보존한다.(구조보강은 고려하지 않음) ⑥
(3) 연결통로(건축물 등을 연결하는 통로)를 계획한다.
  ① 1층에 설치하며, 장애인 등의 이동이 가능하도록 경사로로 계획한다. ⑦
  ② 중정 등 외부공간으로 연결하되, 외벽 및 지붕은 친환경성을 고려하여 계획하며, 방화구획 및 불연재료 적용여부는 고려하지 않는다.
(4) 장애인 객실은 1층에 1개소를 설치한다.
(5) 다양한 규모의 중정을 계획한다. (중정과 필로티부분의 면적의 합계는 280m² 이상으로 한다. ⑧

(6) 필로티는 바닥면적에 산입하지 않는다.
(7) 장애인등을 위한 편의시설의 표기는 경사로, 객실, 화장실, 승강기, 주차구획만 한다. ⑨
(8) 객실, 식당 및 커뮤니티실 등 투숙객을 위한 공간과 카페 등은 외부인의 출입도 가능한 공간이 구분될 수 있도록 계획한다. ⑩

4. 실별소요면적 등 요구조건

구분	주요실명	소요면적 (m²)	용 도
1층	객 실	130	8실 이상 (화장실 포함)
	장애인 객실	20	1인실(화장실 포함)
	식당 및 커뮤니티실	85	주방, 식품창고, 화장실 포함
	린넨실	10	
	프론트	80	사무실,로비 포함
	장애인화장실	16	남,녀구분
	공용공간	190	홀, 복도, 화장실, 계단실 등
	소 계	531	
2층	객 실	290	10실 이상 (화장실 포함)
	카 페 ⑪	85	외부인 출입가능
	화장실	10	남,녀구분
	공용공간	180	복도,계단,라운지,승강기포함
	소 계	565	
합 계		1,096	

* 각 실별 소요면적은 각각 10%내에서 증감이 가능

5. 도면작성요령

(1) 1층(배치계획포함) 2층 평면도를 작성한다.
(2) 주요치수, 출입문(개폐방향 포함) ⑫, 실명(면적포함) 및 기둥을 표기한다.
(3) 벽과 개구부는 구분하여 표기한다.
(4) 지표면의 레벨이 차이가 있는 경우에는 반드시 각각의 지표면 및 각층의 바닥레벨을 표기 ⑬ 한다.
(5) 단위 : mm
(6) 축척 : 1/200

6. 유의사항

(1) 답안작성은 반드시 흑색연필로 한다.
(2) 명시되지 않은 사항은 현행 관계법령의 범위 안에서 임의로 한다.

---

⑦ 경사로
- 건물은 지형을 고려한 계획이 되어 1층 바닥레벨에 차이가 생기고 서로다른바닥레벨에 의해 경사로를 계획

⑧ 중정
- 중정은 1개의 형태가 아닌 최소 2개소 이상으로 분리계획

⑨ 장애인시설 표기
- 평면에 계획되는 장애인 편의시설에는 장애인시설 표기할 것을 제시함

⑩ 공간구분
- 투숙객을 위한 영역과 외부인의 출입이 가능한 카페 등은 분리하여 배치

⑪ 카페
- 도로에서 직접진입이 가능하도록 계단 설치

⑫ 1층 도면작성
- 1층 평면도에 외부공간의 바닥패턴, 조경, 주줄입부, 주차장계획 등 배치에 관련된 표현을 요구하고 있음.

4. 도면작성요령
- 요구도면을 제시
- 실명, 치수, 출입구, 기둥 등을 반드시 표기해야 한다.
- 출제자가 도면표현상에서 특별히 요구하는 요소를 제시
- 단위 및 축척을 제시

5. 유의사항
- 도면작성 도구
- 현행법령안에서 계획할 것

6. 실별면적표

- 계획시설의 각실별면적과 용도가 제시

- 1,2층의 층별조닝이 되었는 경우과 주어지지 않는 경우가 있다

- 각 실의 기능과 사용성을 고려해 그룹별로 그룹핑을 통해 각 용도별로 영역을 나누어야 한다.

- 최근의 경향은 설계조건은 비교적 자세하고 다양하게 요구하고 있지만 실별요구사항은 많지 않아지고 있음에 유의한다.

- 각실은 건축계획적 측면에서 합리적이고 보편적인 계획되도록 해야 한다.

⑬ 바다레벨

- 경사대지의 지형을 활용한 단면계획을 고려하여 각각의 바다레벨을 반드시 표기

과목: 건축설계   제1과제 (평면설계)   배점: 100/100점

<대지 현황도> 축척없음 ⑭

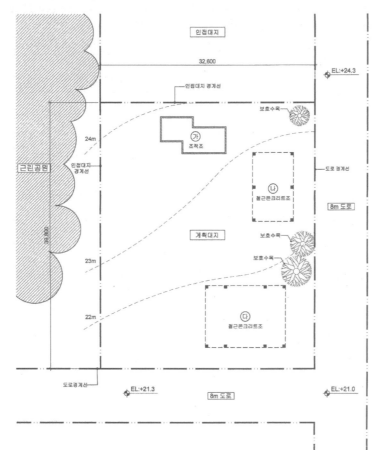

⑭ 현황도 분석

- 기존건물 위치 및 크기체크

- 경사지형 확인

- 서측 근린공원 체크

■ 문제풀이 Process

1	대지분석

① 현황도 분석
- 북서에서 남동방향으로 경사진 대지(비교적 완만한 경사지)
- 기존에 3개동의 건물이 위치 →철거와 보존을 고려
- 대지 서측에 근린공원위치
- 동측과 남측에 각각 8m도로에 접한 대지
- 숙박시설이므로 객실은 남향을 고려하여 배치

② 각종동선 파악
- 각각 8m도로에 접해있으므로 주동선은 각각 가능함
- 대지의 장변방향에서 주출입을 고려
- 차량동선은 주출입 동선과 연계하여 계획

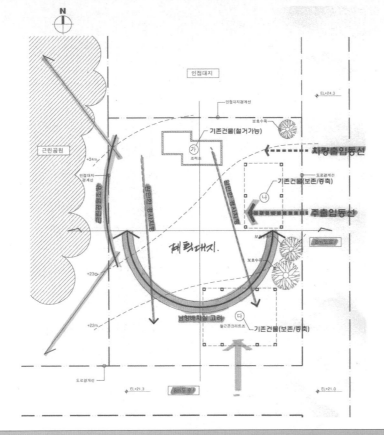

2	토지이용계획/설계조건분석

① 토지이용계획
- 대지의 장변방향에서 주출입 및 차량동선을 계획
- 주출입부에서 로비등 공용부 계획
- 근린공원조망과 남향을 고려한 객실영역배치
- 각실에서 이용 및 조망가능한 다양한 중정계획

② 건물형태
- 경사지형과 객실, 중정을 고려하여 "ㄷ"자형태의 mass 예측

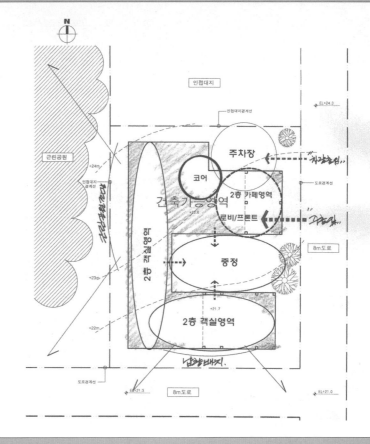

3	주요설계조건분석

① 주요 설계조건 분석
- 주어진 주요설계조건을 그림으로 스케치한다.
- 객실,식당 및 커뮤니티실 등 객실관련실과 별도의 출입이 가능한 카페는 영역분리계획
- 각실의 영역을 고려한 중정위치 계획

② 단면계획
- 경사지형을 활용한 단면계획
- "다"동층고 3.9m,"나"동 층고 3.0m → 레벨차를 고려한 경사로 계획

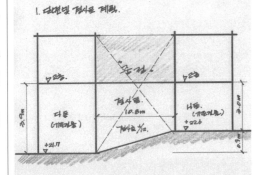

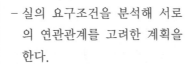

4	층별 기능도

① 기능도작성
- 실의 요구조건을 분석해 서로의 연관관계를 고려한 계획을 한다.
- 1층 : 주출입, 로비, 프런트, 식당 및 커뮤니티실 등 영역과 객실영영 분리 → 중앙부에 중정과 경사로 계획
- 2층 : 남향과 조망을 고려한 객실계획, 영역이 분리된 카페계획

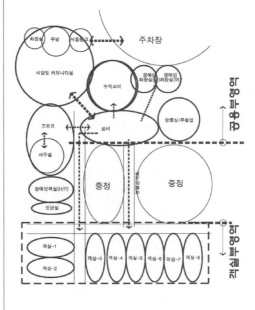

1층 기능도 작성

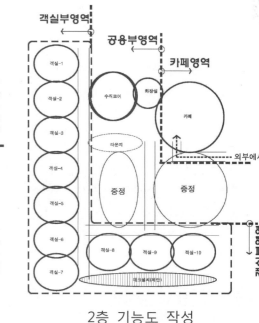

2층 기능도 작성

| 5 | 면적 분석 및 면적 조정 | 6 | 블럭다이어그램 |

① 면적분석
- 기존 "나"동 30m² 의 모듈과 "다"동 55m² 면적모듈을 고려
- 2층 객실 UNITS을 고려하여 30m² 모듈검토(복도별도 고려)
- 1층 객실은 2개실 36m² 에 복도를 포함한 55m² 모듈검토
- 2층 남향쪽 객실은 면적조정을 위한 발코니 제안

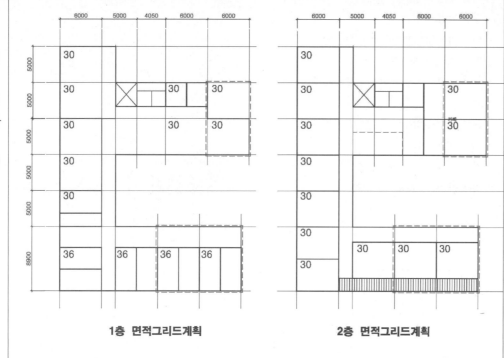

1층 면적그리드계획　　**2층 면적그리드계획**

① 기능도와 면적조정을 통해 각 실의 형태를 구체적으로 잡아본다.
② 30m² 모듈을 고려하여 기둥간격은 6.0×5.0(복도1.5m 내외 별도 고려), 복도를 포함한 남향쪽 55m² 모듈을 고려한 기둥간격은 8.9×6로 계획
③ 공용부는 동선이 짧고 명확하게 계획

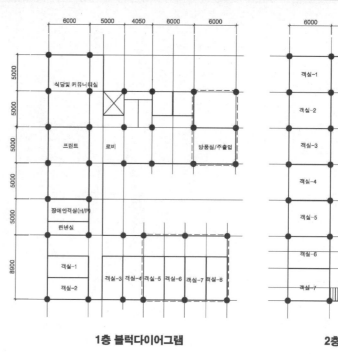
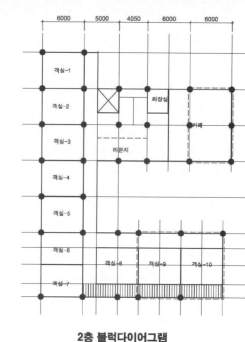

1층 블럭다이어그램　　**2층 블럭다이어그램**

| 7 | 답안리뷰 및 체크포인트 |

① 접근동선
- 주출입부에 인접한 주차장계획 → 식당으로의 하역 동선이 자연스럽게 계획
- 2층 카페는 별도의 진입동선 확보
- 1층 공용부와 객실영역의 단차를 고려한 경사로를 활용한 동선계획

② 요구시설검토
- 1층 주출입과 인접한 로비, 프론트, 식당 및 커뮤니티실 계획 → 객실영역과는 분리
- 2층 객실영역과 카페는 분리 계획
- 각실의 위치와 합리적으로 어우러지는 다양한 중정계획
- 경사로는 유리벽체로 마감하며 수직루버 등을 설치하여 일사량 조절
- 객실은 가급적 향과 조망을 고려위치로 계획

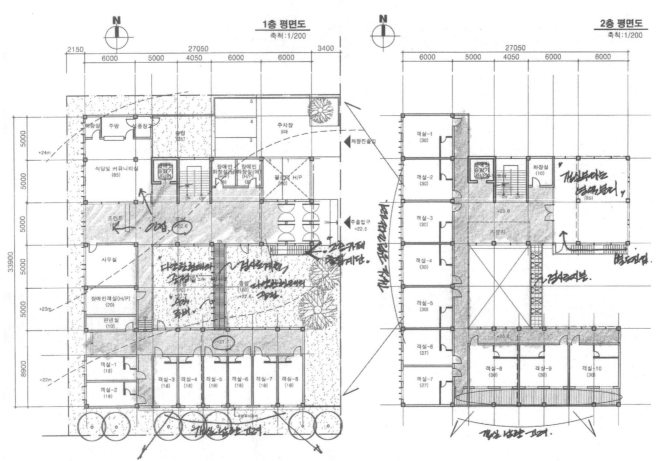

1층 평면도 축척:1/200
2층 평면도 축척:1/200

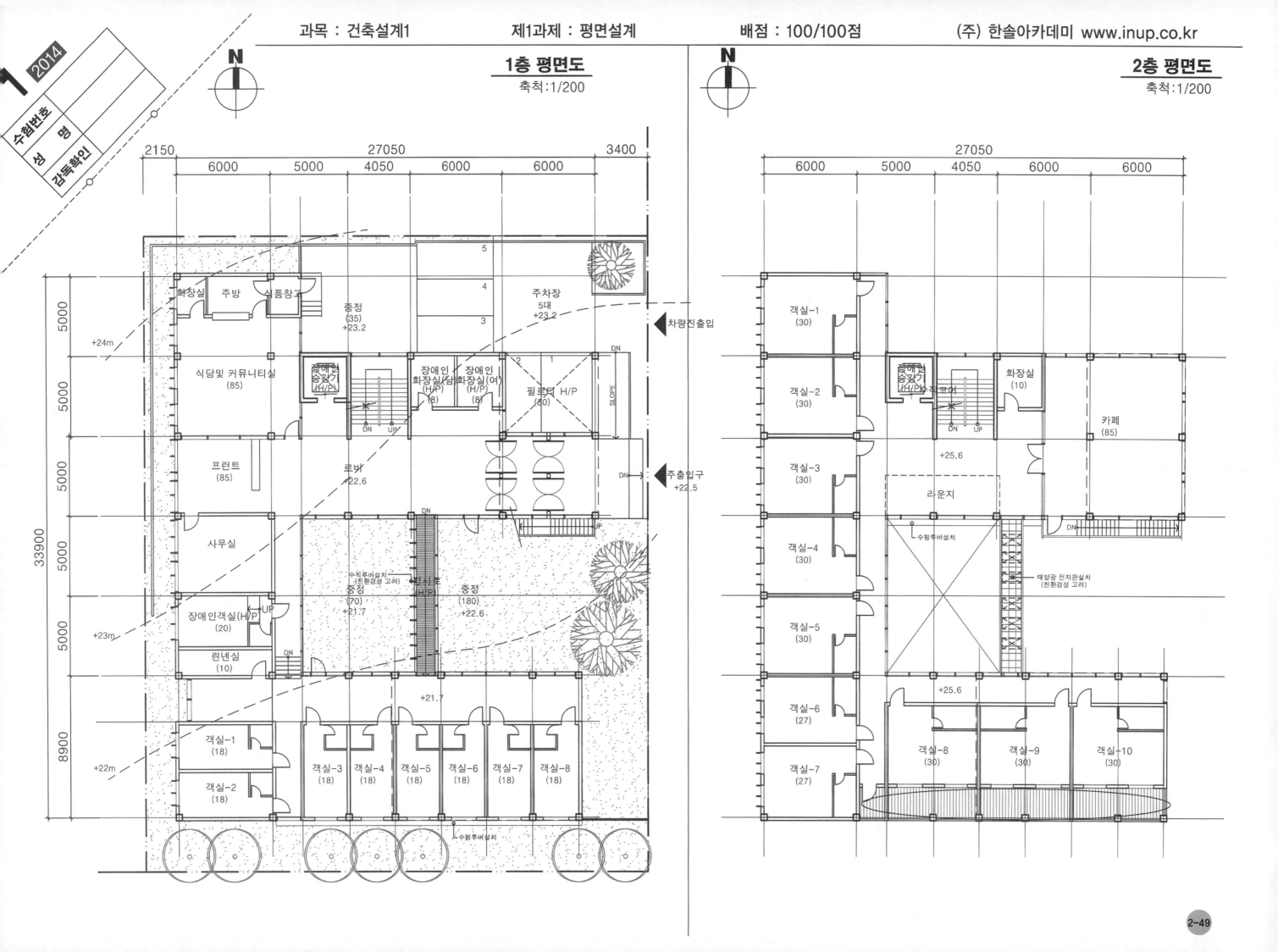

1층 평면도
축척:1/200

2층 평면도
축척:1/200

구 성	FACTOR	지 문 본 문	FACTOR	구 성

구 성

1. 제목
- 건축물의 용도를 제시
- 용도를 통해 일반적인 시설의 특징을 고려한다.

2. 건축개요
- 지역/지구 제시
- 대지면적과 도로현황을 제시
- 건폐율, 용적률, 규모, 구조를 구체적으로 제시
- 층고 및 기타 설비조건 등을 제시

3. 설계조건
- 이격거리 등이 주어짐
- 출제자가 일반적인 조건이 아닌 본 시설에서 특별히 요구하는 조건으로 이는 채점의 기준으로 해석해도 좋다.

FACTOR

① 배점 확인
- 평면은 100점의 단일과제로 구성
- 계획 및 작도에 3시간이라는 점은 중요하다.

② 계획건물의 성격
- 어린이집과 보육에 관한 정보제공 및 상담이라는 2개 용도를 가지는 건물

③ 건축개요
- 일반주거지역이므로 정북일조를 적용한 높이 체크
- 건폐율/용적률 확인
- 규모는 지상2층(지하없음)
- 철근콘크리트조
- 조경은 대지면적의 10% 이상
- 부설주차확인

④ 경사지형 및 공원
- 경사지형을 이용한 건물의 단면계획 (성·절토 최소화 및 레벨 고려)
- 남측 공원조망 및 연계고려

⑤ 건물성격을 고려한 출입구
- 1층 보육시설과 2층지원시설 이용성을 고려하여 분리하여 설치한다.

⑥ 외부공간계획
- 어린이집의 외부공간은 안전을 위해 건물에서 관찰이 가능하도록 계획 (중정형 암시)
- 공원과의 연계(위치암시)

지 문 본 문

2015년도 건축사자격시험 문제

과목: 건축설계1   제1과제 (평면설계)   ① 배점: 100/100점

제목 : 육아종합 지원시설을 갖춘 어린이집

1. 과제개요

영유아 일시보육서비스와 보육에 관한 정보의 제공 및 상담 등, 육아종합 지원시설을 갖춘 어린이집의 평면도를 작성하시오.
②

2. 건축개요 ③

(1) 용도지역 : 제1종 일반주거지역
(2) 주변현황 : <대지현황도> 참조
(3) 대지면적 : 1,290m²
(4) 건 폐 율 : 60% 이하
(5) 용 적 률 : 150% 이하
(6) 규 모 : 지상 2층
(7) 구 조 : 철근콘크리트조
(8) 층 고 : 임의
(9) 부설주차장 : 4대(장애인주차 1대 포함)
(10) 조경면적 : 대지면적의 10% 이상
(11) 승 강 기 : 1대(장애인 겸용)

3. 설계조건

(1) 대지의 주변현황과 조건을 최대한 활용한다.
(2) 주차장은 보행로와 분리한다.   ④
(3) 차량은 10m 도로에서 출입한다.
(4) 보육시설과 지원시설은 별도의 출입구를 설치한다.   ⑤
(5) 야외놀이터 및 모래놀이터는 1층 공용공간에서 관찰이 용이하도록 하고 공원과 연계한다.   ⑥
(6) 동선계획에 있어 어린이의 행동특성을 고려한다.
(7) 보육시설은 주중에, 지원시설은 주중과 주말에 운영하는 것을 가정한다.   ⑦
(8) 책놀이실은 주중에 지원시설과 공유하여 사용하고 주말에는 보육시설과 별도운영이 가능하도록 한다.   ⑧
(9) 장난감대여실은 주차장과 인접 배치한다.
(10) 부모카페는 공원으로의 조망을 고려한다.
(11) 사무실과 상담실은 인접 배치한다.
(12) 모든 실은 자연환기가 가능하도록 한다.
(13) 장애인의 편의를 고려하여 설계한다.   ⑨
(14) 기존 수목을 고려하여 설계한다.

4. 실별소요면적 등 요구조건

구분	주요실명	면적(m²)	비 고
1층	2세반	30	
	3세반	30	
	4세반	30	• 2개의 보육실 사이에 공동으로 사용하는 화장실 (10m² 이상×3개) 설치
	5세반	30	
	6세반	30	
	7세반	30	
	화장실	30	
	목욕실	6	• 2,3세반이 공동으로 사용
	원장실	15	
	주방	15	
	책놀이실	60	• 층고 6m 이상, 유희실 겸함 ⑩
	공용공간	270	• 공용공간 내 50m²의 실내놀이터를 구획하여 점선으로 표현 • 공용화장실은 설치하지 않음
	소 계	576	
2층 (지원시설)	장난감 대여실	45	• 세척실 10m² 포함 • 반납 및 하역 고려
	부모카페	45	
	동화구연실	30	
	사무실	30	
	상담실	15	
	공용공간	220	
	소 계	385	
합 계		961	
야외 공간	야외놀이터 모래놀이터	80	• 보육실데크와 별도
	보육실데크	45	• 보육실 2개당 15m² 이상
	2층 테라스	60	• 1층에서 직접 접근이 가능

(1) 각 실별 소요면적은 각각 10% 내에서 증감이 가능하다.
(2) 연면적은 10% 내에서 증감이 가능하다.
(3) 야외공간은 주어진 면적 이상으로 계획한다.   ⑪

5. 도면작성요령

(1) 1층(배치계획 포함), 2층 평면도를 작성한다.
(2) 주요치수, 축선, 출입문(개폐방향 포함), 실명 및 각실의 면적 등을 표기한다.
(3) 벽과 개구부는 구분하여 표기한다.
(4) 바닥레벨(마감레벨) 및 층별 면적을 표기한다.   ⑬
(5) 단위 : mm
(6) 축척 : 1/200

6. 유의사항

(1) 답안작성은 반드시 흑색연필로 한다.
(2) 명시되지 않은 사항은 현행 관계법령의 범위 안에서 임의로 한다.

FACTOR

⑦ 각 시설별 운영계획
- 지원시설과 보육시설(어린이집)은 주중과 주말 운영계획을 고려하여 출입통제가 가능

⑧ 책놀이실의 성격
- 보육시설의 책놀이실은 주말에 별도운영이 가능하도록 보육시설과 동선통제

⑨ 각실계획
- 계획되는 각실은 외벽에 면하게 계획하여 암실이 되는 것을 방지

⑩ 책놀이실
- 책놀이실은 2개층 정도의 층고를 고려하여 개방감있는 공간으로 계획

⑪ 야외공간면적
- 계획건물의 외부공간은 요구면적보다 크게 계획할 수 있다. (여유공간이 있음을 암시)

⑫ 도면작성
- 1층에 배치계획 포함 (외부공간의 계획적 표현을 요구)
- 주요치수, 축선, 실면적의 표기를 요구
- 지형을 고려한 단면계획을 고려하여 레벨표기를 요구

구 성

4. 도면작성요령
- 요구도면을 제시
- 실명, 치수, 출입구, 기둥 등을 반드시 표기해야 한다.
- 출제자가 도면표현에서 특별히 요구하는 요소를 제시
- 단위 및 축척을 제시

5. 유의사항
- 도면작성 도구
- 현행법령안에서 계획할 것

6. 실별면적표

- 계획시설의 각실별 면적과 용도가 제시

- 1, 2층의 층별조닝이 되었는 경우과 주어지지 않는 경우가 있다

- 각 실의 기능과 사용성을 고려해 그룹별로 그룹핑을 통해 각 용도별로 영역을 나누어야 한다.

- 최근의 경향은 설계조건은 비교적 자세하고 다양하게 요구하고 있지만 실별요구사항은 많지 않아지고 있음에 유의한다.

- 각실은 건축계획적 측면에서 합리적이고 보편적인 계획되도록 해야 한다.

⑬ 층별면적
- 작성용지에 층별면적표기를 요구

과목: 건축설계   제1과제 (평면설계)   배점: 100/100점

<대지 현황도> 축척없음 ⑭

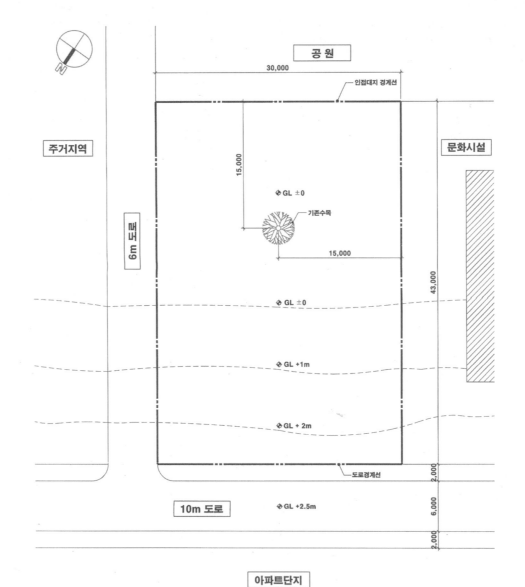

⑭ 현황도 분석
- 경사지형 확인
- 접도조건 확인
- 인근 공원 확인

1	대지분석	2	토지이용계획

1 대지분석

① 현황도 분석
- 대지 북측에서 남측으로 경사진 대지조건
- 북측경사지, 남측은 평지의 형태
- 대지 남측에 공원위치
- 10m도로와 6m도로에 접함
- 대지내 보존수목이 존재

② 각종동선 파악
- 10m도로에서 2층(지원시설)접근, 6m도로에서 1층(어린이집)접근 고려
- 차량동선은 10m도로에서 진입할 것을 조건으로 직접 제시

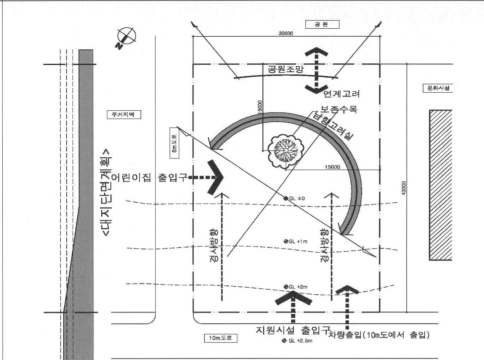

2 토지이용계획

① 토지이용계획
- 각 시설별 보행출입계획
- 건물의 공용부에서 관찰이 가능한 옥외공간 계획 (중정형 MASS)
- 외부공간은 공원과 연계를 위한 위치 선정
- 주차장은 8대 이하이므로 도로에 연접하여 배치가능(10m도로에서 출입)

② 건물형태
- 경사지형과 외부공간을 고려하여 "ㄷ"자 형태의 mass 예측

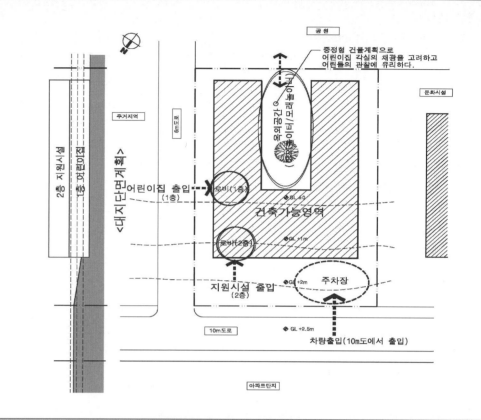

3	주요설계조건분석	4	층별 기능도

3 주요설계조건분석

① 건물단면계획
- 지형조건과 각층의 성격을 고려하여 1층과 2층 시설을 분리하여 계획(층고고려)

② 옥외공간
- 야외놀이터와 모래놀이터는 공용부에서의 관찰과 공원과의 연계를 고려하여 계획

③ 책놀이실
- 책놀이실은 1층 보육시설에 위치하며 주중에는 2층 지원시설과 공동으로 이용하며 주말에는 보육시설과 분리하여 운영한다.

④ 장난감대여실
- 장난감대여실은 주차장에 인접하며 소독실이 필요

⑤ 부모카페
- 2층 부모카페는 공원조망을 고려

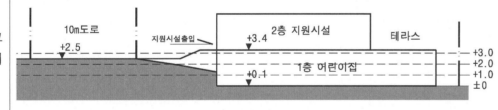

건물단면계획

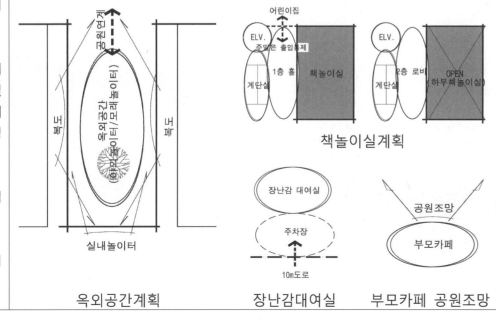

옥외공간계획　　장난감대여실　　부모카페 공원조망

4 층별 기능도

① 기능도작성
- 실의 요구조건을 분석해 서로의 연관관계를 고려한 계획을 한다.
- 1층 : 보육시설은 외부공간과 각 보육실의 성격을 고려하여 중정형으로 계획
  → 모래놀이터와 야외놀이터는 공용부(복도, 홀, 실내놀이터 등)에서 관찰이 가능한 위치 고려
- 2층 : 10m 도로에서 접근 장난감대여실은 주차장인접, 부모카페는 공원조망위치, 책놀이실 하부open 고려

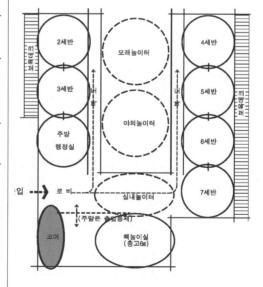

1층 기능도 작성

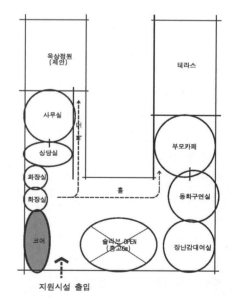

2층 기능도 작성

5	면적 분석 및 면적 조정		6	블럭다이어그램

5 면적 분석 및 면적 조정

① 면적분석
- 1층 보육실은 각실(30m²)와 내부의 공동화장실(10m²)의 1/2인 5m²를 고려하여 35m²로 계획
- 복도를 포함하여 45m²의 단위면적을 고려
- 실내놀이터(50m²), 책놀이실(60m²)를 고려한 이형단위면적고려
- 2층은 45m²와 30m²실을 고려한 계획
- 책놀이실 OPEN을 고려(60m²)

② 1층 : 560m²
　2층 : 384m²+open(60m²)
　　　 +테라스(60m²)=504m²
　2층 옥외공간은 여유가 있음

1층 평면도　　　　2층 평면도

6 블럭다이어그램

① 기능도와 면적조정을 통해 각실의 형태를 구체적으로 잡아본다.
② 35m²단위모듈 → 복도를 포함한 모듈 45m² (6.0m×7.8m)
③ 실내놀이터 50m² 모듈 (6.0m×8.1m)
④ 책놀이실 60m² 모듈 (8.1m×8.1m)

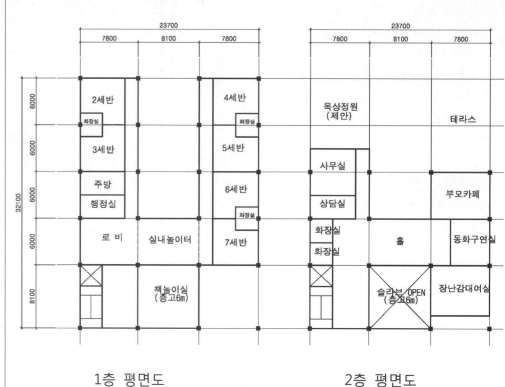

1층 평면도　　　　2층 평면도

7	답안리뷰 및 체크포인트

7 답안리뷰 및 체크포인트

① 접근동선
- 도로레벨을 고려한 각 시설별 접근동선고려
  → 10m도로에서 지원시설, 6m 도로에서 보육시설
- 10m도로에서 주차장접근
② 요구시설검토
- 외부공간(모래놀이터, 야외놀이터)공간을 고려한 보육시설 중정형 mass로 계획
- 보육실에는 보육데크 설치
- 책놀이실은 2개층 정도의 높이고려
- 책놀이실은 주말에는 보육시설과 분리될 수 있도록 계획
- 장난감대여실은 주차장인접
- 사무실은 상담실과 인접
- 부모카페는 공원조망
- 2층에 테라스설치(공원조망)

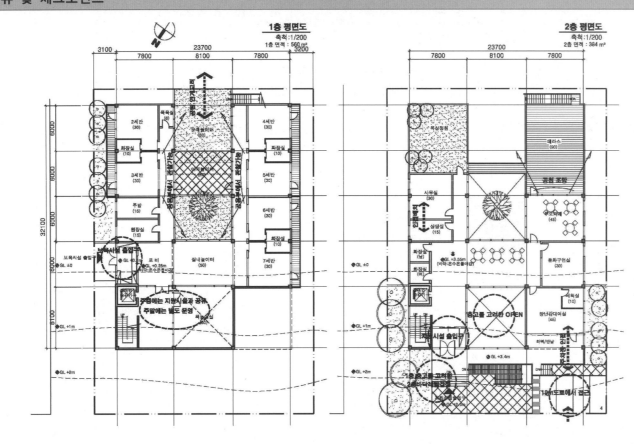

모범답안

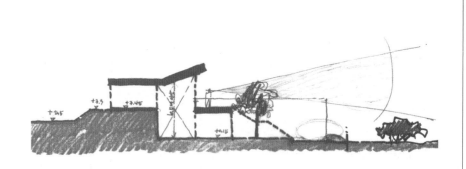

단면개념도

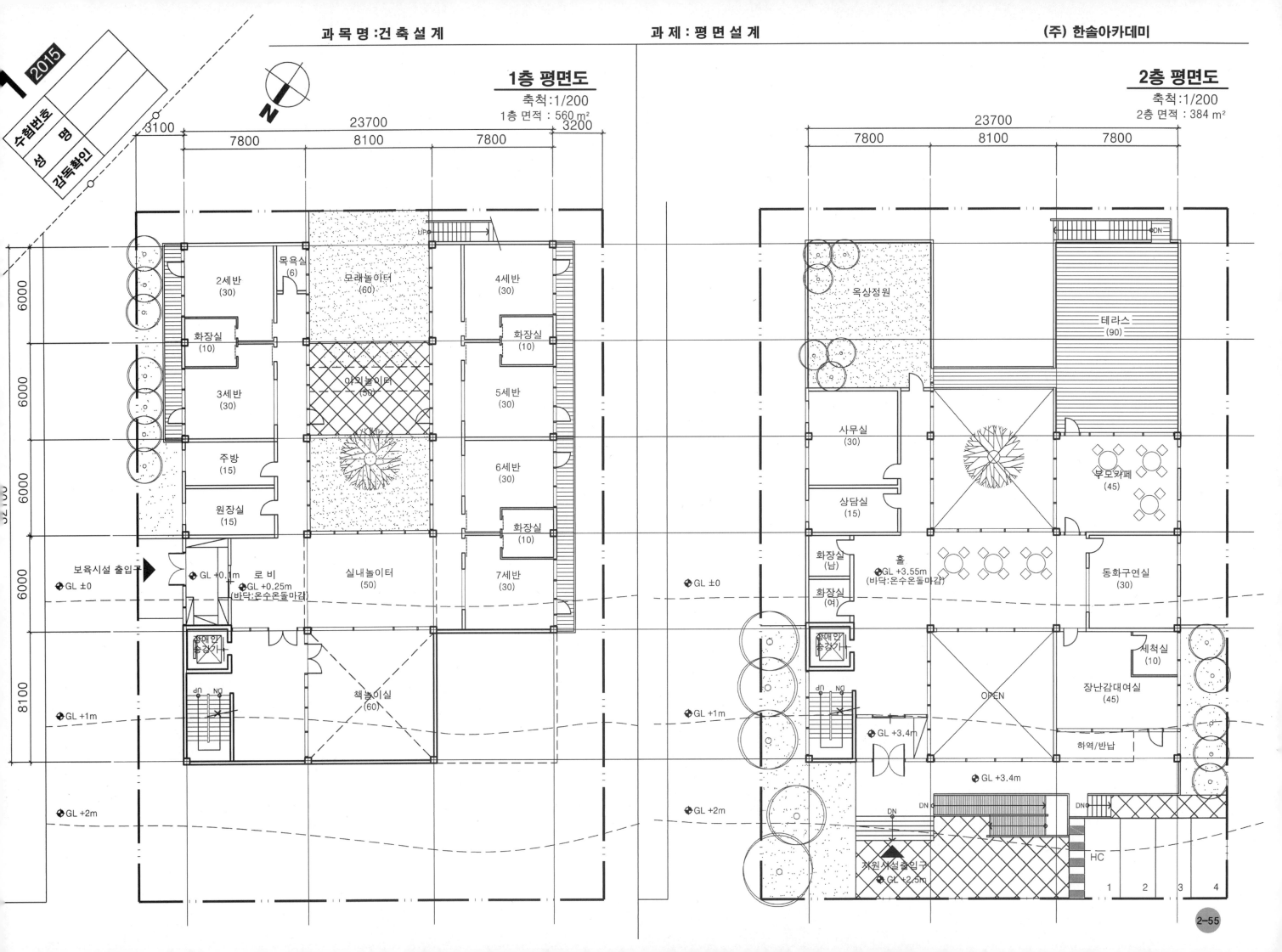

1층 평면도
축척 : 1/200
1층 면적 : 560 m²

2층 평면도
축척 : 1/200
2층 면적 : 384 m²

1층 평면도 실 구성

- 2세반 (30)
- 목욕실 (6)
- 모래놀이터 (60)
- 4세반 (30)
- 화장실 (10)
- 3세반 (30)
- 아외놀이터 (50)
- 화장실 (10)
- 5세반 (30)
- 주방 (15)
- 6세반 (30)
- 원장실 (15)
- 화장실 (10)
- 7세반 (30)
- 보육시설 출입구
- 로비
- 실내놀이터 (50)
- 책놀이실 (60)
- GL +0.1m
- GL +0.25m (바닥:온수온돌마감)
- GL ±0
- GL +1m
- GL +2m

2층 평면도 실 구성

- 옥상정원
- 테라스 (90)
- 사무실 (30)
- 부모카페 (45)
- 상담실 (15)
- 화장실 (남)
- 홀 (바닥:온수온돌마감)
- 동화구연실 (30)
- 화장실 (여)
- 세척실 (10)
- 장난감대여실 (45)
- OPEN
- 하역/반납
- GL ±0
- GL +3.55m
- GL +1m
- GL +3.4m
- GL +2m
- GL +3.4m
- 지원시설 출입구
- GL +2.5m
- HC　1 2 3 4

구 성	FACTOR	지 문 본 문	FACTOR	구 성

2016년도 건축사자격시험 문제

과목: 건축설계1　　제1과제 (평면설계)　　① 배점: 100/100점

---

1. 제목
- 건축물의 용도를 제시
- 용도를 통해 일반적인 시설의 특징을 고려한다.

① 배점 확인
- 평면은 100점의 단일과제로 구성
- 계획 및 작도에 3시간이라는 점은 중요하다.

② 계획건물의 성격
- 기존공장건물의 구조를 보존하면서 용도변경 및 증개축을 고려

③ 건축개요
- 일반주거지역이므로 정북일조를 적용한 높이 체크
- 건폐율/용적률 고려하지 않음
- 기존건물 : 1층에 조적조 (수직증축불가)
- 기존 : 조적조
- 증축 : 철근콘크리트조
- 증축후 지하1층, 지상2층

④ 경사지형
- 경사지형을 이용한 건물의 단면계획 (성·절토 최소화 및 레벨 고려)

⑤ 기존건물에 대한 조건
- 기존건물은 조적조의 박공지붕형태의 높은 층고이므로 대형공간으로 활용 가능

⑥ 기존건물 벽체를 활용
- 기존건물의 조적벽체를 훼손없이 개방적 로비에서의 조형적 요소로 활용 (로비와 가급적 많이 접할 수 있도록 계획)

---

2. 건축개요
- 지역/지구 제시
- 대지면적과 도로현황을 제시
- 건폐율, 용적률, 규모, 구조를 구체적으로 제시
- 층고 및 기타 설비조건 등을 제시

3. 설계조건
- 이격거리 등이 주어짐
- 출제자가 일반적인 조건이 아닌 본 시설에서 특별히 요구하는 조건으로 이는 채점의 기준으로 해석해도 좋다.

제목 : 패션산업의 소상공인을 위한 지원센타 설계

1. 과제개요

○○지역에서는 소상공인 패션쇼 및 임대사무실 등으로 활용할 수 있도록 지원센터를 설계하고자 한다. 다음 조건을 고려하여 보존가치가 있는 기존공장의 용도변경 및 리노베이션을 ② 포함한 증축설계 1층평면도와 2층평면도를 작성하시오. (지하층 제외)

2. 건축개요

(1) 용도지역 : 제3종 일반주거지역, 지구단위계획
(2) 주변현황 : <대지현황도> 참조
(3) 대지면적 : 1,313m²
(4) 건폐율과 용적률은 고려하지 않음
(5) 규　　모 : 지하1층, 지상 2층
(6) 기존공장 : 1층, 처마높이 5m
(7) 증축 건물 층고 : 1층, 2층-각4m
(8) 구　　조 : 기존 공장-조적조　　증축-철근콘크리트조
(9) 용　　도 : 문화 및 집회시설

3. 설계조건

(1) 대지의 지형을 최대한 활용한다.
(2) 기존 공장의 형태를 보존하고, 공간의 특성 ⑤ 을 활용하여 계획한다.
(3) 증축 부분과 접하는 ⑥ 기존 공장의 적벽돌 벽체를 로비의 조형요소로 활용한다.
(4) 1층 로비와 야외 전시공간은 연계하여 계 ⑦ 획 한다.
(5) 2층 카페는 남측전경과 1층 로비를 동시에 볼 ⑧ 수 있도록 한다.
(6) 남쪽으로는 외부 조망 및 자연광 유입이 최대 ⑨ 한 가능하도록 한다.
(7) 장애인 및 노약자를 고려하여 계획한다. ⑩
(8) 옥외에 주차1대를 설치한다. (장애인용 주차 구획은 지하에 있으며 지하주차장은 계획 ⑪ 하지 않음)
(9) 건축물의 외벽선과 건축선 및 인접대지경계까 지의 이격거리는 3m 이상으로 한다. ⑫

---

4. 실별소요면적 등 요구조건

구분	주요실명	면적(m²)	비 고
지하층	주차장, 기계실,전기실 등	-	· 지하층은 계획하지 않음
	런웨이(run way) 및 관람공간	160	· 런웨이 :　길이 15mx폭2.4mX높이0.7m
	런웨이 준비실	80	· 바닥레벨은 런웨이와 동일 ⑬
	기념품점 및 홍보실	50	
	소형 사무실	80	· 4개소의 합계
	화장실	30	· 남 : 대·소변기 각1개 · 여 : 양변기 2개 · 장애인용 화장실(여) :1개
	기타공용공간	210	· 로비(전시 및 리셉션 겸용) · 계단,복도,장애인겸용 엘리베이터 등
	소 계	610	
2층	카페(cafe)	60	· 카페주방포함
	중형 사무실	80	· 3개소의 합계
	시청각실	40	
	소회의실	15	
	행정사무실	15	
	화장실	30	· 남 : 소변기 2개 · 여 : 양변기 2개 · 장애인용 화장실(남) :1개
	기타 공용공간	120	· 계단,복도,장애인겸용 엘리베이터 등
	소계	360	
	합 계	970	
	야외 전시공간	40	
	하역공간	-	

주 (1) 각 실별 소요면적은 각각 5%내에서 증감이 가능
　　(2) 런웨이(run way) : 패션쇼에서 모델들이 걷는 길게 돌출된 무대

5. 도면작성요령

(1) 1층평면도(배치계획포함) 및 2층 평면도를 작성
(2) 옥외주차 구역 및 지하주차장 출입구 표기
(3) 장애인 등의 편의시설 중 접근로, 주출입구, 승강기, 화장실에 관하여 표기(그 외에는 표기하지 않음) ⑭
(4) 실명, 치수, 출입문(회전방향 포함) 및 각 실의 바닥마감 레벨 표기
(5) 단위 : mm
(6) 축척 : 1/200

---

⑦ 외부공간계획
- 야외공연장은 로비와 연계하여 이용 (로비에 인접한 위치)

⑧ 카페위치
- 2층의 카페는 남측에 배치하고 동시에 로비로의 시각적 연계를 고려 (로비 상부OPEN계획)

⑨ 조망 및 채광조건
- 남쪽으로는 조망 및 자연광 유입을 위해 개방적공간을 배치하고 커튼월구조로 계획

⑩ 장애인 및 노약자 고려
- 진입시 경사로계획, 장애인용승강기, 장애인화장실 등을 설치

⑪ 주차계획
- 지상주차1대 → 출입구 부근
- 지하주차장은 고려하지 않지만 차량경사로는 계획

⑫ 이격거리
- 건축물은 건축선 및 인접대지경계선에서 3m 이상 이격

⑬ 런웨이 바닥레벨
- 런웨이 높이(0.7m)와 준비실 바닥레벨을 같게 계획 → 준비실위치 결정

⑭ 장애인 시설표기
- 장애인시설은 장애인 시설표기

---

4. 도면작성요령
- 요구도면을 제시
- 실명, 치수, 출입구, 기둥 등을 반드시 표기해야 한다.
- 출제자가 도면표현상에서 특별히 요구하는 요소를 제시
- 단위 및 축척을 제시

5. 유의사항
- 도면작성 도구
- 현행법령안에서 계획할 것

6. 실별면적표

- 계획시설의 각실별 면 적과 용도가 제시

- 1,2층의 층별조닝이 되 었은 경우과 주어지지 않는 경우가 있다

- 각 실의 기능과 사용성 을 고려해 그룹별로 그 룹핑을 통해 각 용도별 로 영역을 나누어야 한 다.

- 최근의 경향은 설계조 건은 비교적 자세하고 다양하게 요구하고 있 지만 실별요구사항은 많지 않아지고 있음에 유의한다.

- 각실은 건축계획적 측 면에서 합리적이고 보 편적인 계획되도록 해 야 한다.

⑮ 치수기입
- 조건에 주어진 주요치수는 반드시 기입

과목: 건축설계1　　제1과제 (평면설계)　　배점: 100/100점

6. 유의사항

(1) 답안작성은 반드시 흑색연필로 한다.

(2) 도면작성은 과제개요, 설계조건, 도면작성 요 령 및 고려사항, 기타 현황도 등에 주어진 치 수를 기준으⑮로 한다.

(3) 명시하지 않은 사항은 현행 관계법령의 범위 안에서 임의로 한다.

(4) 치수 표기 시 답안지에 여백이 없을 때에는 융통성있게 표기한다.

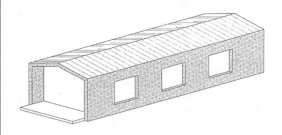

기존 공장 등각도(ISOMETRIC)⑯

⑯ 현황도 분석
- 등각도 확인
→ 기존건물활용 및 증축시 현황을 고려

<대지 현황도> 축척없음

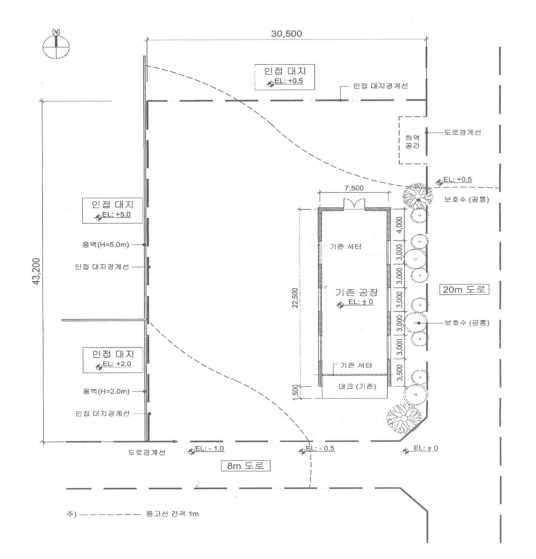

주) ─ ─ ─ ─ 등고선 간격 1m

1 대지분석

① 현황도 분석
- 대지 북측에서 남측으로 경사진 대지조건
- 완만한 경사
- 기존조적건물을 활용
- 20m도로와 8m도로에 접함
- 대지내 보존수록이 존재
→ 20m도로 도로변수목을 고려한다면 주출입은 적절치 않음

② 각종동선 파악
- 20m도로 도로변수목을 고려한다면 주출입은 적절치 않음
- 8m도로에서 주출입 및 차량동선을 고려
- 하역공간을 고려한 하역출입을 고려

2 토지이용계획

① 토지이용계획
- 각종동선 확인
- 기존건물 보존 및 활용
- 건축선 및 인접대지경계선에서 3m 이격
- 개방적인 로비계획 및 로비와 연계된 야외전시공간계획

② 건물형태
- 증축건물과 각종동선을 고려할 때 장방형의 mass를 건물을 예측

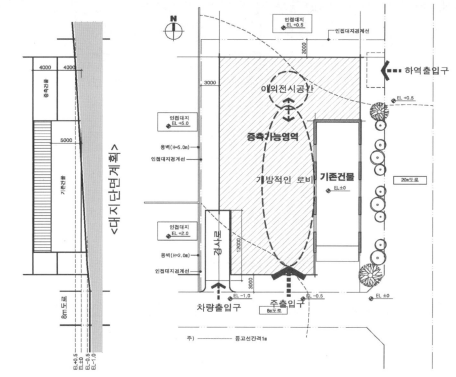

3 주요설계조건분석

① 기존건물 활용
- 기존건물의 높은층고와 지붕형태를 고려하여 런웨이 및 관람공간으로 계획
- 기존건물 벽체를 훼손없이 로비에서 조형적 요소로 활용

② 2층 카페계획
- 카페는 남향을 적극 고려하고 1층 로비와의 공간적 연계 (슬래브OPEN)

③ 런웨이 및 준비실계획
- 런웨이 및 관람공간계획 및 런웨이 높이 0.7m를 고려한 준비실과의 연계계획

④ 남측공간계획
- 남쪽으로는 외부조망 및 자연광 유입을 최대한 고려

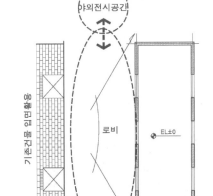

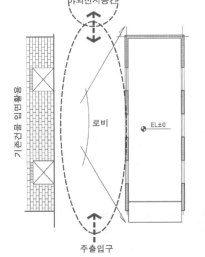

기존건물벽체를 조형요소로 활용

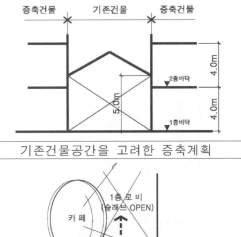

카페는 남향계획/로비와 공간적연계

기존건물형태를 고려한 런웨이 및 관람공간계획과 런웨이 계획

4 층별 기능도

① 기능도 작성
- 실의 요구조건을 분석해 서로의 연관관계를 고려한 계획을 한다.
- 1층: 로비를 중심으로 한 각 실계획
→ 기존건물을 활용한 런웨이 및 관람공간계획
→ 로비와 연계된 야외전시공간
→ 소형사무실은 한곳에 조닝

- 2층: 로비로의 개방을 고려한 슬래브 OPEN계획
→ 카페는 남향 및 로비와 공간연계가능한 위치고려
→ 중형사무실 조닝계획
→ 각실로 이동을 위한 복도계획

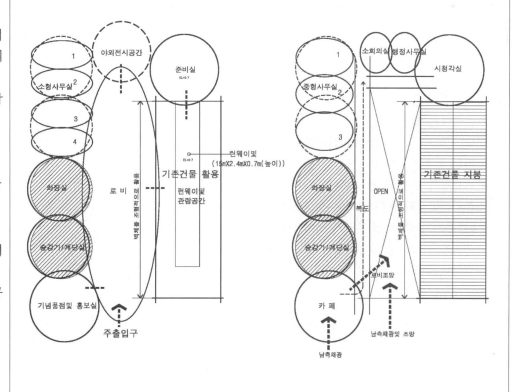

1층 기능도 작성   2층 기능도 작성

| 5 | 면적 분석 및 면적 조정 | 6 | 블럭다이어그램 |

5 면적 분석 및 면적 조정

① 면적분석
- 1층 주요실은 40m²
- 복도를 포함하여 50m²의 단위면적을 고려
- 기존 건물 160m²
- 2층 주요실은 40m²
- 복도를 포함하여 50m²의 단위면적을 고려
- 카페는 위치를 고려해 외벽을 돌출하여 유연하게 계획 (80m²)

② 1층 : 610m²
2층 : 360m²+open+기존건물 (OPEN은 90m² 내외)

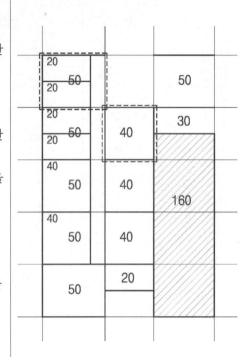

1층 평면도   2층 평면도

6 블럭다이어그램

① 기능도와 면적조정을 통해 각실의 형태를 구체적으로 잡아본다.
② 40m²단위모듈→복도를 포함한 모듈 50m²(6.3m×7.8m)
③ 로비부분은 40m²고려
④ 카페는 외벽돌출

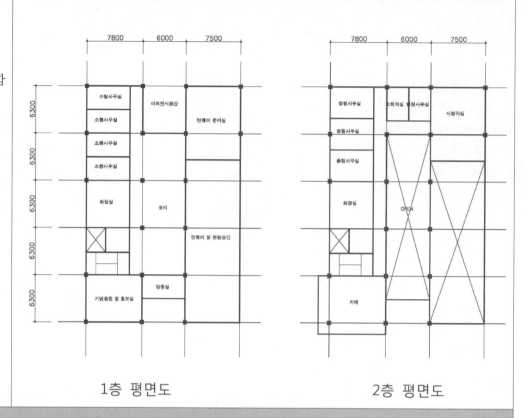

1층 평면도   2층 평면도

| 7 | 답안리뷰 및 체크포인트 |

7 답안리뷰 및 체크포인트

① 접근동선
- 20m도로변 수목을 고려하여 8m도로에서 주출입 계획
- 차량동선은 8m도로에서 진출입
- 20m도로에서 하역동선

② 주요시설 검토
- 기존공장을 활용한 런웨이 및 관람공간계획
- 런웨이 높이를 고려한 준비실계획(하역공간과 연계를 고려)
- 로비와 인접한 야외전시공간계획
- 기념품점은 주출입 및 로비에서 인접한 위치
- 기존건물벽체와 최대 접하는 개방적로비계획
- 2층카페는 남향 및 로비로의 시각적연계를 고려
- 기존건물은 박공형 단층건물이므로 수직증축은 불가
- 개방감있는 로비를 위한 2층 슬래브open
- 중형사무실은 ZONE을 구획하여 계획

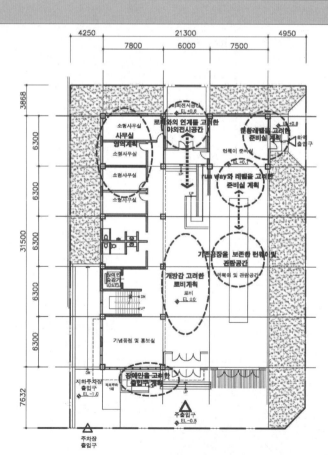

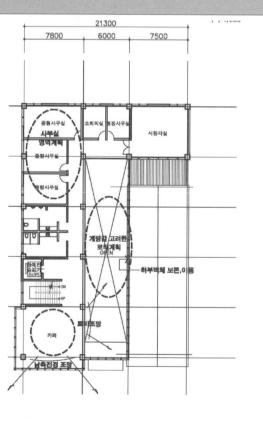

모범답안

1층 평면도
축척:1/200

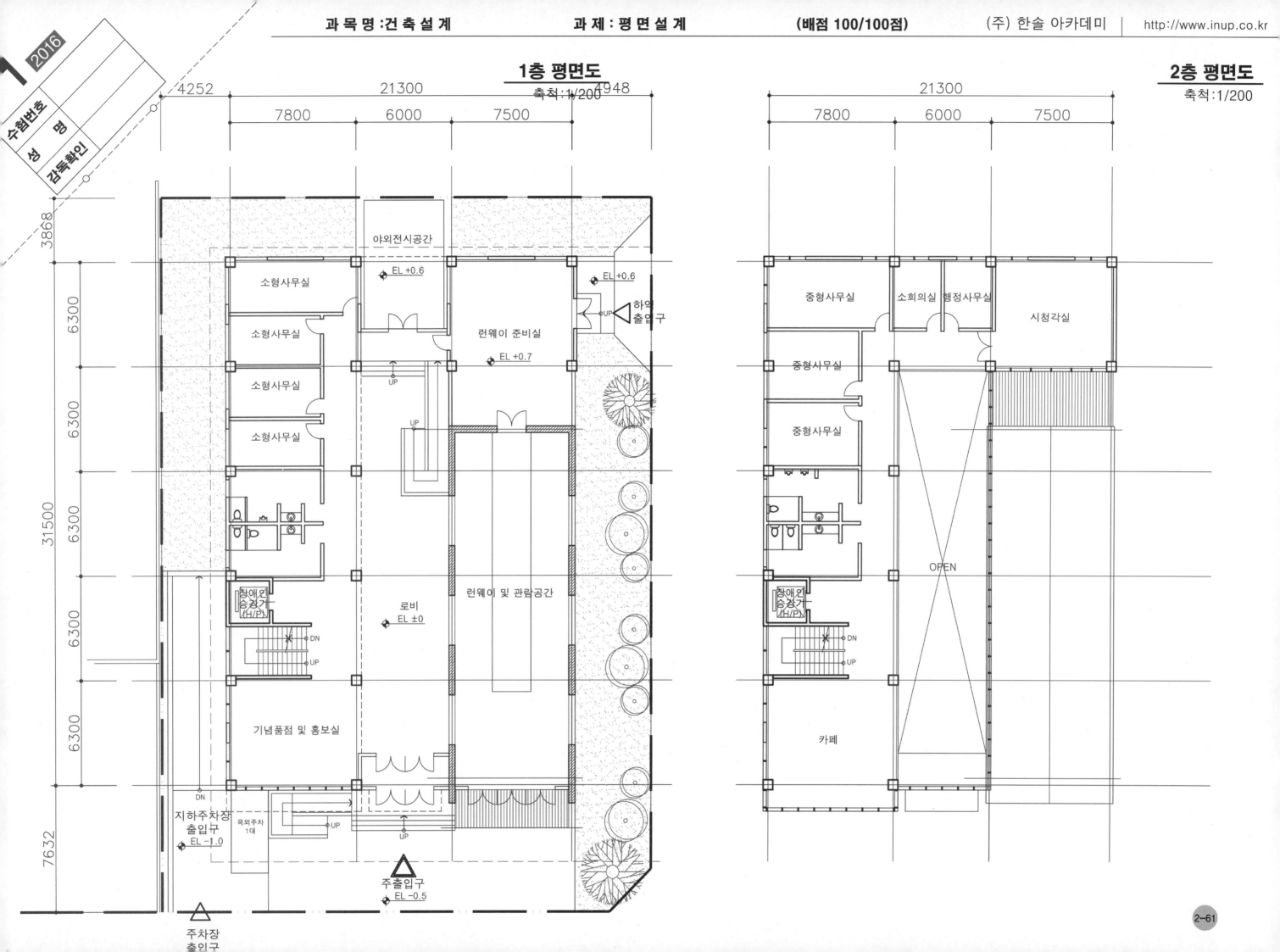

4252   21300   4948
7800   6000   7500

3868

31500
6300
6300
6300
6300
6300
6300
7632

야외전시공간

소형사무실
EL +0.6

소형사무실   런웨이 준비실
EL +0.7

소형사무실   UP

소형사무실   UP

UP

EL +0.6
UP 하역
출입구

장애인
승강기
(H/P)

로비
EL ±0

런웨이 및 관람공간

DN
UP

기념품점 및 홍보실

DN
지하주차장
출입구
EL -1.0

옥외주차
1대   UP
UP

주출입구
EL -0.5

주차장
출입구

2층 평면도
축척:1/200

21300
7800   6000   7500

중형사무실   소회의실 행정사무실   시청각실

중형사무실

중형사무실

장애인
승강기
(H/P)   DN
UP   OPEN

카페

2-61

| 구 성 | FACTOR | 지 문 본 문 | FACTOR | 구 성 |

2017년도 건축사자격시험 문제

과목: 건축설계1　　제1과제 (평면설계)　　① 배점: 100/100점

① 배점 확인
- 평면은 100점의 단일과제로 구성
- 계획 및 작도에 3시간이라는 점은 중요하다.

1. 제목
- 건축물의 용도를 제시
- 용도를 통해 일반적인 시설의 특징을 고려한다.

제목 : 도서관이있는 건강증진센타

1. 과제개요

중소도시 주민들의 체력증진을 위해 도서관 기능이 있는 건강증진센타를 근린공원에 인접한 대지에 신축하고자 한다. 아래 사항을 고려하여 1층 및 2층 평면도를 작성하시오.

2. 건축개요 ③

(1) 용도지역 : 준주거지역
(2) 대지면적 : 1,312㎡
(3) 주변현황 : <대지현황도> 참조
(4) 건 폐 율 : 70%이하
(5) 용 적 률 : 200%이하
(6) 규　모 : 지하1층, 지상 2층
(7) 구　조 : 철근콘크리트조
(8) 층　고 : 지하1층 3.3m, 1층 4.2m, 2층 5m
(9) 주 차 장 : 지하주차장9대(지상층 주차 없음)
　　　　　　　(경사차로 너비 3.5m 이상)
(10) 승용승강기(장애인 겸용) : 15인승 1대
　　　　　　　(승강로 내부치수 2.5m×2.5m)

3. 설계조건

(1) 건축물은 대지의 지형을 최대한 활용하고, 북측 인접대지경계선으로부터 1.5m이상 이격한다. ④
(2) 대지 내 수공간을 존치하여 중정을 계획한다. ⑤
(3) 주출입구는 장애인 등의 이용 편의를 고려하여 10m도로에 면하도록 한다. ⑥
(4) 북카페는 보행자 도로에 면하되, 독립적으로 운영이 가능하도록 배치한다. ⑦
(5) 상담실,의무실,물리치료실은 연계하여 배치하되, 물리치료실은 근린공원을 조망할 수 있는 위치에 배치한다. ⑧ ⑨
(6) 정기간행물실은 로비에 면하여 개방형으로 계획한다. ⑩
(7) 공용데크는 근린공원을 조망할수 있도록 계획한다. ⑪
(8) 요가실과 개가식 열람실은 공용데크에 접한다. ⑪

---

① 배점 확인
- 평면은 100점의 단일과제로 구성
- 계획 및 작도에 3시간이라는 점은 중요하다.

② 계획건물의 성격
- 주용도는 건강증진센타이며 추가적으로 도서관 기능이 있는 과제 즉, 서로 다른 2개의 기능을 고려한 계획이 되도록 함.

③ 건축개요
- 준주거지역이므로 정북일조 적용은 고려하지 않음
- 건폐율/용적률 고려
- 지하1층, 지상2층
- 지하주차장 고려
지하주차9대를 제시하였으므로 지하주차공간을 고려하여 1층을 계획(경사로길이, 주차 크기는 별도의 조건이 없으므로 2.3m×5m로 적용)

④ 경사지형
- 경사지형을 이용한 건물의 단면계획 (성절토 최소화 및 주출입과 차량출입구 고려)

⑤ 이격조건
- 별도의 이격조건을 제시하지 않았지만 북측인접대지에서의 이격거리를 제시 (1.5m)

⑥ 중정계획
- 기존 대지내 수공간을 존치하고 수공간을 포함하여 중정을계획
- 근린공원과 연계를 고려

2. 건축개요
- 지역/지구 제시
- 대지면적과 도로현황을 제시
- 건폐율, 용적률, 규모, 구조를 구체적으로 제시
- 층고 및 기타 설비조건 등을 제시

3. 설계조건
- 이격거리 등이 주어짐
- 출제자가 일반적인 조건이 아닌 본 시설에서 특별히 요구하는 조건으로 이는 채점의 기준으로 해석해도 좋다.

---

4. 실별소요면적 등 요구조건

구분	주요실명		면적(㎡)	요구조건
1층	건강증진센터	상담실 1	100	·건강상담 및 안내
		의무실 1		·검진 및 치료
		물리치료실 1		
		시청각실 1	90	·건강교육 및 보건 홍보
	도서관	북카페 1	50	·중정에 면함
		정기간행물실	130	·사무실 포함
		공용면적	180	·로비, 복도, 계단실, 화장실, 승강기
	소　계		550	
2층	건강증진센터	다목적체력단련장 1	210	
		샤워·탈의실 1	90	
		요가실 1	60	
	도서관	개가식열람실	140	·야외독서공간 고려⑫
		공용데크		·근린공원에 면함
		공용면적	140	·로비, 복도, 계단실, 화장실, 승강기
	소　계		640	

주 (1) 실별 소요면적은 각각 5%내에서 증감 가능
　(2) 필로티 및 공용데크는 바닥면적에서 제외
　(3) 각층 화장실 : 남자-대,소변기 각2개 ⑬
　　　　　　　　 여자-대변기4개
　　　　　　　　 장애인-남,녀 각1개

5. 도면작성요령

(1) 1층 평면도에 조경·경사차로 등의 옥외 배치시설관련 주요내용을 표현한다. ⑭
(2) 주요치수, 출입문(회전방향 포함),각 실명 및 실면적 등을 표기한다.
(3) 벽과 개구부는 구분하여 표기한다.
(4) 바닥마감레벨 및 층별 면적을 표기한다. ⑮
(5) 단위 : mm
(6) 축척 : 1/200

6. 유의사항

(1) 답안작성은 반드시 흑색연필로 한다.
(2) 명시하지 않은 사항은 현행 관계법령의 범위 안에서 임의로 한다.
(3) 치수표기 시 답안지의 여백이 없을 때에는 융통성 있게 표현한다.

---

⑦ 주출입구
- 보행자 주출입구는 장애인 출입경사로를 고려하여 가급적 높은 레벨(EL+0) 부근에 계획

⑧ 북카페위치
- 북카페 보행자 도로에서 접근
- 별도의 출입동선 고려(별도운영)

⑨ 물리치료실 위치
- 상담실,의무실과 인접배치
- 공원조망위치(자연스럽게 중정에 면할 수있음)

⑩ 정기간행물실 위치
- 로비에 면한 개방형
- 주출입구 인근에 배치

⑪ 공용데크
- 2층에 설치 → 공원조망
- 요가실과 개가열람실에 접한 위치
→ 2개의 기능영역의 매개공간 역할

⑫ 야외독서공간
- 개가열람실과 연계된 야외 독서공간
→ 면적은 주어지지 않음

⑬ 화장실 상세계획
- 대·소변기 개수 주어짐

⑭ 도면작성요령
- 1층 평면도에는 평면표현 외에 배치관련내용을 반드시 표현

⑮ 도면작성요령
- 층별 바닥레벨을 반드시 표기하며 층별면적을 표기

4. 도면작성요령
- 요구도면을 제시
- 실명, 치수, 출입구, 기둥 등을 반드시 표기해야 한다.
- 출제자가 도면표현상에서 특별히 요구하는 요소를 제시
- 단위 및 축척을 제시

5. 유의사항
- 도면작성 도구
- 현행범령안에서 계획할 것

6. 실별면적표

- 계획시설의 각실별 면적과 용도가 제시

- 1, 2층의 층별조닝이 되었는 경우와 주어지지 않는 경우가 있다

- 각 실의 기능과 사용성을 고려해 그룹별로 그룹핑을 통해 각 용도별로 영역을 나누어야 한다.

- 최근의 경향은 설계조건은 비교적 자세하고 다양하게 요구하고 있지만 실별 요구사항은 많지 않아지고 있음에 유의한다.

- 각실은 건축계획적 측면에서 합리적이고 보편적인 계획되도록 해야 한다.

과목: 건축설계1　　제1과제 (평면설계)　　배점: 100/100점

<대지 현황도> 축척없음 ⑯

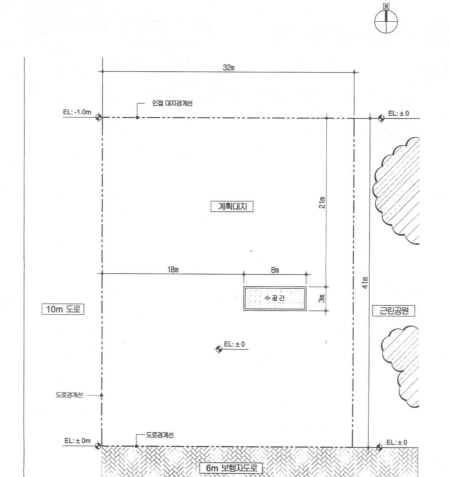

---

⑯ 현황도 분석

- 10m 전면도로 / 남측에 6m 보행자 도로

- 10m전면도로는 북쪽으로 경사진 도로임

- 대지동측에 근린공원 인접

- 대지 내부에 수공간

1	대지분석	2	토지이용계획

1 — 대지분석

① 현황도 분석
- 10m전면도로는 남쪽에서 북쪽으로 경사진 도로
- 계획대지는 EL+0 임
- 남측에 6m보행자 도로
- 동측에 근린공원인접
  → 조망또는 연계 고려
- 계획대지 내 수공간 존재
  → 보존하여 중정 포함 계획

② 각종동선 파악
- 보행동선
  → 10m도로에서 진입
  → 6m보행자도로에서 부출입 및 북카페로의 출입을 고려
- 차량동선
  → 대지북측의 낮은 도로면에서 출입을 고려(지하주차장 층고를 고려할 때 경사로 짧아짐)

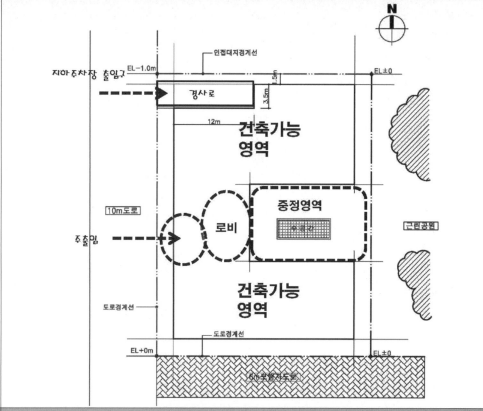

2 — 토지이용계획

① 토지이용계획
- 각종 동선확인
- 북측인접대지경계선에서 이격거리 1.5m 확인
- 기존 수공간을 포함한 중정 계획(면적임의지만 최대 확보)
- +0부근에서 주출입 고려
- 낮은 도로면에서 차량진출입 고려(경사로 계획)

② 건물형태
- 수공간을 포함한 중정이 계획되므로 중정을 중심으로 2개의 가능영역이 계획됨

3	주요설계조건분석	4	층별 기능도

3 — 주요설계조건분석

① 중정/북카페 계획
- 수공간을 포함한 중정계획
- 중정에 면하고 6m보행자도로에서 별도출입 가능한 북카페

② 물리치료실 계획
- 상담실과 의무실과 인접한 위치로 계획
- 근린공원조망

③ 정기간행물실 계획
- 로비에 면한 개방형 공간으로 계획

④ 공용데크 계획
- 2층에 개가열람실과 요가실에서 직접 이용 가능한 위치계획
  → 근린공원조망

⑤ 출입구 계획
- 경사도로에 면한 출입구
- 높은 레벨은 보행자 출입구 / 낮은 레벨은 지하주차장 출입구 계획

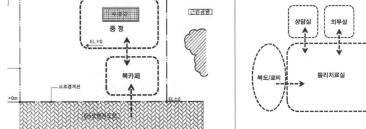

중정/북카페계획

물리치료실 계획

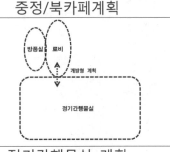

정기간행물실 계획

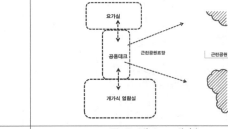

공용데크 계획

도로레벨을 고려한 출입동선계획

4 — 층별 기능도

① 기능도 작성
- 실의 요구조건을 분석해 서로의 연관관계를 고려한 계획을 한다.
- 1층 : 중정과 로비(공용부)를 중심으로 한 조닝계획
  → 물리치료실 / 시청각실을 포함한 건강증진센타 영역
  → 로비와 연계된 중정계획
  → 정기간행물실 / 북카페를 고려한 도서관 영역
- 2층 : 로비와 공용데크를 중심으로 한 조닝계획
  → 다목적 체력단련장 계획 (샤워실, 요가실 포함)
  → 개가열람실(야외독서공간 포함) 계획
  → 공용데크는 매개공간

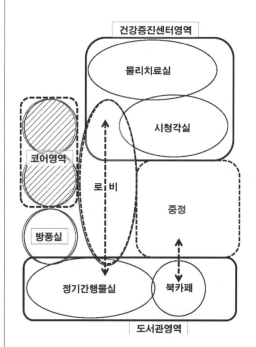

1층 기능도 작성

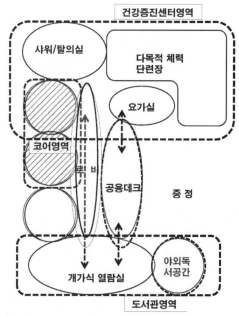

2층 기능도작성

| 5 | 면적 분석 및 면적 조정 | 6 | 블럭다이어그램 |

① 면적분석
 - 1주요실은 50㎡기준
 - 50㎡의 단위면적을 고려
 - 50㎡를 기준으로 그리드를 작성하여 면적증감하여 실면적을 조정

② 1층 : 550㎡
 2층 : 640㎡+야외독서공간+
 공용데크면적을 포함하면 1층에 상당한 면적의 필로티 공간을 예상할 수 있음

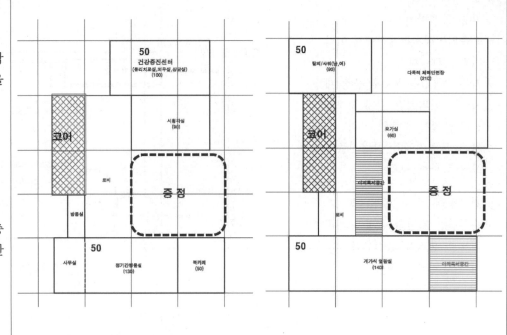

1층 평면도   2층 평면도

① 기능도와 면적조정을 통해 각 실의 형태를 구체적으로 잡아본다.

② 50㎡ 단위모듈
 → 지하주차장을 고려한 모듈
 50㎡(6.6m×7.5m)

③ 코어(계단실, 승강기, 화장실)은 면적을 고려하여 벽을 set back 시킴.

④ 2층 공용데크와 야외독서공간은 구조모듈을 고려하여 적정면적을 계획

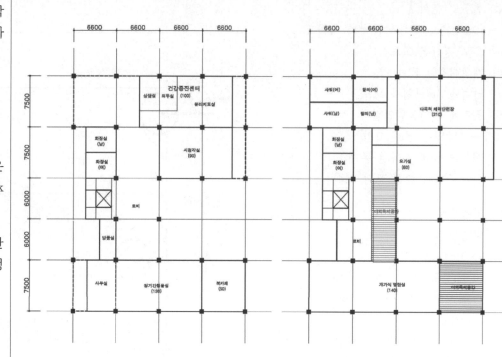

1층 평면도   2층 평면도

| 7 | 답안리뷰 및 체크포인트 |

① 접근동선
 - 10m도로변에서 대지와 접하는 레벨을 고려한 출입동선계획
 - 보행자 특히 장애인 경사로는 EL+0 부분에서 고려
 - 차량동선은 EL-1부분에서 고려
 - 6m보행자전용도로에서 카페로의 별도출입고려

② 주요시설 검토
 - 대지 동측의 근린공원으로의 조망 및 연계고려
 - 대지 내 수공간을 포함한 중정계획(공원조망)
 - 로비 및 코어를 중심으로 한 건강증진센타와 도서관으로 기능을 고려한 조닝계획
 - ㄷ자형 중정형 mass로 계획
 - 물리치료실과 상담실/의무실은 하나의 공간으로 계획
 - 북카페는 별도출입을 고려하며 중정에 인접
 - 2층 체력단련실과 요가실, 샤워실은 하나의 공간으로 계획됨
 - 2층 공용데크는 두 영역(건강증신센타와 도서관)을 연결하는 공간으로 중정과 근린공원으로의 조망을 고려한 배치고려

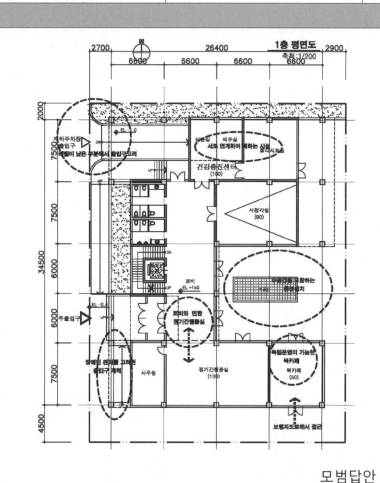
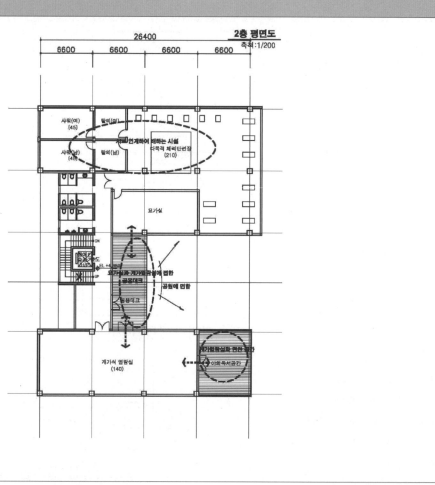

모범답안

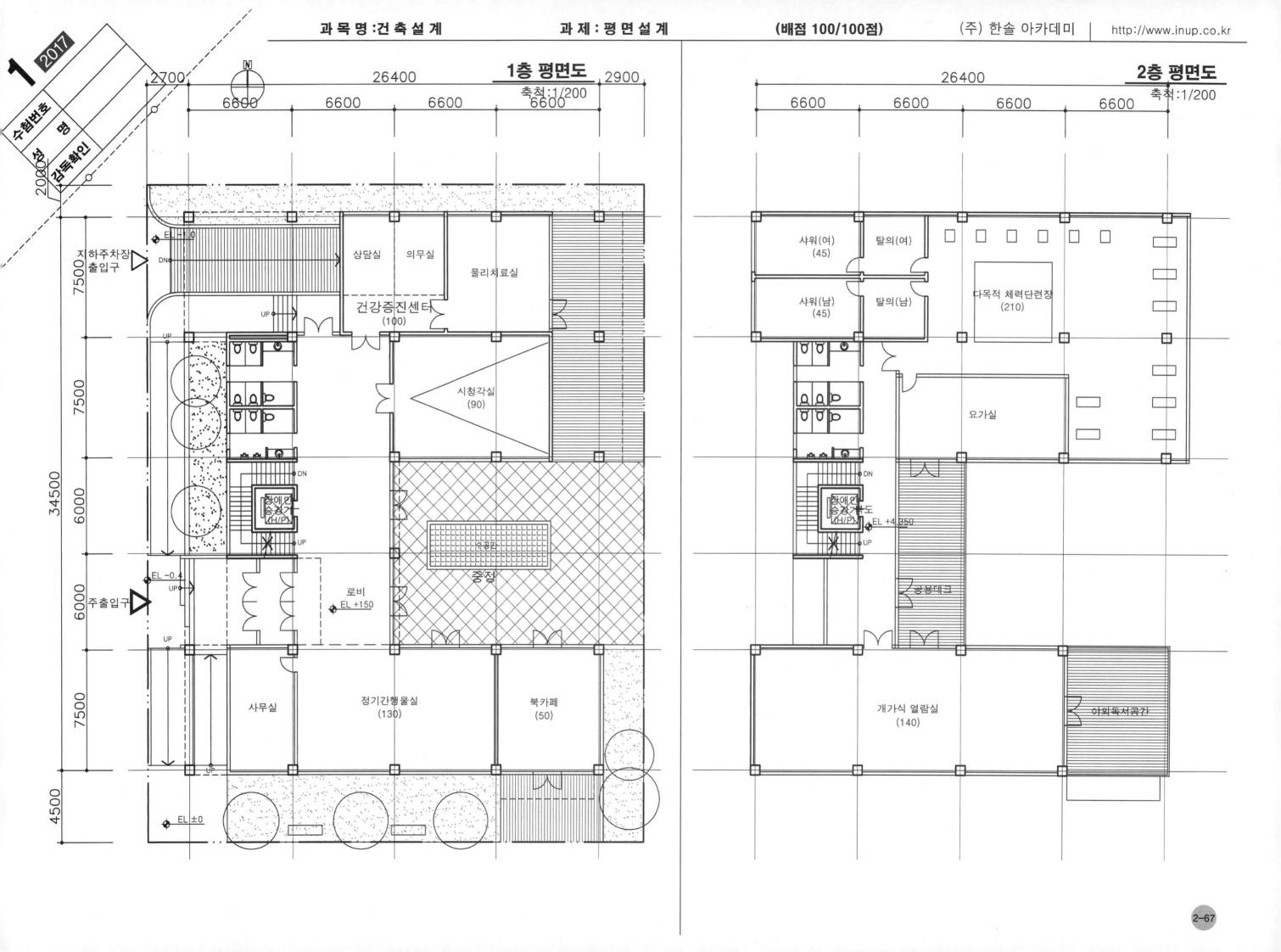

1층 평면도
축척:1/200

2층 평면도
축척:1/200

1층 주요 실:
- 상담실
- 의무실
- 물리치료실
- 건강증진센터 (100)
- 시청각실 (90)
- 중정
- 로비 EL +150
- 사무실
- 정기간행물실 (130)
- 북카페 (50)
- 장애인 승강기 (H/P)

2층 주요 실:
- 샤워(여) (45)
- 탈의(여)
- 샤워(남) (45)
- 탈의(남)
- 다목적 체력단련장 (210)
- 요가실
- 공용데크
- 개가식 열람실 (140)
- 야외독서공간
- 장애인 승강기 (H/P)

치수: 2700, 26400, 2900 / 6600 6600 6600 6600 / 7500, 7500, 6000, 6000, 7500, 4500, 34500

지하주차장 출입구 / 주출입구 / EL -0.4 / EL ±0

2018년도 건축사자격시험 문제

과목 : 건축설계1   제1과제 (평면설계)   ① 배점 : 100/100점

제목 : 청년임대주택과 지역주민공동시설

1. 과제개요

도시가로주거지역 활성화를 위하여 원룸형 청년임대주택과 지역주민공동시설이 복합된 건축물을 신축하고자 한다. 아래 사항들을 고려하여 지상1층과 2층평면도를 작성하시오.

2. 건축개요 ③

(1) 용도지역 : 제2종 일반주거지역
(2) 계획대지 : <대지 현황도> 참조
(3) 대지면적 : 1,536㎡
(4) 규모 : 지하1층, 지상2층
(5) 구조 : 철근콘크리트조
(6) 건폐율 : 60% 이하
(7) 용적률 : 200% 이하
(8) 층고 : 지하층 3.6m, 지상1층 4.5m, 지상2층 3.6m
(9) 조경면적 : 대지면적의 10%이상
(10) 승강기 : 1대(승강로 내부 치수는 2.8m×2.8m)
(11) 주차 : 지역주민용 장애인 옥외주차 1대를 제외한 모든 주차는 지하주차장으로 함

3. 설계조건

(1) 대지경계선으로부터 2m 이상 이격하여 건축물을 배치한다. ④
(2) 다양한 행사를 위한 나눔마당을 10m생활가로와 동측 공원에 연계하여 계획한다. ⑤
(3) 주민간 소통과 휴식을 위한 두레마당을 나눔마당과 연결하여 계획한다. ⑥
(4) 북카페는 가로활성화를 위하여 10m생활가로변에 계획한다. ⑦
(5) 작은도서실은 동측 공원과 두레마당을 연계하여 계획한다. ⑦
(6) 주민사랑방은 1층에서는 다른시설과 분리 배치하고, 나눔마당과 두레마당에 접하게 계획한다. ⑧
(7) 공방은 서측6m도로변에 계획한다. ⑨
(8) 원룸의 주 조망 방향은 10m도로와 6m도로에 면하도록 한다. ⑩
(9) 대지주변 주거지역의 도시적 맥락을 고려하여 원룸의 단위세대 조합은 10m도로에서 8세대조합 이내, 6m도로에서 6세대 조합 이내로 계획한다. ⑩
(10) 공동거실은 동측공원을 향하여 배치하고, 30㎡ 이상의 발코니를 계획한다. ⑪

(11) 서측6m도로에서 공원을 연결하는 보행로를 계획하고,10m생활가로에서 25m이상 이격한다. ⑫
(12) 청년임대주택의 1층 출입구는 두레마당을 거쳐 접근하도록 하고, 지역주민공동시설 출입구와는 분리한다. ⑬
(13) 두레마당과 지상2층의 청년임대주택을 연결하는 외부피난용 계단을 설치한다. ⑭
(14) 지하층은 계획하지 않는다.
    단, 지하주차장 진출입구는 서측6m 도로에 계획하고 위치를 1층 평면도에 표기하며, 주차램프 너비는 3.5m 이상으로 한다. ⑮
(15) 지역주민을 위한 옥외 장애인용 주차장1면을 계획한다.
(16) 대지 서측에 위치한 보호수목은 보존한다. ⑯

4. 실별소요면적 등 요구조건

(1) 각 실의 면적과 연면적은 5%이내에서 증감이 가능하다.
(2) 원룸의 면적 : 제시된 면적은 세대별 화장실 면적을 포함한 전용면적으로 실외기실, 설비 및 발코니면적 등은 고려하지 않는다.

구분	실명	면적(㎡)	용 도
지상1층 (지역주민 공동시설)	북카페	155	주방포함
	작은도서실	135	
	공방	95	창작 및 판매공간
	주민사랑방	50	다목적 주민이용공간
	화장실	40	남녀장애인화장실 포함
	공용공간	40	지역주민공동시설: 로비 등
		50	청년임대주택 : 승강기홀, 계단실 등
	소계	565	
지상2층 (청년 임대주택)	원룸	480	20세대×약24㎡ ⑰
	공동거실	115	주방포함, 발코니 면적제외
	다목적실	25	취미,작업 및 업무공간
	회의실	25	
	세탁실	15	
	공용공간	180	복도, 계단실, 엘리베이터홀 등
	소계	840	
합계		1,405	
외부공간	나눔마당	200㎡ 이상	
	두레마당	120㎡ 이상	

FACTOR (좌측)

1. 제목
① 배점 확인
- 평면은 100점의 단일과제로 구성
- 계획 및 작도에 3시간이라는 점은 중요하다.

② 계획건물의 성격
- 복합용도의 건축물로 2층 임대주택과 지역주민공동시설로 성격이 다른 이용성과 각각의 특징을 고려한 계획이 되도록 한다.

③ 건축개요
- 일반주거지역이므로 정북일조를 적용한 높이 체크
- 건폐율/용적률 고려
- 지하1층, 지상2층
- 지하주차장 고려 별도의 주차 대수를 제시하지는 않았고 지상에 장애인주차 1대를 제시함

④ 이격조건
- 대지경계선(건축선, 인접대지경계선)에서 건축물 2m 이상 이격거리 제시

⑤ 나눔마당
- 행사를 위한 용도로 10m생활가로와 동측공원에 연계를 고려한 동적인 마당의 성격을 고려한 위치선정이 필요

⑥ 두레마당
- 소통과 휴식을 위한 성격으로 나눔마당과 연결하여 사용함으로써 그 효과를 극대화 할 수 있다.

⑦ 북카페/작은도서실
- 북카페와 작은도서실의 위치를 제시하여줌

⑧ 주민사랑방
- 1층 주민사랑방은 별도위치고려 나눔마당과 두레마당과 인접

FACTOR (우측)

⑨ 공방
- 공방위치제시
- 서측6m도로에서 출입

⑩ 원룸
- 본 계획에서 가장 중요한 실로 조건에서 비교적 정확하게 위치와 조합조건을 제시함으로써 수험자는 반드시 이 조건을 고려하여 배치할 수 있어야 한다.

⑪ 공동거실
- 2층 원룸영역에서 공동으로 이용할 수 있는 위치를 고려하고 동측공원으로 조망을 고려

⑫ 보행로
- 서측6m도로와 동측공원을 연결하는 동선으로 10m생활가로에서 25m 이상 이격하여 배치되며 폭은 구체적으로 제시되지는 않음

⑬ 청년임대주택의 출입구
- 두레마당을 통해 접근
- 그 위치는 지역주민공동시설과는 분리하여 배치(서로 이격됨)

⑭ 외부피난용계단
- 주계단 외에 임대주택에서 두레마당으로 출입을 위한 별도계단을 설치

⑮ 지하주차장 출입구
- 지하주차장 진출입구는 현황도에 표현되어있으며 그 폭은 3.5m 이상으로 설치됨

⑯ 보호수목
- 대지 내 보호수목은 보존
- 계획적으로 활용할 수 있는 검토

⑰ 원룸 UNIT 계획
- 6m가로변에 각각 6호씩 조합
- 10m생활가로변에 8호 조합
- 총 20세대로 구성

구 성 (좌측)

1. 제목
- 건축물의 용도를 제시
- 용도를 통해 일반적인 시설의 특징을 고려한다.

2. 건축개요
- 지역/지구 제시
- 대지면적과 도로현황을 제시
- 건폐율, 용적률, 규모, 구조를 구체적으로 제시
- 층고 및 기타 설비조건 등을 제시

3. 설계조건
- 이격거리 등이 주어짐
- 출제자가 일반적인 조건이 아닌 본 시설에서 특별히 요구하는 조건으로 이는 채점의 기준으로 해석해도 좋다.

구 성 (우측)

4. 실별면적표
- 계획시설의 각실별 면적과 용도가 제시
- 1, 2층의 층별조닝이 되어있는 경우와 주어지지 않는 경우가 있다.
- 각 실의 기능과 사용성을 고려해 그룹별로 그룹핑을 통해 각 용도별로 영역을 나누어야 한다.
- 최근의 경향은 설계조건은 비교적 자세하고 다양하게 요구하고 있지만 실별 요구사항은 많지 않아지고 있음에 유의한다.
- 각실은 건축계획적 측면에서 합리적이고 보편적인 계획되도록 해야 한다.

과목: 건축설계1　　제1과제 (평면설계)　　배점: 100/100점

⑱ 배치관련표현
- 외부공간은 공간의 특성에 맞게 차별화하여 표현(바닥패턴 등을 표현)

⑲ 현황도 분석
- 대지 3면에 도로에 접하여 있음
- 동측공원은 본계획 시설과 연계를 고려함
- 10m생활가로는 동선이 빈번할 것으로 볼 수 있음
- 대지 내 수목은 보존
- 지하주차장 차량진출입구는 표시되어 있음

5. 도면작성요령

(1) 조경, 주차램프 등 외부공간과 관련된 배치 ⑱ 계획은 1층 평면도에 표현한다.
(2) 주요치수, 축선, 출입문, 실명 및 각 실의 면적 등을 표기한다.
(3) 벽과 개구부가 구분되도록 표기한다.
(4) 단위 : mm, ㎡
(5) 축척 : 1/200

6. 유의사항

(1) 답안작성은 반드시 흑색 연필로 한다.
(2) 명시되지 않은 사항은 현행 관계법령의 범위 안에서 임의로 한다.
(3) 치수 표기 시 답안지의 여백이 없을 때에는 융통성있게 표기한다.

<대지 현황도> 축척없음 ⑲

6. 유의사항

- 도면작성 도구
- 현행법령안에서 계획할 것

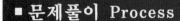

■ 문제풀이 Process

1 대지분석

① 현황도 분석
- 대지는 북측을 제외한 3면에 모두 도로에 접하여 있음
- 계획대지는 EL+0 임
- 각각의 도로에서 시설로의 출입을 고려함
- 동측에 공원인접
  → 조망 또는 연계 고려
- 주차장 진출입구 위치지정 되어 있음
- 남서측에 보호수목이 있음

② 각종동선 파악
- 보행동선
  → 각각의 도로에서 접근
  → 서측6m도로에서 동측공원 측으로 연결 가능한 보행로계획
- 차량동선
  → 장애인 주차1대를 제외한 주차는 지하에 설치(경사로계획)

2 토지이용계획

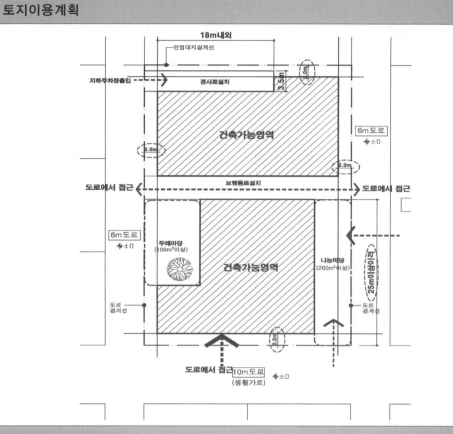

① 토지이용계획
- 각종 동선확인
- 10m생활가로에서 25m이격된 보행로설치
- 10m생활가로와 동측공원에서 연계된 나눔마당 설치
- 보행로를 통하여 나눔마당과 연결되는 두레마당설치
- 폭3.5m의 지하주차장 경사로 설치

② 건물형태
- 1층은 보행로의 배치에 의해 자연스럽게 분리배치 됨
- 2층은 3개의 도로변에 각각 분리하여 원룸(UNIT)을 조건에 맞추어 배치됨
  → 자연스럽게 중정형으로 배치됨

3 주요설계조건분석

① 북카페
- 10m생활가로변에서 출입

② 나눔마당
- 나눔마당은 10m생활가로와 동측공원과 연계
- 다양한 행사가 이루어짐

③ 주민사랑방
- 별도의 위치에 배치
- 두레마당/나눔마당과 연결하여 배치

④ 청년임대주택출입구
- 두레마당에서 출입
  → 지역주민공동시설출입구와는 분리하여 배치
- 2층출입을 위한 옥외계단설치

⑤ 원룸 배치계획
- 주조망은 10m도로와 6m에 면함
- 6m도로에 접하여 각각6호씩 조합되며 10m도로에 접하여 8호 조합으로 구성

① 북카페

② 나눔마당

③ 주민사랑방

④ 청년임대주택출입구

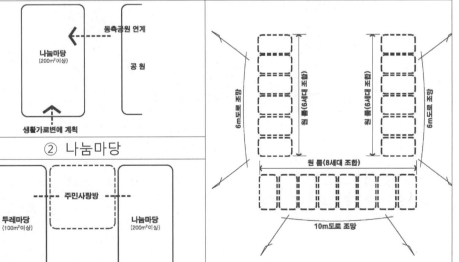

⑤ 원룸unit 조합

4 층별 기능도

① 기능도작성
- 실의 요구조건을 분석해 서로의 연관관계를 고려한 계획을 한다.
- 2층:
  · 6호조합은 동·서측 도로에 면하여 배치하고 8호조합은 10m도로에 면하여 배치
  · 중심에 코어와 공동거실, 발코니 설치(발코니는 동측공원 조망)
- 1층:
  · 북카페는 10m생활가로변에 배치
  · 나눔마당/두레마당은 보행로를 통하여 연결
  · 청년임대주택출입구와 주민공동시설 출입구는 분리하여 배치

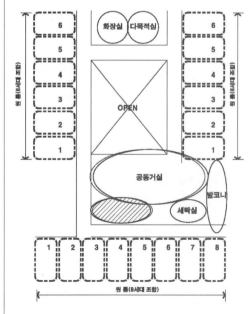

2층 기능도 작성

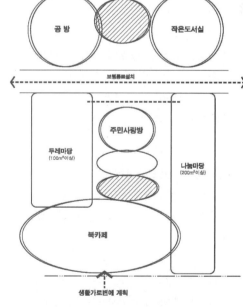

1층 기능도작성

| 5 | 면적 분석 및 면적 조정 | 6 | 블럭다이어그램 |

① 면적분석
- 2층 주요실은 48㎡기준
- 원룸(24㎡)은 1/2mo
- 복도는 별도고려
- 공동거실부분은 58㎡ 정도 고려
- 48㎡를 기준으로 그리드를 작성하여 면적증감하여 실면적을 조정

② 1층 : 565㎡
2층 : 840㎡+발코니30㎡
→ 870 − 565=115㎡의 필로티 공간 고려

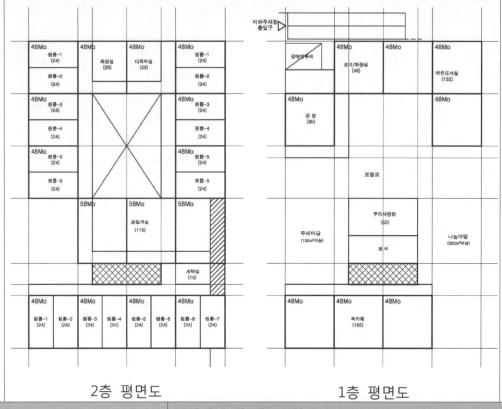

2층 평면도

1층 평면도

① 기능도와 면적조정을 통해 각 실의 형태를 구체적으로 잡아본다.

② 48㎡ 단위모듈
→ 2층 원룸2세대를 기본으로 기둥스판을 구성

③ 1층 출입구와 공용부는 청년임대주택용과 주민공동시설 2개소로 분리하여 계획

④ 철근콘크리트조를 고려한 합리적인 구조스판으로 구성한다.

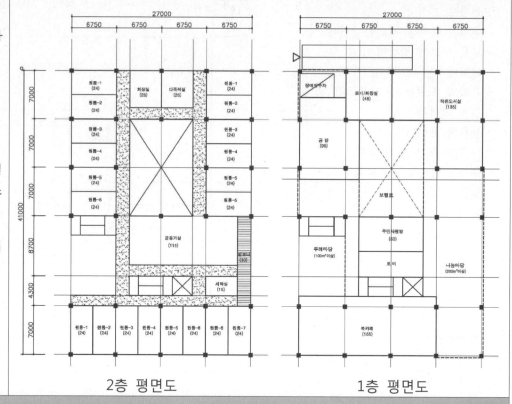

2층 평면도

1층 평면도

| 7 | 답안리뷰 및 체크포인트 |

① 접근동선
- 서측6m도로에서 동측공원으로 연계를 고려한 보행로를 대지내부에 설치
- 두레마당을 통한 청년임대주택출입
- 주민공도시설은 보행로에서 출입하며 청년임대주택의 출입구와는 분리하여 배치
- 공방은 서측6m도로에서 북카페는 남측 10m생활가로에서 직접출입을 고려

② 주요시설 검토
- 원룸은 각6m도로변에 6호씩 12호배치/10m생활가로변에 8호 조합배치 총 20호 설치
- 원룸에서 이용성을 고려한 공동거실을 배치하고 공원으로 조망 가능한 발코니 배치
- 서측6m도로와 동측공원을 연계하는 보행로설치
- 10m생활가로와 동측공원에서 연계되는 행사용 나눔마당 배치
- 두레마당에서 청년임대주택 주출입을 고려
- 주민사랑방은 별도 배치되며 나눔마당과 두레마당에 접하도록 배치
- 공방과 북카페는 각각 서측6m도로와 10m생활가로에서 접근을 고려

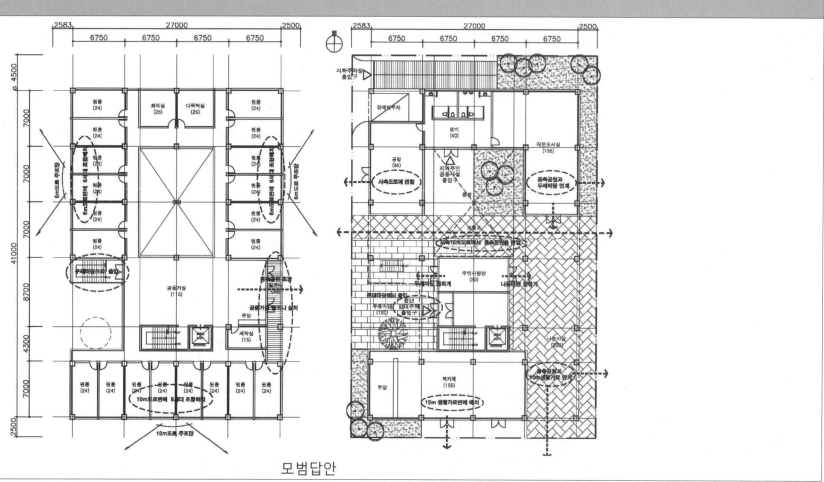

모범답안

수험번호
성 명
감독확인

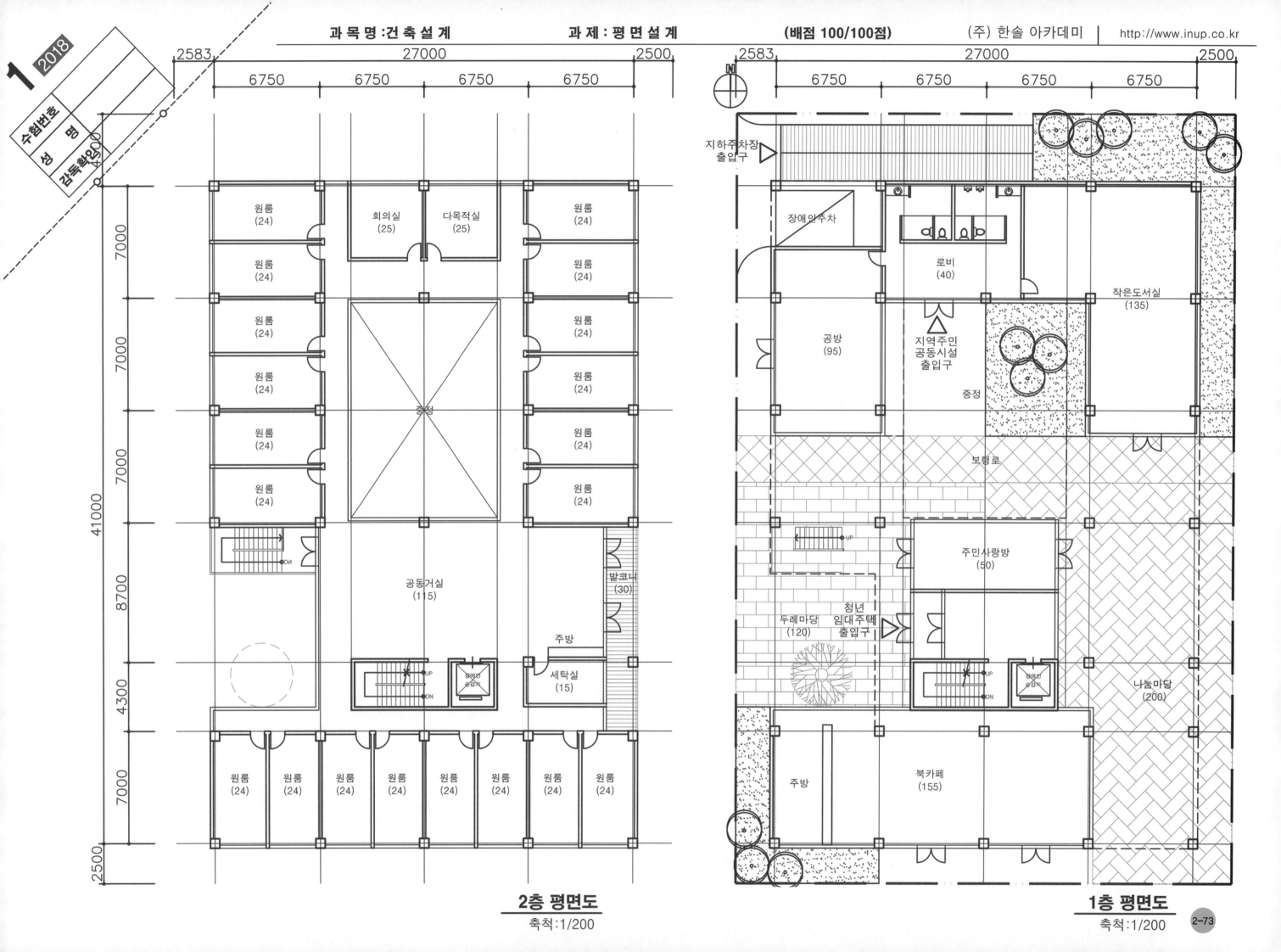

2층 평면도
축척 : 1/200

- 원룸 (24)
- 회의실 (25)
- 다목적실 (25)
- 원룸 (24)
- 원룸 (24)
- 원룸 (24)
- 원룸 (24)
- 원룸 (24)
- 원룸 (24)
- 원룸 (24)
- 원룸 (24)
- 원룸 (24)
- 중정
- 공동거실 (115)
- 발코니 (30)
- 주방
- 세탁실 (15)
- 원룸 (24)
- 원룸 (24)
- 원룸 (24)
- 원룸 (24)
- 원룸 (24)
- 원룸 (24)
- 원룸 (24)
- 원룸 (24)

1층 평면도
축척 : 1/200

- 지하주차장 출입구
- 장애인주차
- 로비 (40)
- 작은도서실 (135)
- 공방 (95)
- 지역주민 공동시설 출입구
- 중정
- 보행로
- 주민사랑방 (50)
- 두레마당 (120)
- 청년 임대주택 출입구
- 나눔마당 (200)
- 주방
- 북카페 (155)

2-73

2019년도 건축사자격시험 문제

과목: 건축설계1　　　제1과제 (평면설계)　　　① 배점: 100/100점

제목 : 노인공동주거와 창업지원센터

1. 과제개요

활동가능 독거노인을 위한 노인공동주거와 지역 청년들을 위한 창업지원센터를 신축하고자 한다. 다음 사항들을 고려하여 지상1층과 2층 평면도를 작성하시오. ②

2. 건축개요 ③

(1) 용도지역 : 일반주거지역
(2) 계획대지 : <대지 현황도> 참조
(3) 대지면적 : 1,680m²
(4) 규모 : 지하1층, 지상2층
(5) 구조 : 철근콘크리트조
(6) 건폐율 : 60% 이하
(7) 용적률 : 200% 이하
(8) 층고 : 지하층 3.6m, 지상1층 4.5m, 지상2층 3.6m
(9) 조경면적 : 대지면적의 10%이상
(10) 승강기(장애인 겸용) : 1대(승강로 내부 치수는 2.4m×2.4m)
(11) 주차장 : 지상 장애인 전용주차장 1 대를 제외한 모든 주차는 지하층에 계획(주차경사로 너비는 3.5m 이상)

3. 설계조건

(1) 대지경계선으로부터 1m 이상 이격하여 건축물을 배치한다. ④
(2) 진입마당과 주출입구는 10m 도로와 보호수목에 연계하고, 부출입구는 어린이공원에 면한다. ⑤
(3) 행사마당은 지역 상징 바위를 포함하여 계획한다.
(4) 청춘카페는 6m 도로와 면하고, 주출입구에 연접한다. ⑥ ⑦
(5) 홍보전시실은 행사마당에 연접하여 북측에 배치한다. ⑧
(6) 사무실, 센터잠실, 상담실은 하나의 영역으로 계획하고 남측에 배치한다.
(7) 회의실은 공용공간에 연계하여 남향에 배치한다. ⑨
(8) 소강당은 홍보전시실과 통합 운영이 가능하도록 연접하여 배치한다. ⑩

(9) 침실은 남향 또는 공원 조망을 고려하여 배치한다. ⑪
(10) 2층 공용공간은 남향으로 계획한다. ⑫
(11) 각 클러스터 사이에는 25m² 이상의 옥외데크를 계획한다. ⑬
(12) 하늘마당은 2층에 계획한다. ⑭

4. 건축물 및 외부공간 소요면적

(1) 각 실의 면적은 5% 이내에서 증감이 가능하다.
(2) 1개의 클러스터는 4개의 침실과 공용시설(거실, 주방, 다용도실)로 구성되며, 각 2개의 침실은 1개의 화장실(장애인 사용 가능)을 공유한다.

구분	실명	면적(m²)	비고
지상1층 (창업지원 센터)	청춘카페	80	주방 포함, 별도운영 가능
	홍보전시실	210	
	소강당	100	
	사무실	100	
	센터장실	30	
	상담실	30	
	회의실	25	
	화장실	35	남녀 장애인화장실 포함
	공용공간	150	로비, 계단, 승강기홀 등
	소계	760	
지상2층 (노인공동 주거)	클러스터-1	200	각 클러스터 구성 : • 침실(21m²/개 × 4개) • 화장실(8m²/개 × 2개) • 거실(75m²) • 주방(12m²) • 다용도실(13m²)
	클러스터-2	200	
	클러스터-3	200	
	공용공간	110	홀, 계단실, 승강기홀 등
	소계	710	
합계		1,470	
외부공간	행사마당	200m² 이상	
	진입마당	100m² 이상	
	하늘마당	100m² 이상	

구 성

1. 제목
- 건축물의 용도를 제시
- 용도를 통해 일반적인 시설의 특정을 고려한다.

2. 건축개요
- 지역/지구 제시
- 대지면적과 도로현황을 제시
- 건폐율, 용적률, 규모, 구조를 구체적으로 제시
- 층고 및 기타 설비조건 등을 제시

3. 설계조건
- 이격거리 등이 주어짐
- 출제자가 일반적인 조건이 아닌 본 시설에서 특별히 요구하는 조건으로 이는 채점의 기준으로 해석해도 좋다.

FACTOR

① 배점 확인
- 평면은 100점의 단일과제로 구성
- 계획 및 작도에 3시간이라는 점은 중요하다.

② 계획건물의 성격
- 복합용도의 건축물로 노인공동주거과 창업지원센터로 성격이 다른 이용성과 각각의 특징을 고려한 계획이 되도록 한다.

③ 건축개요
- 일반주거지역이므로 정북일조를 적용한 높이 체크
- 건폐율/용적률 고려
- 지하1층, 지상2층
- 조경10%
- 지하주차장 고려
  별도의 주차대수를 제시하지는 않았고 지상에 장애인주차1대를 제시함

④ 이격조건
- 대지경계선(대지경계선)에서 건축물1m 이상 이격거리 제시

⑤ 진입마당/주출입구/부출입구
- 10m도로/보호수목 연계
- 부출입 공원방향 출입

⑥ 행사마당
- 상징바위 포함

FACTOR

⑦ 청춘카페
- 6m도로와 주출입구연접 위치를 제시

⑧ 홍보전시실
- 행사마당과 연접
- 북측배치

⑨ 회의실
- 사무실/센터장실/상담실 한영역
- 남측배치

⑩ 소강당
- 홍보전시실 통합운영

⑪ 침실
- 남향/공원조망 고려

⑫ 2층공용공간
- 남향배치

⑬ 클러스터
- 사이 옥외데크설치

⑭ 하늘마당
- 2층 계획

구 성

4. 실별면적표
- 계획시설의 각실별 면적과 용도가 제시
- 1, 2층의 층별조닝이 되어있는 경우와 주어지지 않는 경우가 있다.
- 각 실의 기능과 사용성을 고려해 그룹별로 그룹핑을 통해 각 용도별로 영역을 나누어야 한다.
- 최근의 경향은 설계조건은 비교적 자세하고 다양하게 요구하고 있지만 설별 요구사항은 많지 않아지고 있음에 유의한다.
- 각실은 건축계획적 측면에서 합리적이고 보편적인 계획되도록 해야 한다.

5. 도면작성요령

- 요구도면을 제시
- 실명, 치수, 출입구, 기둥 등을 반드시 표기해야 한다.
- 출제자가 도면표현상에서 특별히 요구하는 요소를 제시
- 단위 및 축척을 제시

⑮ 배치관련표현
- 외부공간은 공간의 특성에 맞게 차별화하여 표현(바닥패턴 등을 표현)

⑯ 현황도 분석
- 대지 2면에 도로와 보행자로에 접하여 있음
- 동측공원은 본계획 시설과 연계를 고려함
- 6m보행자로는 동선이 빈번할 것으로 볼 수 있음
- 대지 내 수목 및 바위는 보존
- 지하주차장 차량진출입구는 지정되어 있음

과목: 건축설계1   제1과제 (평면설계)   배점: 100/100점

5. 도면작성요령

(1) 조경, 주차장, 주차경사로 등 외부공간과 관련된 배치계획은 1층 평면도에 표현한다. ⑮
(2) 주요치수, 축선, 출입문, 실명 및 각 실의 면적 등을 표기한다.
(3) 벽과 개구부가 구분되도록 표기한다.
(4) 단위 : mm, m²
(5) 축척 : 1/200

6. 유의사항

(1) 답안작성은 반드시 흑색 연필로 한다.
(2) 명시되지 않은 사항은 현행 관계법령의 범위 안에서 임의로 한다.
(3) 치수 표기 시 답안지의 여백이 없을 때에는 융통성 있게 표기한다.

6. 유의사항

- 도면작성 도구
- 현행법령안에서 계획할 것

<대지 현황도> 축척없음 ⑯

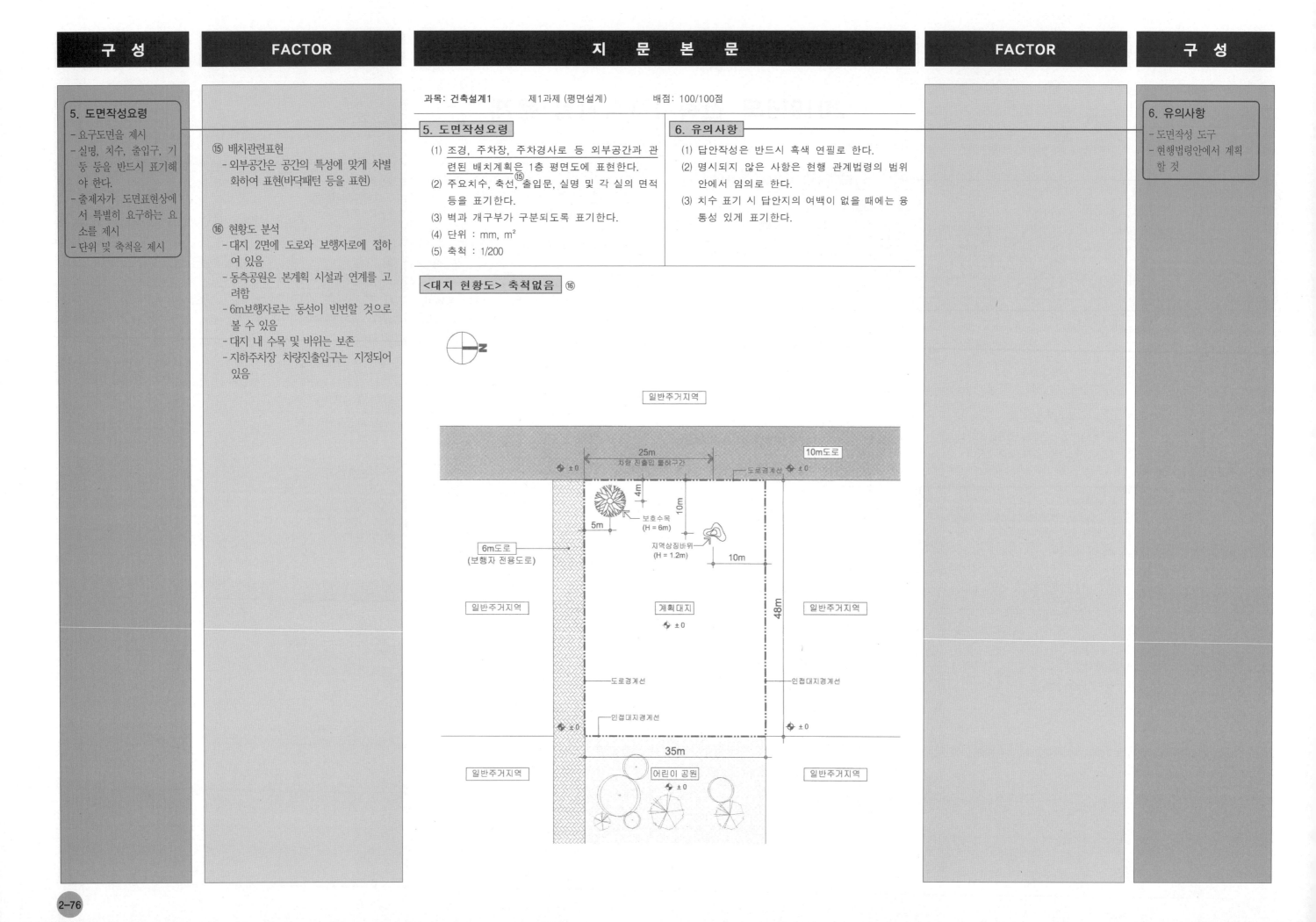

1	대지분석	2	토지이용계획

대지분석 (1)

① 현황도 분석
  – 대지는 서측10m도로, 남측6m 보행자도로에 접하여 있음
  – 계획대지는 EL+0 임
  – 10m도로에서 시설로의 출입을 고려함
  – 동측에 공원인접
    → 조망 또는 연계 고려
  – 주차장/진출입구 위치 지정되 어 있음
  – 남서측에 보호수목, 서측 바위 있음
② 각종동선 파악
  – 보행동선
    → 10m도로에서 접근
    → 서측6m도로 및 동측공원 연 결 가능한 접근계획
  – 차량동선
    → 장애인주차1대를 제외한 주차 는 지하에 설치(경사로계획)

토지이용계획 (2)

① 토지이용계획
  – 각종 동선확인
    → 주출입/차량출입
      폭3.5m의 지하주차장 경 사로 설치
    → 부출입
      공원연계
② 외부공간
  – 10m도로/수목 진입마당
  – 암반포함 행사마당
③ 건물형태
  – 1층은 남측배치, 북측배치 실 요구조건
  – 2층은 클러스터 조합 및 하늘 마당

3	주요설계조건분석	4	층별 기능도

주요설계조건분석 (3)

① 청춘카페
  – 주출입구 인접, 6m보행자로 에서 출입
② 홍보전시실
  – 행사마당, 북측배치
③ 사무실영역
  – 사무실. 센터장실, 상담실 한 영역
④ 클러스터(200)
  – 침실4, 화장실2, 거실, 주방, 다용도실
⑤ 클러스터 조합
  – 남향, 공원 조망

① 청춘카페

② 홍보전시실/소강당

③ 사무실

④ 클러스터

⑤ 클러스터 조합

층별 기능도 (4)

① 기능도작성
  – 실의 요구조건을 분석해 서 로의 연관관계를 고려한 계 획을 한다.
  – 2층:
    · 침실은 남향, 공원조망
    · 클러스터 사이 옥외데크
    · 하늘마당
  – 1층:
    · 청춘카페는 6m보행자로, 주출입구 연접
    · 홍보전시실은 행사마당 연접, 북측
    · 소강당 – 전시실 통합운영
    · 사무실영역 – 사무실, 센터 장실, 상담실 한 영역
    · 회의실 – 공용연계, 남향

2층 기능도 작성

1층 기능도작성

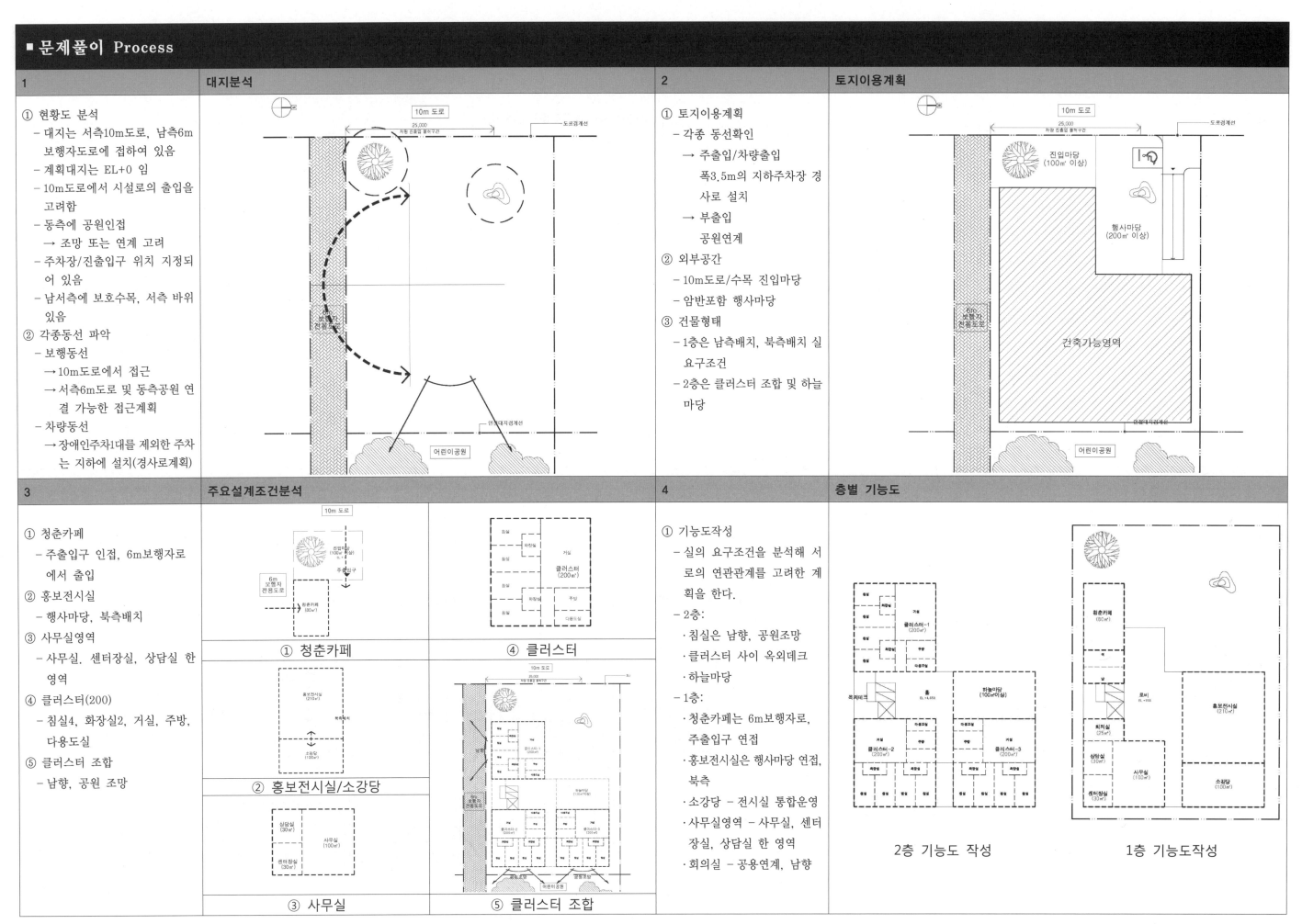

5	면적 분석 및 면적 조정

① 면적분석

- 주요실은 50㎡배수 기준
- 침실2+화장실(25㎡)은 1/2mo
- 홀형 또는 복도형
- 50㎡를 기준으로 그리드를 작성하여 면적증감 및 실면적을 조정

② 1층 : 760㎡

　2층 : 710㎡+100㎡

　　　　+25㎡+25㎡=860㎡

　　→ 860- 760=100㎡의 필로티 공간 고려

③ 클러스터

침실4+화장실2+거실75
+주방12+다용도실13

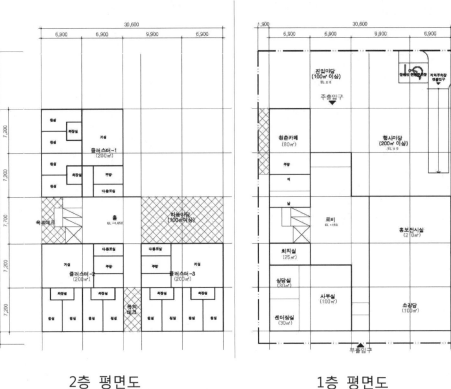

2층 평면도　　　　　　　1층 평면도

6	블럭다이어그램

① 기능도와 면적조정을 통해 각실의 형태를 구체적으로 잡아본다.

② 50㎡단위모듈

　→ 2층 4개 단위모듈을 1개 클러스터로 구성

③ 1층 출입구와 공용부는 노인공동주거 와 창업지원센터 공용부 사용

④ 철근콘크리트조를 고려한 합리적인 구조스판으로 구성한다.

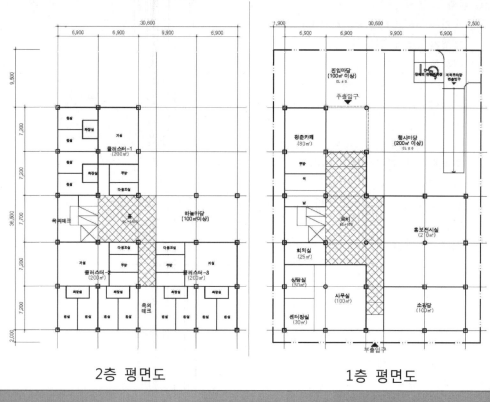

2층 평면도　　　　　　　1층 평면도

7	답안리뷰 및 체크포인트

① 접근동선

- 10m도로방향, 주출입, 공원방향 부출입
- 10m도로에서 차량출입구
- 진입마당을 통한 주출입

② 주요시설 검토

- 청춘카페는 남측6m보행자도로에서 직접출입 고려
- 홍보전시실은 행사마당, 북측에 면함
- 사무실, 센터장실, 상담실 한 영역
- 소회의실은 공용공간연계, 남향
- 소강당은 홍보전시통합운영, 연접
- 침실은 남향, 공원조망
- 클러스터사이 옥외데크
　하늘마당은 2층에 설치

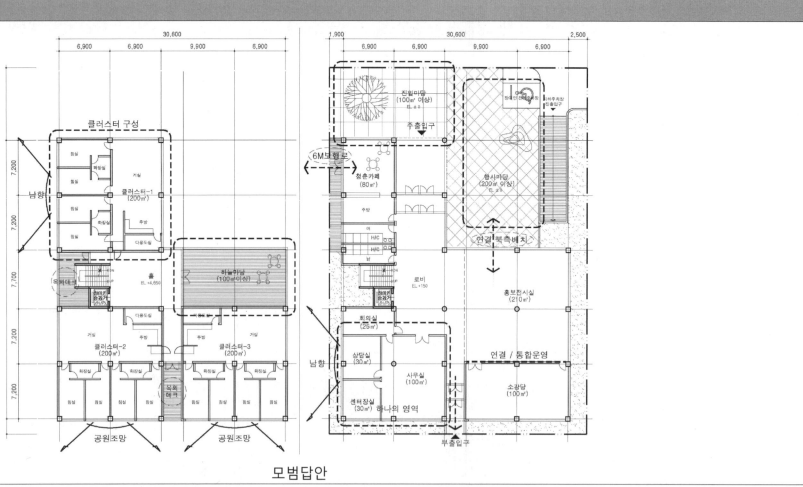

모범답안

2층 평면도

- 30,600
- 6,900 / 6,900 / 9,900 / 6,900
- 9,500
- 36,500
- 7,200 / 7,200 / 7,700 / 7,200 / 7,200
- 2,000

침실 / 화장실 / 침실 / 거실
클러스터-1 (200㎡)
침실 / 화장실 / 주방
침실 / 다용도실

옥외데크
× DN
UP
홀 EL +4,650
하늘마당 (100㎡ 이상)
장애인 승강기 (H/P)

거실 / 다용도실 / 다용도실 / 거실
클러스터-2 (200㎡)
주방 / 주방
클러스터-3 (200㎡)

화장실 / 화장실 / 화장실 / 화장실
옥외데크
침실 / 침실 / 침실 / 침실 / 침실 / 침실 / 침실 / 침실

2층 평면도
축척:1/200

1층 평면도

- 1,900 / 30,600 / 2,500
- 6,900 / 6,900 / 9,900 / 6,900

진입마당 (100㎡ 이상) EL ± 0
장애인 전용주차장
지하주차장 진출입구

주출입구

청춘카페 (80㎡)
주방
여
H/C
남
H/C

행사마당 (200㎡ 이상) EL ± 0

× DN
UP
로비 EL +150

홍보전시실 (210㎡)

회의실 (25㎡)
장애인 승강기 (H/P)

상담실 (30㎡)
사무실 (100㎡)
센터장실 (30㎡)

소강당 (100㎡)

부출입구

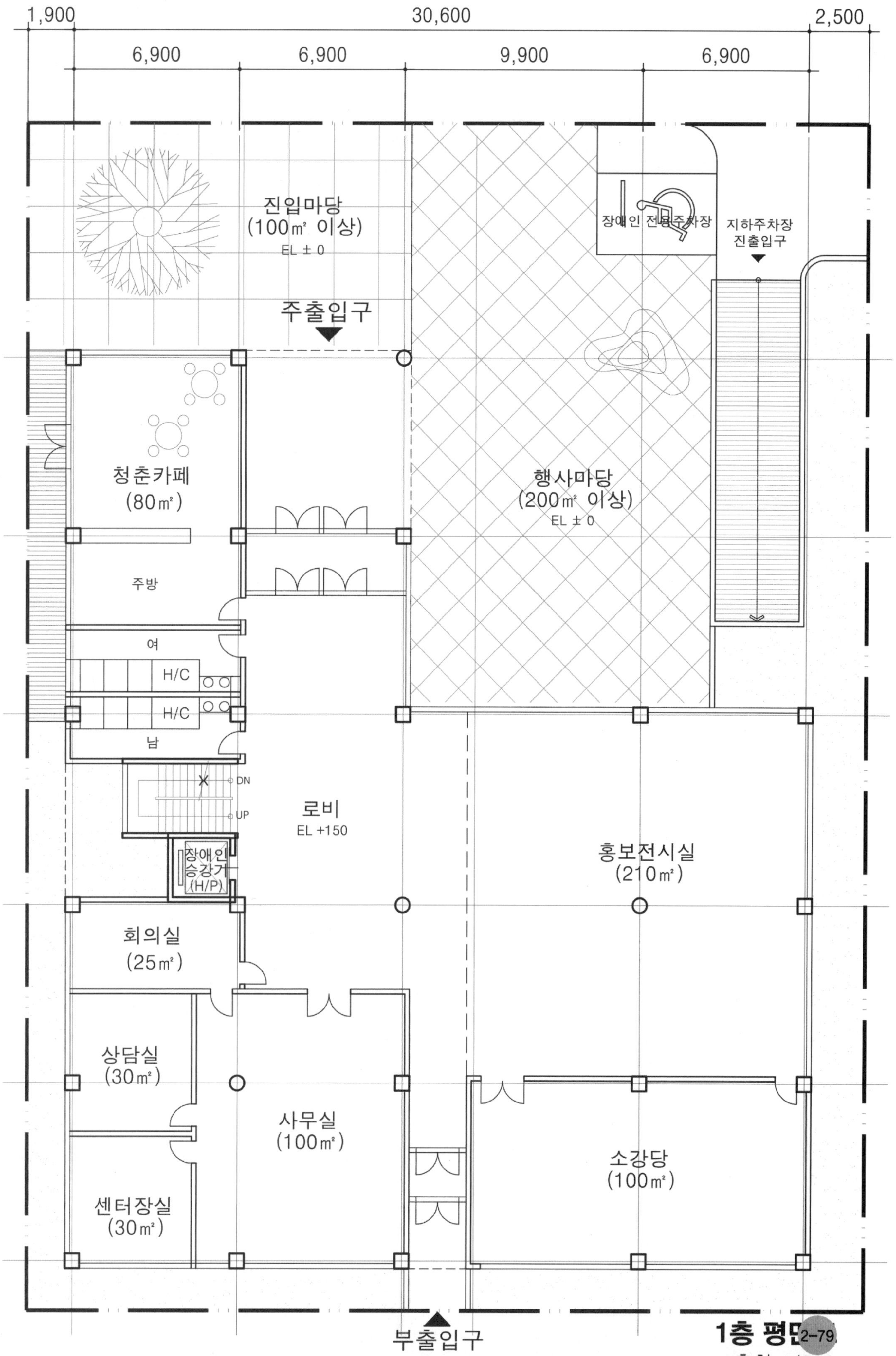

1층 평면도
축척:1/200

구 성

1. 제목
- 건축물의 용도를 제시
- 용도를 통해 일반적인 시설의 특징을 고려한다.

2. 건축개요
- 지역/지구 제시
- 대지면적과 도로현황을 제시
- 건폐율, 용적률, 규모, 구조를 구체적으로 제시
- 층고 및 기타 설비조건 등을 제시

3. 설계조건
- 이격거리 등이 주어짐
- 출제자가 일반적인 조건이 아닌 본 시설에서 특별히 요구하는 조건으로 이는 채점의 기준으로 해석해도 좋다.

FACTOR

① 배점 확인
- 평면은 100점의 단일과제로 구성
- 계획 및 작도에 3시간이라는 점은 중요하다.

② 계획건물의 성격
- 기능별 조닝의 성격이 명확한 문제
- 중정의 형식과 위치, 주차램프 형식에 따라 매스의 해석 및 대안이 설정되도록 한다.

③ 건축개요
- 일반주거지역이므로 정북일조를 적용한 높이 체크
- 건폐율/용적률 고려
- 지하1층, 지상2층
- 조경10%
- 지하주차장 고려
  옥외주차 2대(장애인 전용 주차 1대, 응급주차 1대를 제시함)

④ 이격조건
- 대지경계선(대지경계선)에서 건축물1m 이상 이격거리 제시

⑤ 주출입구/차량출입구/부출입구
- 6m도로 : 주출입구, 차량출입구
- 4m보행자전용도로 : 부출입구

⑥ 진입마당
- 주출입구와 6m도로에 면함

⑦ 취미실과 카페
- 주출입구와 연계하고, 자연채광을 위해 외부공간에 면한다.

지 문 본 문

2020년도 제1회 건축사자격시험 문제

과목: 건축설계1   제1과제 (평면설계)   ① 배점: 100/100점

제목 : 주간보호시설이 있는 일반노인요양시설

1. 과제개요

주간보호시설(Day-Care Center)이 있는 일반노인요양시설을 중정형으로 신축하고자 한다. 다음 사항들 ② 을 고려하여 지상 1층과 2층 평면도를 작성하시오.

2. 건축개요 ③

(1) 용도지역 : 제2종 일반주거지역
(2) 계획대지 : <대지 현황도> 참조
(3) 대지면적 : 1,632m²
(4) 규모 : 지하1층, 지상2층
(5) 구조 : 철근콘크리트 라멘조
(6) 건폐율 : 60% 이하
(7) 용적률 : 200% 이하
(8) 층고 : 지하층 3.6m, 지상1·2층 각 4.2m
(9) 조경면적 : 대지면적의 10% 이상
(10) 승강기 : 1대(장애인 겸용, 승강로 내부치수는 2.4m×2.4m)
(11) 주차 : 옥내주차(지하층)
  옥외주차 2대(장애인전용 주차 1대, 응급주차 1대)

3. 설계조건

(1) 대지경계선으로부터 1m 이상 이격하여 건축물을 배치한다. ④
(2) 주출입구와 차량출입구는 6m 도로, 부출입구는 ⑤ 4m 보행자 전용도로에서 접근한다.
(3) 평면계획은 지하주차를 고려하고, 지하주차장경사로(너비 3.5m 이상)는 1층 평면도에 표기한다.
(4) 진입마당은 주출입구와 6m 도로에 면한다. ⑥
(5) 주간보호시설의 취미실과 카페는 주출입구와 연계하고, 저연채광을 위해 외부공간에 면한다. ⑦
(6) 프로그램실은 북측 공원조망이 가능하도록 한다. ⑧
(7) 사무실과 식당은 주간보호시설과 노인요양시설에서 공동으로 사용한다. ⑨
(8) 침실은 일조 확보를 위해 남측 또는 공원조망을 위해 북측에 배치한다. ⑩
(9) 각 침실의 단위평면은 <침상 배치 예시기준>을 참고하여 작성하고, 동일한 단위평면은 하나만 작성한다.

(10) 공동거실은 각 침실에서 접근이 용이한 위치에 배치한다. ⑪
(11) 계단은 피난거리를 고려하여 2개소 설치한다. ⑫

4. 건축물 및 외부공간 소요면적

구 분		실명	면적(m²)	비 고
지상 1층	주간보호시설	카페	60	
		취미실	110	
		상담실	20	
	노인요양시설	프로그램실 1,2,3	135	교육 및 오락시설 (45m²×3개소)
	공동시설	사무실	60	요양시설, 자원봉사자실 포함
		식당	90	조리실 포함
		공용공간(로비, 화장실, 계단실, 복도, 승강기 등)	330	복도 유효폭 2m 이상
		소 계	805	
지상 2층	노인요양시설	침실 4인실×6개소	270 (발코니 면적 제외)	각 침실은 내부에 장애인 화장실 및 수납공간과 발코니를 설치하고 모든 출입문은 유효폭 1.2m 이상 확보
		침실 1인실×1개소	30 (발코니 면적 제외)	
		공동거실	65	
		간호사실 및 린넨실	60	2개소로 분리 설치
		물리치료실	20	
		목욕실	20	
		옥외데크	60	
		공용공간(홀, 화장실, 계단실, 복도, 승강기)	250	복도 유효폭 2m 이상
		소 계	775	
		합 계	1,580	
외부공간 ⑬		진입마당	150 이상	
		중정	120 이상	

※ 각 실의 면적은 5% 이내에서 증감이 가능하다.

<침상 배치 예시기준>

축척 없음 / 단위 : mm

FACTOR

⑧ 프로그램실
- 북향/공원조망 고려

⑨ 사무실과 식당
- 공동 사용

⑩ 침실
- 일조를 고려한 남향배치
- 공원조망 고려한 북향배치

⑪ 공동거실
- 각 침실에서 접근이 용이한 위치에 배치

⑫ 계단
- 피난을 고려한 2개소 설치

⑬ 외부공간
- 진입마당
- 중정

구 성

4. 실별면적표
- 계획시설의 각실별 면적과 용도가 제시
- 1,2층의 층별조닝이 되어있는 경우와 주어지지 않는 경우가 있다.
- 각 실의 기능과 사용성을 고려해 그룹별로 그룹핑을 통해 각 용도별로 영역을 나누어야 한다.
- 최근의 경향은 설계조건은 비교적 자세하고 다양하게 요구하고 있지만 실별 요구사항은 많지 않아지고 있음에 유의한다.
- 각실은 건축계획적 측면에서 합리적이고 보편적인 계획되도록 해야 한다.

구 성	FACTOR	지 문 본 문	FACTOR	구 성

5. 도면작성요령
- 요구도면을 제시
- 실명, 치수, 출입구, 기둥 등을 반드시 표기해야 한다.
- 출제자가 도면표현상에서 특별히 요구하는 요소를 제시
- 단위 및 축척을 제시

⑭ 배치관련표현
- 외부공간은 공간의 특성에 맞게 차별화하여 표현(바닥패턴 등을 표현)

⑮ 현황도 분석
- 대지 3면에 도로와 보행자로에 접하여 있음
- 주출입구와 차량출입구는 6m 도로, 부출입구는 4m 보행자 전용도로에서 접근 지정되어 있음
- 북측공원 조망을 고려한 계획

과목: 건축설계1 제1과제 (평면설계) 배점: 100/100점

5. 도면작성요령

(1) 조경, 옥외주차장, 지하주차경사로 등 외부공간과 관련된 배치계획은⑭ 1층 평면도에 표현한다.

(2) 각 층 바닥레벨, 주요치수, 축선, 출입문, 실명 및 각 실의 면적 등을 표기한다.

(3) 벽과 개구부가 구분되도록 표기한다.

(4) 단위 : mm, m²

(5) 축척 : 1/200

6. 유의사항

(1) 답안작성은 반드시 흑색 연필로 한다.

(2) 명시되지 않은 사항은 현행 관계법령의 범위 안에서 임의로 한다.

(3) 치수 표기 시 답안지의 여백이 없을 때에는 융통성 있게 표기한다.

<대지 현황도> 축척없음 ⑮

6. 유의사항
- 도면작성 도구
- 현행법령안에서 계획할 것

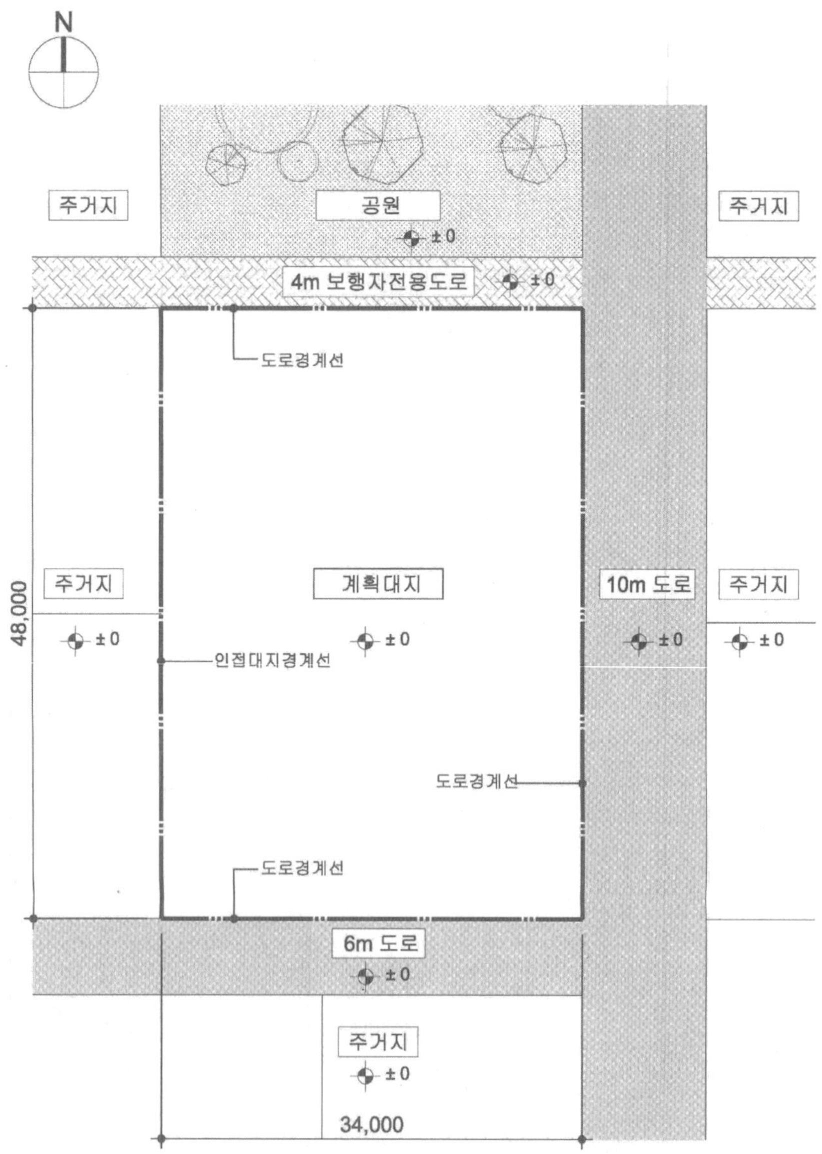

1	대지분석	2	토지이용계획

1 대지분석

① 현황도 분석
- 대지는 동측10m도로, 남측6m, 북측4m 보행자도로에 접하여 있음
- 계획대지는 EL+0 임
- 북측에 공원인접
  → 조망 고려
- 주출입구, 차량출입구 위치 지정되어 있음
② 각종동선 파악
- 보행동선
  → 6m도로에서 접근(주출입구)
  → 공원 및 4m 보행자(부출입구) 전용도로에서 연결 가능한 접근계획
- 차량동선
  → 6m 도로에서 차량 출입고려 (경사로계획)

2 토지이용계획

① 토지이용계획
- 각종 동선확인
  → 주출입/차량출입
    : 6m도로에서 출입
  → 부출입
    공원연계
② 외부공간
- 진입마당
- 중정
③ 건물형태
- 1층
  → 주간보호시설은 남향
    프로그램실은 북향 배치
- 2층
  → 침실은 일조확보를 위해 남측 또는 공원조망을 위해 북측에 배치

3	주요설계조건분석	4	층별 기능도

3 주요설계조건분석

① 보행자 및 차량동선
- 주출입구(6m도로) 보행자동선에서 접근
- 부출입구(4m보행자도로)에서 접근
- 차량동선
  → 6m도로에서 차량 출입
② 1층 실계획
- 취미실과 카페
  → 주출입구와 연계하고 자연채광을 위해 외부공간에 면한다.
- 프로그램실
  → 북향/공원조망 고려
③ 사무실과 식당계획
- 주간보호시설과 노인요양시설에서 공동 사용
④ 2층 침실계획
- 침실은 일조확보를 위해 남측 또는 공원조망을 위해 북측에 배치

4 층별 기능도

① 기능도작성
- 실의 요구조건을 분석해 서로의 연관관계를 고려한 계획을 한다.
- 2층:
  · 침실은 남향, 공원조망을 위해 북측에 배치
  · 공동거실은 각 침실에서 접근이 용이한 위치
- 1층:
  · 취미실과 카페는 주출입구와 연계
  · 프로그램실은 북측 공원조망
  · 사무실과 식당은 공동사용을 고려하여 중간에 배치

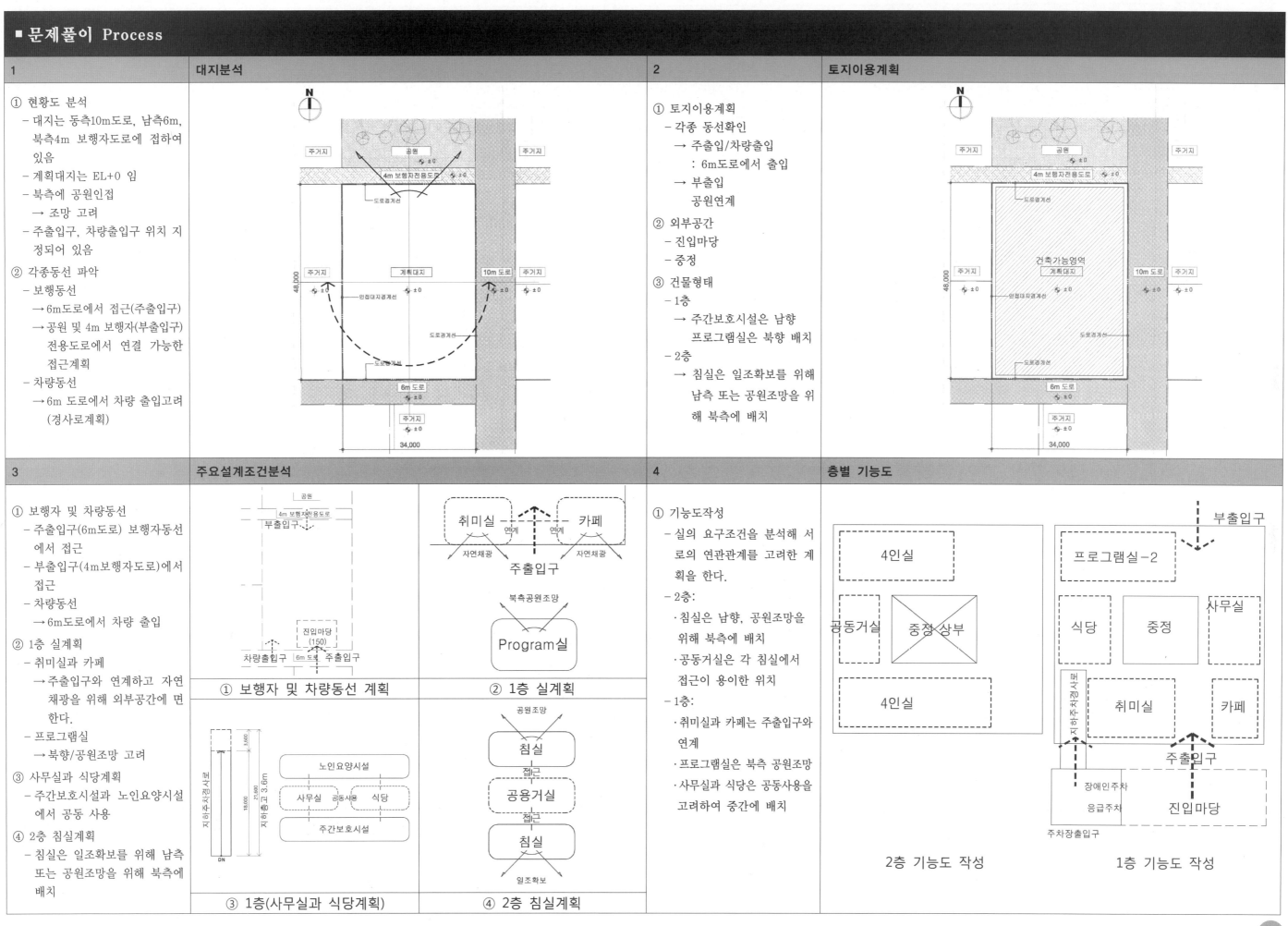

① 보행자 및 차량동선 계획

② 1층 실계획

③ 1층(사무실과 식당계획)

④ 2층 침실계획

2층 기능도 작성

1층 기능도 작성

5	면적 분석 및 면적 조정	6	블럭다이어그램

① 면적분석

 - 주요실은 45㎡ 배수 기준

 - 중정형

 - 45㎡를 기준으로 그리드를 작성하여 면적증감 및 실면적을 조정

② 1층 : 805㎡

 2층 : 775㎡

 → 805 - 775 = 30㎡

 2층에서 면적 조정

③ 중정 : 120㎡ 고려하여 조정

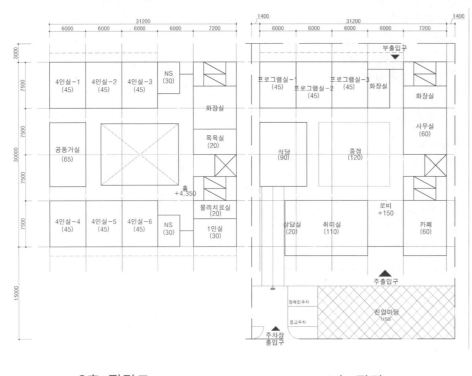

2층 평면도　　　　1층 평면도

① 기능도와 면적조정을 통해 각실의 형태를 구체적으로 잡아본다.

② 45㎡의 단위모듈

 2층 침실 → 3개의 단위모듈과 30㎡의 단위모듈+1개의 Ns 조합하여 남측과 북측에 각각 배치

③ 1층 프로그램실

 3개의 단위모듈은 북측에 배치 (45㎡)

 - 1층 취미실과 카페는 주출입구와 연계하여 계획하고 면적가감하여 위치선정

④ 철근콘크리트조를 고려한 합리적인 구조스판으로 구성한다.

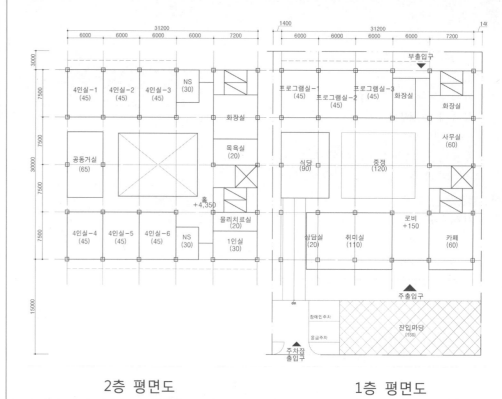

2층 평면도　　　　1층 평면도

7	답안리뷰 및 체크포인트

① 접근동선

 - 6m도로방향 : 주출입구, 차량출입구

 - 4m보행자전용도로 : 부출입구

 - 진입마당을 통한 주출입

② 주요시설 검토

• 1층

 - 취미실과 카페는 주출입구와 연계하고, 자연채광 고려

 - 프로그램실은 북측공원조망

 - 사무실과 식당은 공동사용 고려한 위치

• 2층

 - 침실은 남측 또는 공원조망

 - 공동거실은 각 침실에서 접근이 용이한 위치

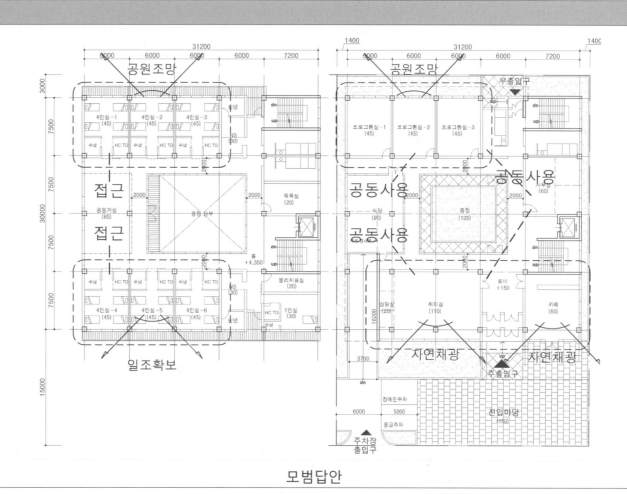

모범답안

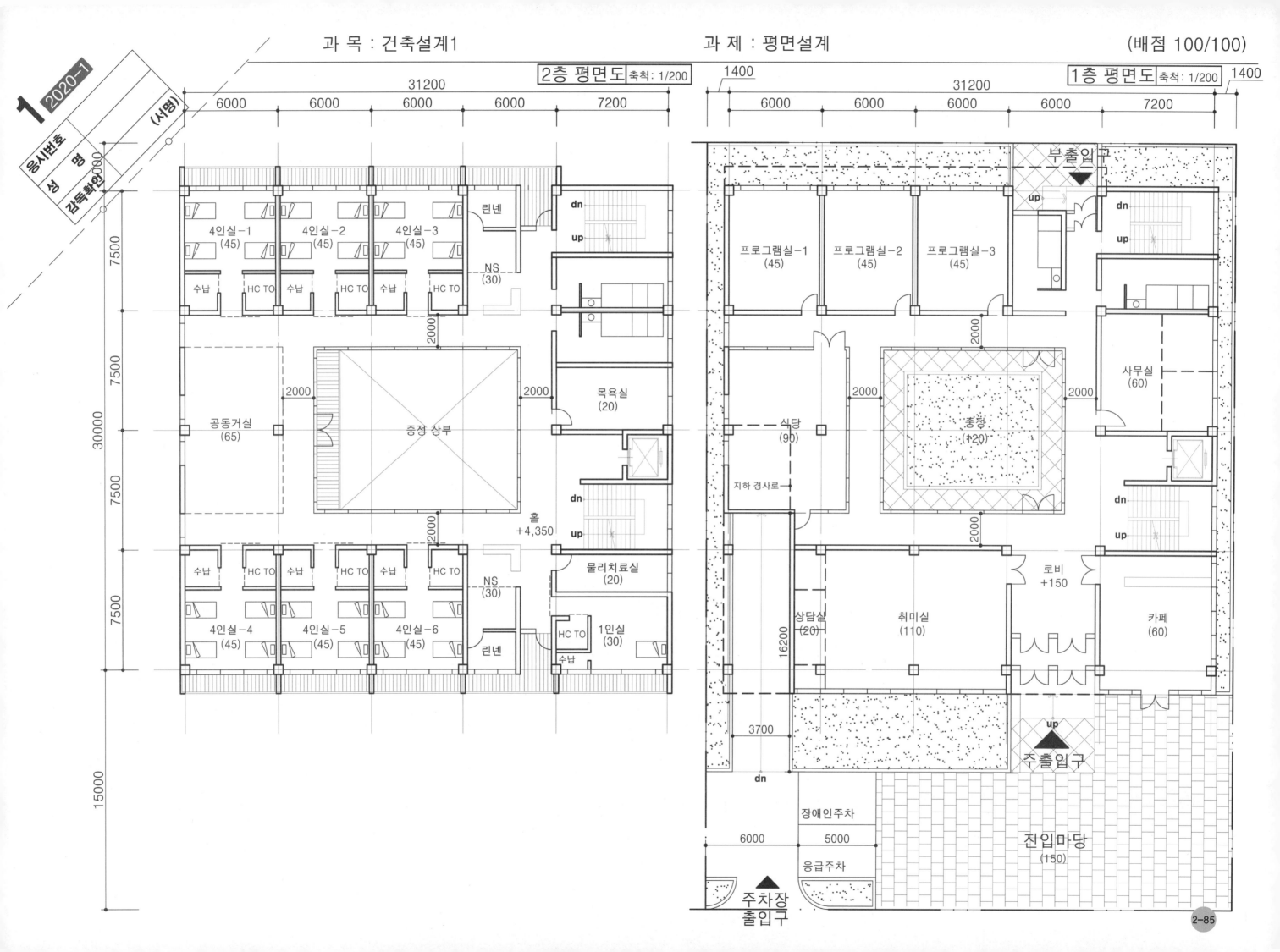

구 성	FACTOR	지 문 본 문	FACTOR	구 성

지문 본문 (중앙)

2020년도 제2회 건축사자격시험 문제

과목: 건축설계1   제1과제 (평면설계)   ① 배점: 100/100점

제목 : 돌봄교실이 있는 창작교육센터

1. 과제개요

돌봄교실과 창작교육센터를 상시 공동사용이 가능한 공유공간을 포함하여 신축하고자 한다. 다음 사항을 고려하여 지상 1층과 2층 평면도를 작성하시오.

2. 건축개요 ③

(1) 용도지역 : 준주거지역
(2) 계획대지 : <대지 현황도> 참조
(3) 건축물 용도 : 복합시설
(4) 대지면적 : 1,428m²
(5) 규모 : 지하1층, 지상2층
(6) 구조 : 철근콘크리트 라멘조
(7) 건폐율 : 70% 이하
(8) 용적률 : 300% 이하
(9) 층고 : 지하층 3.6m, 지상1, 2층 4.5m
(10) 조경면적 : 대지면적의 10% 이상
(11) 승강기 : 1대(승강로 내부치수는 2.4m×2.4m, 장애인 겸용)
(12) 주차
   ① 일반 주차 : 지하 1층(지상 주차 없음)
   ② 장애인 전용주차 : 지상 1층(1대)

3. 설계조건

(1) 대지경계선으로부터 1m 이상 이격하여 건축물을 배치한다. ④
(2) 주출입구와 차량출입구는 10m 도로, 부출입구는 공원에서 접근한다. ⑤
(3) 너비 3.5m 이상의 지하주차경사로를 1층 평면도에 표기하고 5m 이상 수평진입 공간을 확보한다. ⑥
(4) 지하 주차를 고려하여 코어의 위치와 모듈 등을 계획한다.
(5) 진입마당은 돌봄교실과 창작교육센터에서 공유하되, 주출입구와 10m 도로에 면하여 중앙 부분에 배치한다. ⑦
(6) 행사 및 전시공간은 시설 간의 공유를 위해 중앙부분에 배치하고 진입마당과 통합사용이 가능하도록 한다. ⑧
(7) 다목적 워크숍실은 시설 간의 공유를 위해 중앙부분에 배치하고 진입마당과 시각적으로 연계한다. ⑨

(8) 돌봄교실 영역은 일조 확보를 위해 남측에, 창작교육센터 영역은 북측에 배치한다. ⑩
(9) 간이식당과 소형 학습실은 공원에 면하여 계획한다. ⑪
(10) 외부계단은 2층 돌봄교실을 위해 보행자 전용도로와 진입마당에서 출입이 가능하도록 계획한다. ⑫
(11) 창작지원실과 디자인교육실은 공원에 면하여 계획한다. ⑬
(12) 북카페는 10m 도로에 면하고 진입마당과 연계하여 별도 출입이 가능하도록 한다. ⑭

4. 건축물 및 외부공간 소요면적

구 분		실 명	면적(m²)	비 고
지상 1층	돌봄 교실	교사실	25	각 실 연계
		상담실	25	
		의무실	25	
		관리실	25	
		간이식당	90	주방 포함
	공유 공간	행사 및 전시공간	110	창작전시, 발표회, 축제 등의 용도
	창작 교육 센터	창작지원실	100	각 실 연계
		센터장실	35	
		미디어실	50	
		북카페	50	
	공용 공간	화장실, 계단실, 복도, 승강기, 승강기홀 등	200	복도 유효폭 2m 이상 장애인 화장실 (남녀 구분 설치)
		소 계	735	
지상 2층	돌봄 교실	대형 학습실	70	
		소형 학습실	45	3개실로 구분
		수면실	45	남녀로 구분
	공유 공간	다목적 워크숍실	170	창작, 인터넷, 댄스, 게임 등의 용도
	창작 교육 센터	통합 스튜디오	200	준비실 포함
		디자인 교육실	평면조형실	25	통합 스튜디오의 연계
			입체조형실	25	
			영상 디자인실	25	
	공용 공간	화장실, 계단실, 복도, 승강기, 승강기홀 등	300	휴게공간을 포함 복도 유효폭 2m 이상
		소 계	905	
합 계			1,640	
외부공간		진입마당	200	공유공간으로 활용

주) 1. 각 실의 면적은 5% 이내에서 증감이 가능하다.
   2. 장애인 화장실은 1층에만 설치한다.

좌측 구성

1. 제목
- 건축물의 용도를 제시
- 용도를 통해 일반적인 시설의 특징을 고려한다.

2. 건축개요
- 지역/지구 제시
- 대지면적과 도로현황을 제시
- 건폐율, 용적률, 규모, 구조를 구체적으로 제시
- 층고 및 기타 설비조건 등을 제시

3. 설계조건
- 이격거리 등이 주어짐
- 출제자가 일반적인 조건이 아닌 본 시설에서 특별히 요구하는 조건으로 이는 채점의 기준으로 해석해도 좋다.

좌측 FACTOR

① 배점 확인
- 평면은 100점의 단일과제로 구성
- 계획 및 작도에 3시간이라는 점은 중요하다.

② 계획건물의 성격
- 복합용도의 건축물로 돌봄교실과 창작교육센터로 성격이 다른 이용성과 각각의 특징을 고려한 계획이 되도록 한다.

③ 건축개요
- 준주거지역이므로 정북일조를 고려하지 않음
- 건폐율/용적률 고려
- 지하1층, 지상2층
- 조경10%
- 지하주차장 고려 별도의 주차대수를 제시하지는 않았고 지상에 장애인주차 1대를 제시함

④ 이격조건
- 대지경계선(대지경계선)에서 건축물1m 이상 이격거리 제시

⑤ 주출입구/부출입구
- 주출입구와 차량출입구는 10m도로
- 부출입구 공원방향 출입

⑥ 지하주차 경사로
- 너비 3.5m 이상
- 5m 이상 수평진입 공간 확보

⑦ 진입마당
- 돌봄교실과 창작교육센타에서 공유
- 주출입구와 10m도로에 면하여 중앙부분에 배치

우측 FACTOR

⑧ 행사 및 전시공간
- 중앙 부분에 배치
- 진입마당과 통합 사용

⑨ 다목적 워크숍실
- 시설간 공유
- 중앙부분에 배치
- 진입마당과 시각적으로 연계

⑩ 돌봄교실영역, 창작교육센터영역
- 돌봄교실영역(남향 배치)
- 창작교육센터영역(북향 배치)

⑪ 간이식당과 소형학습실
- 간이식당과 소형학습실은 공원에 면하여 계획

⑫ 외부계단
- 보행자 전용도로와 진입마당에서 출입

⑬ 창작지원실과 디자인교육실
- 공원에 면하여 계획

⑭ 북카페
- 10m 도로에 면함
- 진입마당과 연계하여 별도 출입

우측 구성

4. 실별면적표
- 계획시설의 각실별 면적과 용도가 제시
- 1, 2층의 층별조닝이 되어있는 경우와 주어지지 않는 경우가 있다.
- 각 실의 기능과 사용성을 고려해 그룹별로 그룹핑을 통해 각 용도별로 영역을 나누어야 한다.
- 최근의 경향은 설계조건은 비교적 자세하고 다양하게 요구하고 있지만 실별 요구사항은 많지 않아지고 있음에 유의한다.
- 각실은 건축계획적 측면에서 합리적이고 보편적인 계획되도록 해야 한다.

5. 도면작성요령

- 요구도면을 제시
- 실명, 치수, 출입구, 기등 등을 반드시 표기해야 한다.
- 출제자가 도면표현상에서 특별히 요구하는 요소를 제시
- 단위 및 축척을 제시

⑮ 배치관련표현
- 외부공간은 공간의 특성에 맞게 차별화하여 표현(바닥패턴 등을 표현)

⑯ 현황도 분석
- 대지 2면에 도로와 보행자로에 접하여 있음
- 서측 공원은 본계획 시설과 연계를 고려함.
- 지하주차장 차량출입구는 5m 이상 수평진입 공간을 확보

과목: 건축설계1   제1과제 (평면설계)   배점: 100/100점

5. 도면작성요령

(1) 조경, 옥외주차장, 지하주차경사로 등 외부공간과 관련된 배치계획은 1층 평면도에 표현한다. ⑮

(2) 각 층 바닥레벨, 주요치수, 축선, 출입문, 실명 및 각 실의 면적 등을 표기한다.

(3) 벽과 개구부가 구분되도록 표기한다.

(4) 단위 : mm, m²

(5) 축척 : 1/200

6. 유의사항

(1) 답안작성은 반드시 흑색 연필로 한다.

(2) 명시되지 않은 사항은 현행 관계법령의 범위 안에서 임의로 한다.

(3) 치수 표기 시 답안지의 여백이 없을 때에는 융통성 있게 표기한다.

<대지 현황도> 축척없음 ⑯

6. 유의사항

- 도면작성 도구
- 현행법령안에서 계획할 것

■ 문제풀이 Process

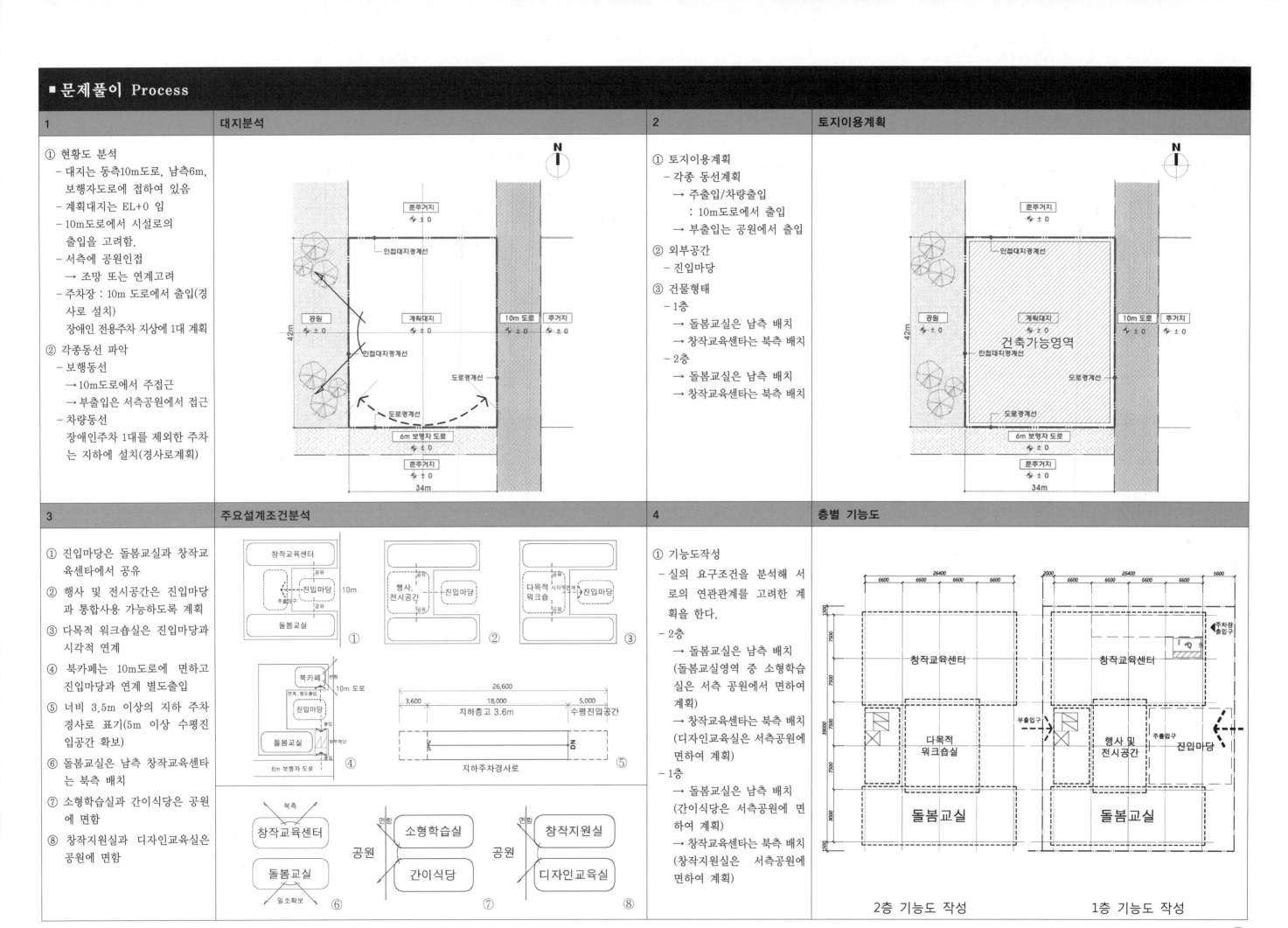

1 대지분석

① 현황도 분석
 - 대지는 동측10m도로, 남측6m, 보행자도로로에 접하여 있음
 - 계획대지는 EL+0 임
 - 10m도로에서 시설로의 출입을 고려함.
 - 서측에 공원인접
 → 조망 또는 연계고려
 - 주차장 : 10m 도로에서 출입(경사로 설치)
 장애인 전용주차 지상에 1대 계획

② 각종동선 파악
 - 보행동선
 → 10m도로에서 주접근
 → 부출입은 서측공원에서 접근
 - 차량동선
 장애인주차 1대를 제외한 주차는 지하에 설치(경사로계획)

2 토지이용계획

① 토지이용계획
 - 각종 동선계획
 → 주출입/차량진입
  : 10m도로에서 출입
 → 부출입는 공원에서 출입

② 외부공간
 - 진입마당

③ 건물형태
 - 1층
 → 돌봄교실은 남측 배치
 → 창작교육센타는 북측 배치
 - 2층
 → 돌봄교실은 남측 배치
 → 창작교육센타는 북측 배치

3 주요설계조건분석

① 진입마당은 돌봄교실과 창작교육센타에서 공유
② 행사 및 전시공간은 진입마당과 통합사용 가능하도록 계획
③ 다목적 워크숍실은 진입마당과 시각적 연계
④ 북카페는 10m도로에 면하고 진입마당과 연계 별도출입
⑤ 너비 3.5m 이상의 지하 주차 경사로 표기(5m 이상 수평진입공간 확보)
⑥ 돌봄교실은 남측 창작교육센터는 북측 배치
⑦ 소형학습실과 간이식당은 공원에 면함
⑧ 창작지원실과 디자인교육실은 공원에 면함

4 층별 기능도

① 기능도작성
 - 실의 요구조건을 분석해 서로의 연관관계를 고려한 계획을 한다.
 - 2층
 → 돌봄교실은 남측 배치
 (돌봄교실영역 중 소형학습실은 서측 공원에서 면하여 계획)
 → 창작교육센타는 북측 배치
 (디자인교육실은 서측공원에 면하여 계획)
 - 1층
 → 돌봄교실은 남측 배치
 (간이식당은 서측공원에 면하여 계획)
 → 창작교육센타는 북측 배치
 (창작지원실은 서측공원에 면하여 계획)

| 5 | 면적 분석 및 면적 조정 | 6 | 블럭다이어그램 |

① 면적분석
- 주요실은 50㎡ 배수 기준
- 통합스튜디오(200㎡)은 4모듈
- 50㎡를 기준으로 그리드를 작성하여 면적증감 및 실면적을 조정

② 1층 : 735㎡
2층 : 905㎡
→ 905 - 735 = 170㎡ 의 필로티 공간 고려

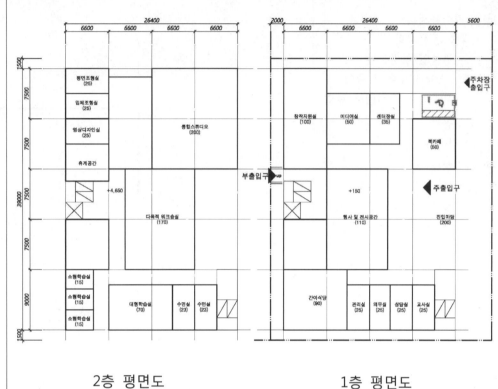

2층 평면도 / 1층 평면도

① 기능도와 면적조정을 통해 각실의 형태를 구체적으로 잡아본다.

② 50㎡의 단위모듈
- 통합스튜디오(200㎡)
→ 4개의 모듈로 구성
- 다목적 워크숍실(170㎡)
→ 복도를 포함한 4개의 모듈로 구성된 변형모듈

③ 2층을 먼저 계획한 후 1층을 나중에 계획

④ 철근콘크리트조를 고려한 합리적인 구조스판으로 구성한다.

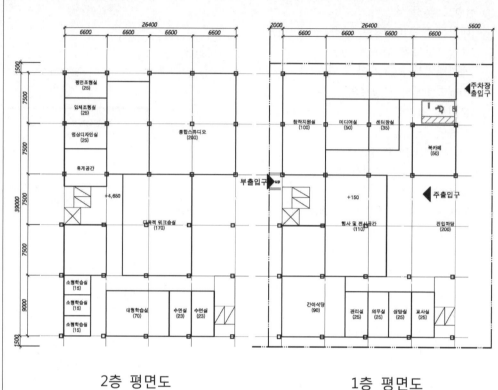

2층 평면도 / 1층 평면도

| 7 | 답안리뷰 및 체크포인트 |

① 접근동선
- 10m도로방향, 주출입구, 공원에서 부출입구
- 10m 도로에서 차량출입구
- 진입마당을 통한 주출입
- 외부계단은 2층 돌봄교실을 위해 보행자전용도로와 진입도로에서 출입

② 주요시설 검토
• 1층
- 돌봄교실은 남측배치
  (간이식당은 서측공원에 면하게 계획)
- 창작지원센타는 북측배치
  (창작지원실은 서측공원에 면하게 계획)
• 2층
- 돌봄교실은 남측배치
  (소형학습실은 서측공원에 면하게 계획)
- 창작지원센타는 북측배치
  (디자인교육실은 서측공원에 면하게 계획)

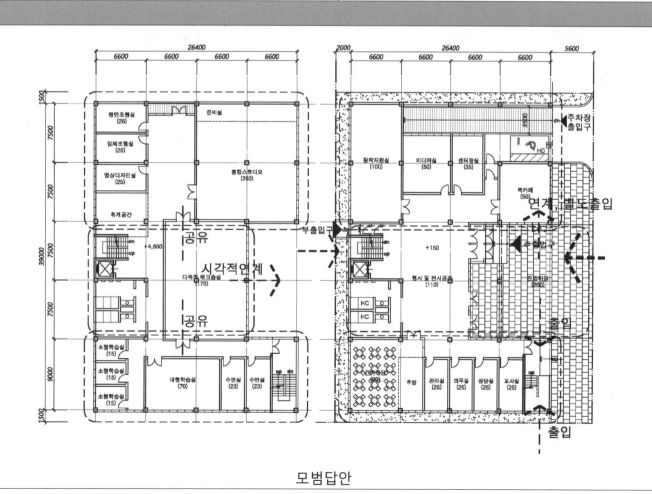

모범답안

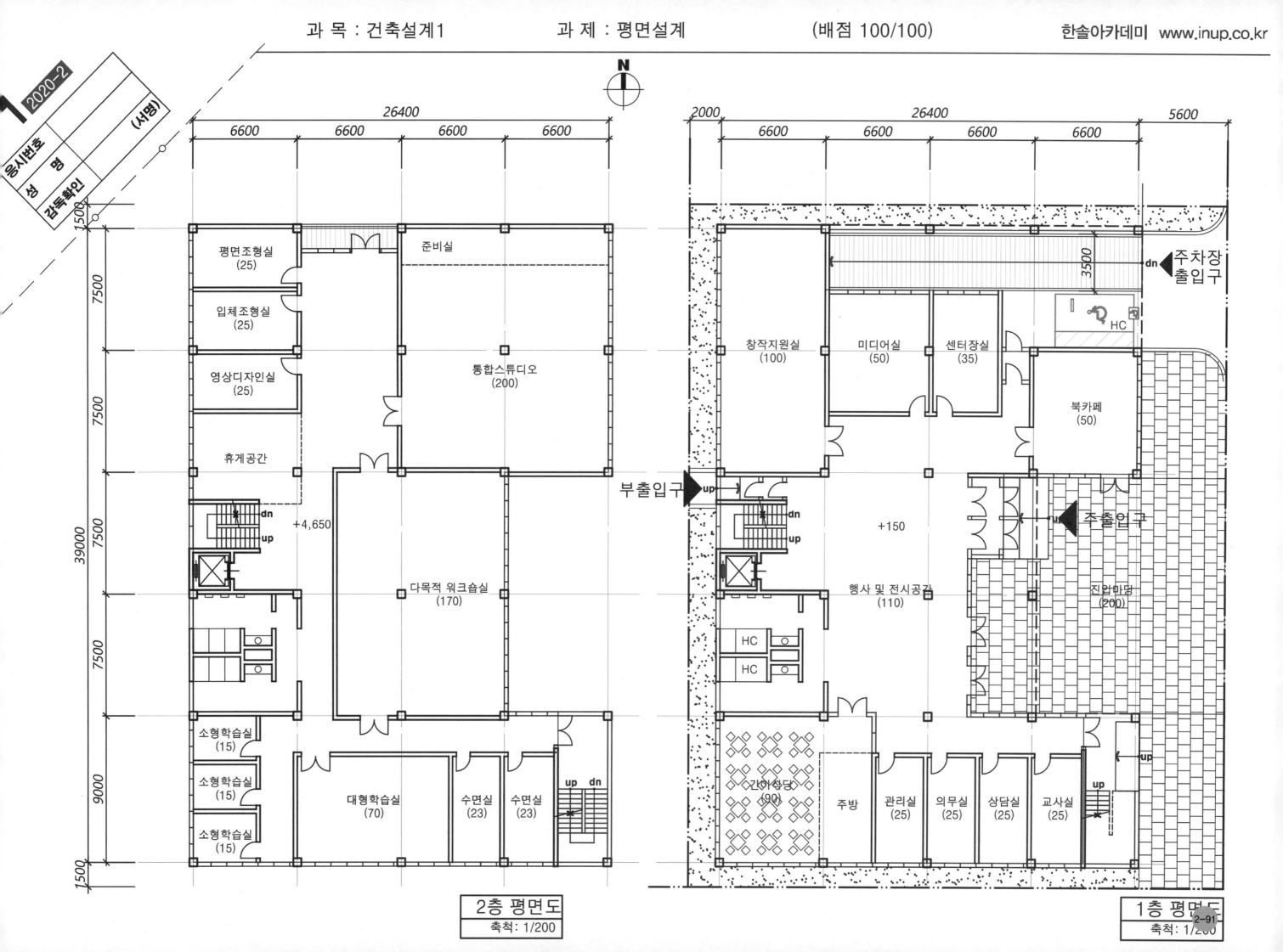

2층 평면도
축척: 1/200

1층 평면도
축척: 1/200

평면조형실 (25)

입체조형실 (25)

영상디자인실 (25)

휴게공간

준비실

통합스튜디오 (200)

+4,650

다목적 워크숍실 (170)

dn / up

소형학습실 (15)

소형학습실 (15)

소형학습실 (15)

대형학습실 (70)

수면실 (23)

수면실 (23)

up　dn

창작지원실 (100)

미디어실 (50)

센터장실 (35)

북카페 (50)

HC

주차장 출입구

dn

부출입구 up

+150

행사 및 전시공간 (110)

주출입구 up

취업마당 (200)

HC

HC

간이식당 (90)

주방

관리실 (25)

의무실 (25)

상담실 (25)

교사실 (25)

up

26400

6600　6600　6600　6600

2000　26400　5600

6600　6600　6600　6600

7500　7500　7500　7500　7500　9000　1500　39000

3500

1500

2-91

구 성

1. 제목
- 건축물의 용도를 제시
- 용도를 통해 일반적인 시설의 특징을 고려한다.

2. 건축개요
- 지역/지구 제시
- 대지면적과 도로현황을 제시
- 건폐율, 용적률, 규모, 구조를 구체적으로 제시
- 층고 및 기타 설비조건 등을 제시

3. 설계조건
- 이격거리 등이 주어짐
- 출제자가 일반적인 조건이 아닌 본 시설에서 특별히 요구하는 조건으로 이는 채점의 기준으로 해석해도 좋다.

FACTOR

① 배점 확인
- 평면은 100점의 단일과제로 구성
- 계획 및 작도에 3시간이라는 점이 중요하다.

② 계획건물의 성격
- 2개의 기능별 조닝
- 경사지 계획

③ 건축개요
- 1층 층고 4.5 : 레벨차 해결
- 조경 5% : 72m²
- 주차 : 6대(장애인주차 1대 포함)

④ 이격조건
- 대지경계선에서 1m 이격

⑤ 자연지반 유지
- 대지레벨차 이용한 계획

⑥ 계단식 연결보행통로
- 12m 도로와 6m 도로 연결
- 보호수림 연접

⑦ 주민카페
- 6m 도로에 면하여 별동

⑧ 주출입(1F), 주차출입 - 12m 도로
부출입(2F) - 6m 도로

⑨ 코어 - 피난고려

지 문 본 문

2021년도 제1회 건축사자격시험 문제

과목: 건축설계1   제1과제 (평면설계)   ① 배점: 100/100점

제목 : 의료교육시설과 건강생활지원센터

1. 과제개요

지역주민의 만성질환 예방 및 건강한 생활습관 형성을 지원하는 의료교육시설과 건강생활지원센터를 경사지에 신축하고자 한다. 다음 사항을 고려하여 지상 1층과 지상 2층 평면도를 작성하시오.
②

2. 건축개요 ③

(1) 용도지역 : 준주거지역
(2) 계획대지 : <대지 현황도> 참조
(3) 건축물 용도 : 제1종 근린생활시설
(4) 대지면적 : 1,440m²
(5) 규모 : 지상 2층
(6) 구조 : 철근콘크리트조
(7) 건폐율 : 70% 이하
(8) 용적률 : 300% 이하
(9) 층고 : 지상 1층 4.5m, 지상 2층 4.5m
(10) 대지안의 조경 : 대지면적의 5% 이상
(11) 승강기 : 1대(승강로 내부치수는 2.4m×2.4m, 장애인 겸용)
(12) 주차 : 지상 6대 이상(장애인전용주차 1대 포함)

3. 설계조건

(1) 대지경계선으로부터 1m 이상 이격하여 건축물을 배치한다.
④
(2) 대지 내 자연지반을 최대한 유지하여 건축물을 배치한다.
⑤
(3) 12m 도로와 6m 도로를 연결하는 계단식 연결보행통로를 너비 2m 이상으로 설치하고, 보호수림과 연접하여 계획한다. ⑥
(4) 주민카페는 6m 도로에 면하여 별동으로 계획한다.
⑦
(5) 주출입구(지상 1층)와 주차 출입구는 12m 도로에, 부출입구(지상 2층)는 6m 도로에 면하여 계획한다.
⑧
(6) 코어는 피난을 고려하여 합리적으로 계획한다.
⑨

---

(7) 감염교육실, 예방교육실 및 인터넷교육실은 동향으로 계획한다.
⑩
(8) 진료 및 처치실은 6m 도로에 면하고 물리치료실에 연접하여 계획한다.
⑪
(9) 물리치료실과 다목적 체력단련실은 동향에 면하고 두 실 사이에 공유데크를 계획한다.
⑫
(10) 요가 및 명상실은 남향으로 계획한다.
⑬

4. 건축물 및 외부공간 소요면적

구 분	실 명	면적(m²)	비 고
지상1층 (의료교육 시설)	감염교육실	30	휴게데크 공유
	예방교육실	30	
	인터넷교육실	30	
	사무실	60	주출입구에 인접배치
	회의실		
	관장실		
	화장실, 계단실, 복도, 승강기, 승강기홀 등	160	장애인 화장실 포함(남녀 구분 설치)
	소 계	310	
지상2층 (건강생활 지원센터)	다목적 체력단련실	130	남녀 샤워실 (40m²) 설치
	요가 및 명상실	110	남녀 샤워실 (40m²) 설치
	물리치료실	60	
	진료 및 처치실	40	
	자원봉사실	30	연접 배치
	청소년·어르신 상담실	30	
	주민카페	50	
	화장실, 계단실, 복도, 승강기, 승강기홀 등	220	복도 유효폭 2m 이상
	소 계	670	
	합 계	980	
외부공간 ⑭	휴게데크	60	
	공유데크	60	물리치료실과 다목적 체력단련실에서 공유
	옥외데크	60	요가 및 명상실에 면함

주) 1. 각 실의 면적은 5% 이내에서 증감이 가능하다.

FACTOR

⑩ 감염교육실, 예방교육실, 인터넷교육실
- 동향

⑪ 진료, 처치실 - 6m 도로 면함.
- 물리치료실 연접

⑫ 물리치료실, 다목적체력단련실
- 동향에 면함.
- 두실사이 공유데크

⑬ 요가, 명상실 - 남향

⑭ 외부공간
- 휴게데크
- 공유데크
- 옥외데크

구 성

4. 실별면적표
- 계획시설의 각실별 면적과 용도가 제시
- 1, 2층의 층별조닝이 되어있는 경우와 주어지지 않는 경우가 있다.
- 각 실의 기능과 사용성을 고려해 그룹별로 그룹핑을 통해 각 용도별로 영역을 나누어야 한다.
- 최근의 경향은 설계조건은 비교적 자세하고 다양하게 요구하고 있지만 실별 요구사항은 많지 않아지고 있음에 유의한다.
- 각실은 건축계획적 측면에서 합리적이고 보편적인 계획되도록 해야 한다.

5. 도면작성요령

- 요구도면을 제시
- 실명, 치수, 출입구, 기 등 등을 반드시 표기해 야 한다.
- 출제자가 도면표현상에 서 특별히 요구하는 요 소를 제시
- 단위 및 축척을 제시

---

⑮ 배치관련표현
- 외부공간 표현은 각층 평면도에 표기

⑯ 1F 평면도에 2F 건물의 각선 표현
- 점선으로 표시
• 등고 조정선 – 실선으로 표기

⑰ 현황도 분석
- ±0~+4.0m 레벨차 경사대지
- 전·후면 2면 접도
- 대지내 보호수림
- 동측에 공원 고려

과목: 건축설계1   제1과제 (평면설계)   배점: 100/100점

5. 도면작성요령

(1) 조경, 옥외주차장 등 외부공간과 관련된 배 치계획은 각 층 평면도에 표시한다.
(2) 중심선, 주요치수, 출입문, 각 층 바닥레벨, 각 ⑮ 실면적 및 실명 등을 표기한다.
(3) 벽과 개구부가 구분되도록 표기한다.
(4) 지상 1층 평면도에 지상 2층 건축물 외곽선 을 점선으로, 등고 조정선을 실선으로 표시 한다.   ⑯
(5) 단위 : mm, m, m²
(6) 축척 : 1/200

6. 유의사항

(1) 답안작성은 반드시 흑색 연필로 한다.
(2) 명시되지 않은 사항은 현행 관계법령의 범위 안에서 임의로 한다.
(3) 치수 표기 시 답안지의 여백이 없는 경우에는 융통성 있게 표기한다.

<대지 현황도> 축척없음 ⑰

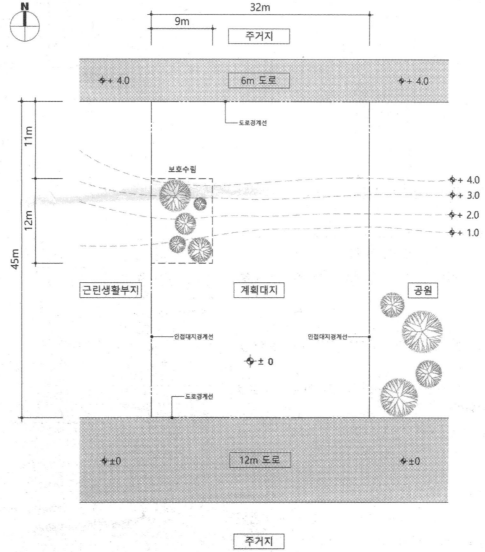

---

6. 유의사항

- 도면작성 도구
- 현행법령안에서 계획 할 것

■ 문제풀이 Process

1 대지분석

① 현황도 분석
- Level : 경사지형 4m 높이차
- 접도조건
  - 12m도로: 주출입, 차량진출입
  - 6m도로: 부출입
- 인접대지, 대지내 조건
  - 동측 공원: 시각연계O
  - 서측 근생: 시각연계X
  - 북,남측 주거: 시각연계X
- 방위
  - 북향: 6m도로
  - 남향: 12m도로
② 각종동선 파악
- 보행동선
  - 6m도로에서 접근(주출입구)
  - 공원 및 4m 보행자(부출입구)
    전용도로에서 접근계획
- 차량동선
  - 6m 도로에서 차량 출입고려
    (경사로계획)

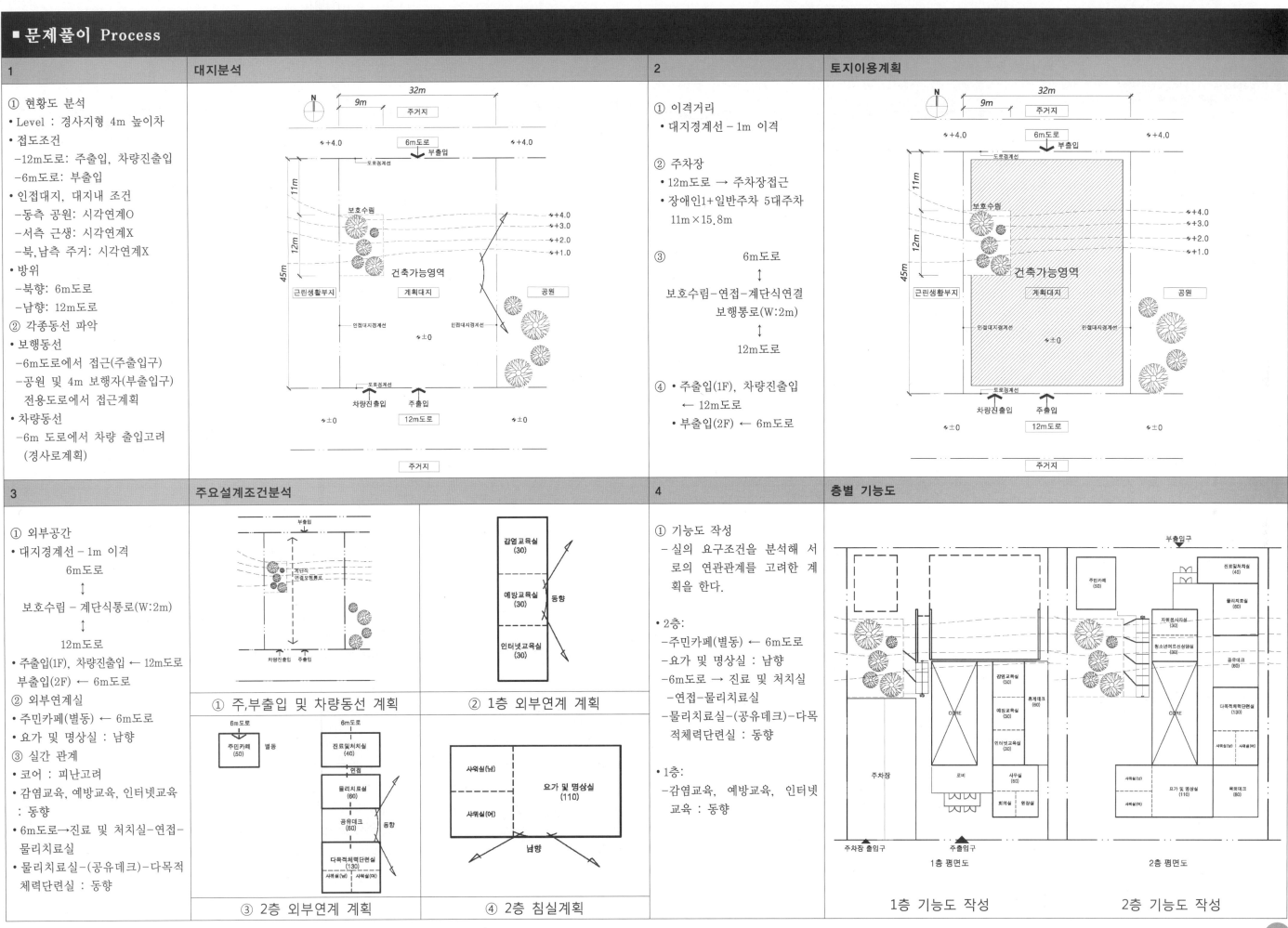

2 토지이용계획

① 이격거리
- 대지경계선 - 1m 이격

② 주차장
- 12m도로 → 주차장접근
- 장애인1+일반주차 5대주차
  11m×15.8m

③ 　　　6m도로
　　　　　↕
보호수림-연접-계단식연결
　　보행통로(W:2m)
　　　　　↕
　　　　12m도로

④ • 주출입(1F), 차량진출입
　　　← 12m도로
- 부출입(2F) ← 6m도로

3 주요설계조건분석

① 외부공간
- 대지경계선 - 1m 이격
  6m도로
　　↓
보호수림 - 계단식통로(W:2m)
　　↓
　12m도로
- 주출입(1F), 차량진출입 ← 12m도로
  부출입(2F) ← 6m도로
② 외부연계실
- 주민카페(별동) ← 6m도로
- 요가 및 명상실 : 남향
③ 실간 관계
- 코어 : 피난고려
- 감염교육, 예방교육, 인터넷교육
  : 동향
- 6m도로→진료 및 처치실-연접-
  물리치료실
- 물리치료실-(공유데크)-다목적
  체력단련실 : 동향

① 주,부출입 및 차량동선 계획

② 1층 외부연계 계획

③ 2층 외부연계 계획

④ 2층 침실계획

4 층별 기능도

① 기능도 작성
- 실의 요구조건을 분석해 서
  로의 연관관계를 고려한 계
  획을 한다.

- 2층:
  - 주민카페(별동) ← 6m도로
  - 요가 및 명상실 : 남향
  - 6m도로 → 진료 및 처치실
    - 연접-물리치료실
  - 물리치료실-(공유데크)-다목
    적체력단련실 : 동향

- 1층:
  - 감염교육, 예방교육, 인터넷
    교육 : 동향

1층 기능도 작성

2층 기능도 작성

5	면적 분석 및 면적 조정

① Grouping

1층: -감염 예방 인터넷　90
　　-사무 회의 관장　60
2층: -체력단련　130
　　-요가 명상　110
　　-물리치료 진료처치　100
　　-자원봉사 상담실　60
　　-주민카페　50

② 층별면적검토
2층 : 620+60(공유)+60(옥외)
　　=740(12.33Mo)+50주민카페(별동)
1층 : 310+60(휴게)
　　=370 (6.16Mo)+370(지반)

③ 단위모듈
$60m^2$ → 7.7m×7.7m로 →
7.5×8.0/7.2×8.3/7.0×8.6/
변형모듈 고려가능

④ 공용부 면적검토
　계단1, 승강기1 : 1Mo
　화장실 : 1Mo
　1층 160(2.6Mo)=2.0Mo+0.6Mo
(복도, 로비)
　2층 220(3.6Mo)=2.0Mo+1.6Mo
(복도, 홀)

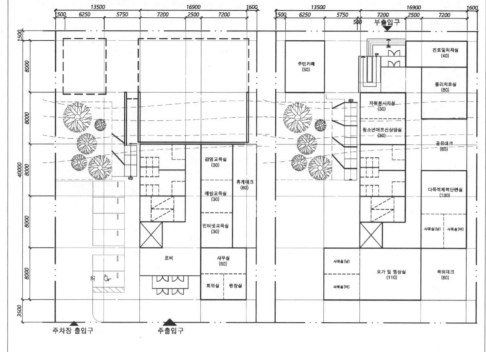

1층 평면도　　2층 평면도

6	블럭다이어그램

① 기능도와 면적조정을 통해 각실
　의 형태를 구체적으로 잡아본다.

② $60m^2$의 단위모듈

③ 1층
-감염교육, 예방교육, 인터넷교육
: 동향

④ 2층
-주민카페(별동) ← 6m도로
-요가 및 명상실 : 남향
-6m도로→진료 및 처치-연접
-물리치료실
-물리치료실-(공유데크)-다목
적체력단련실 : 동향
-코어 : 피난고려

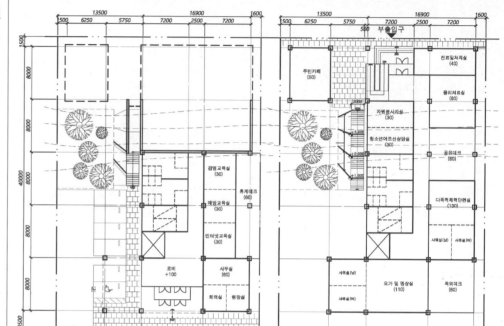

1층 평면도　　2층 평면도

7	답안리뷰 및 체크포인트

① 접근동선
- 12m도로 : 주출입구, 차량출입구
- 6m도로 : 부출입구
- 계단식 연결보행통로

② 주요시설 검토
• 1층
-감염교육, 예방교육, 인터넷교육 : 동향
• 2층
-주민카페(별동) ← 6m도로
-요가 및 명상실 : 남향
-6m도로 → 진료 및 처치실-연접-물리치료실
-물리치료실-(공유데크)-다목적체력단련실 : 동향
-코어 : 피난고려

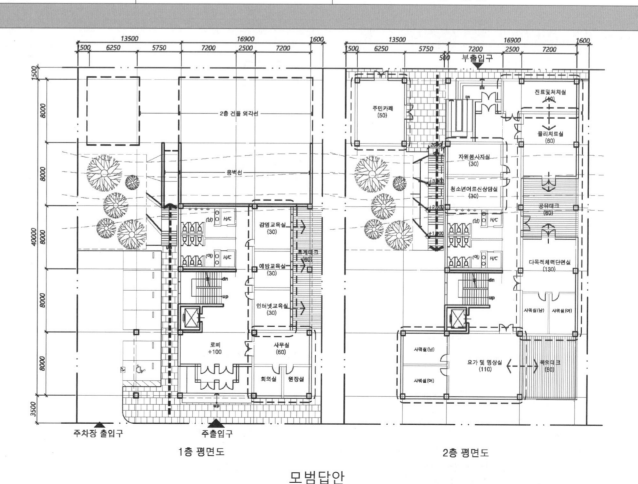

1층 평면도　　2층 평면도

모범답안

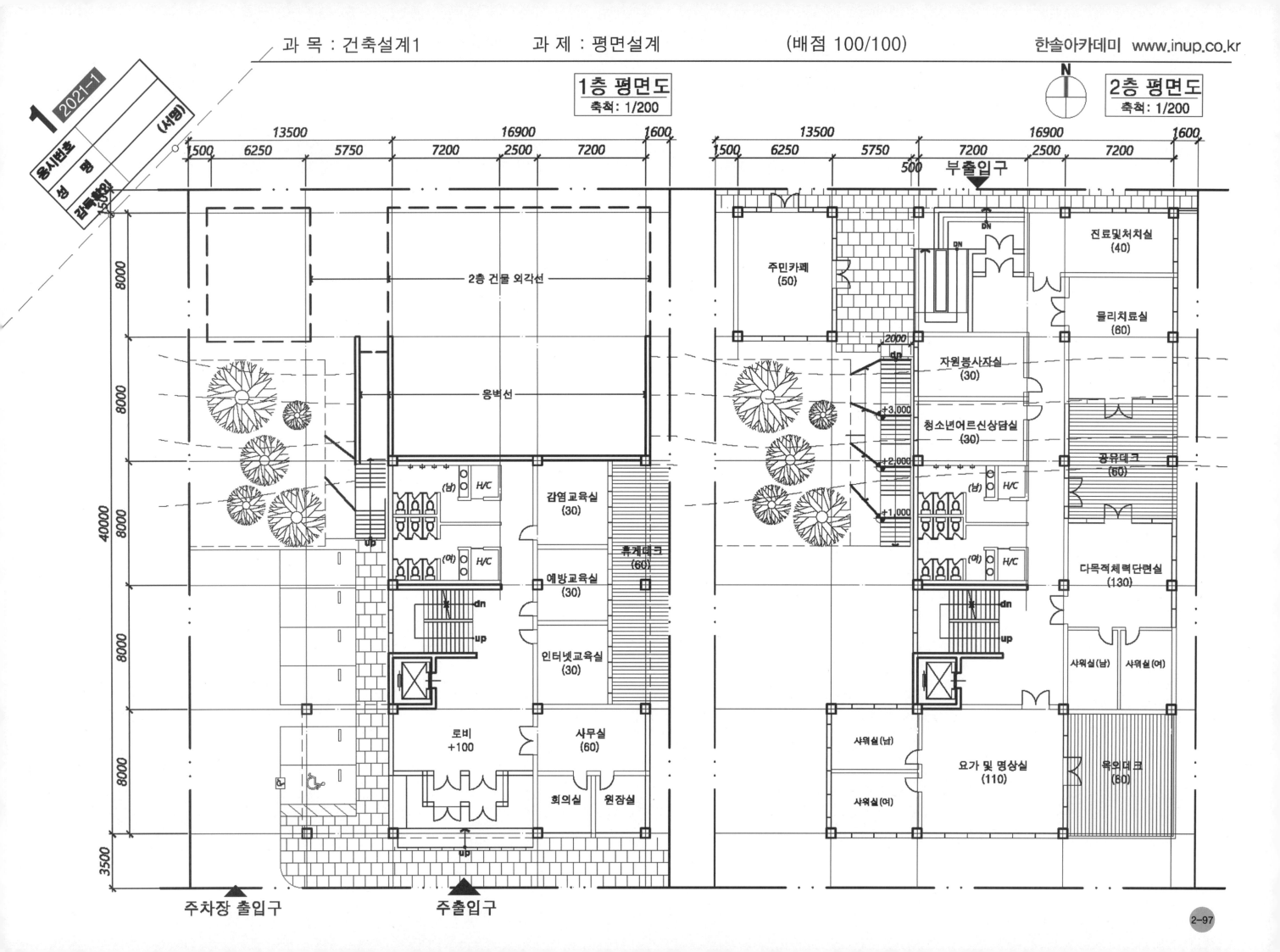

1층 평면도
축척: 1/200

2층 평면도
축척: 1/200

N

13500　　16900　　1600

1500　6250　　5750　　7200　2500　7200

2층 건물 외각선

옹벽선

up

(남) H/C

감염교육실
(30)

(여) H/C

예방교육실
(30)

휴게데크
(60)

dn

up

인터넷교육실
(30)

로비
+100

사무실
(60)

회의실　원장실

13500　　16900　　1600

1500　6250　　5750　　7200　2500　7200

500　부출입구

DN

주민카페
(50)

진료및처치실
(40)

DN

물리치료실
(60)

2000
dn

자원봉사자실
(30)

+3,000

청소년어르신상담실
(30)

공유데크
(60)

+2,000

(남) H/C

+1,000

다목적체력단련실
(130)

(여) H/C

dn

up

사워실(남)　사워실(여)

사워실(남)

요가 및 명상실
(110)

옥외데크
(60)

사워실(여)

8000
8000
40000
8000
8000
3500

주차장 출입구　　　　주출입구

구 성	FACTOR	지 문 본 문	FACTOR	구 성

2021년도 제2회 건축사자격시험 문제

과목 : 건축설계1   제1과제 (평면설계)   ① 배점 : 100/100점

제목 : 청소년을 위한 문화센터 평면설계

1. 과제개요

청소년의 다양한 여가 활동을 지원하기 위한 소규모 문화센터를 건립하고자 한다. 경사진 대지 내 보존가치가 있는 근대건축물을 포함하여 계획하고 1층과 2층 평면도를 작성하시오.

2. 건축개요 ③

(1) 용도지역 : 제2종 일반주거지역
(2) 계획대지 : <대지 현황도> 참조
(3) 용   도 : 제1종 근린생활시설
(4) 대지면적 : 1,364m²
(5) 규   모 : 지상 2층
(6) 구   조 : 철근콘크리트조
　　　　　　　(기존 근대건축물 : 조적조)
(7) 건 폐 율 : 60% 이하
(8) 용 적 률 : 200% 이하
(9) 층   고 : 각 층 4.5m
(10) 대지안의 조경 : 대지면적의 10% 이상
(11) 승강기 : 1대 (승강로 내부치수는 2.4m×2.4m, 장애인 겸용)
(12) 주   차 : 시설면적 200m²당 1대 이상
　　　　　　　(장애인전용주차 1대 포함, 연접주차 불가)

3. 설계조건

(1) 경사 지형을 최대한 이용하여 계획한다.
(2) 대지경계선으로부터 1m 이상 이격하여 건축물을 배치한다. ④
(3) 주출입구와 차량출입구는 같은 도로선상에 계획하고 주차장은 필로티 하부에 계획한다. ⑤
(4) 보호수를 포함하여 전시마당을 계획한다. ⑥
(5) 휴게마당은 지형을 이용하여 계단식으로 계획하고 야외공연 시 객석으로 활용한다. ⑦
(6) 다목적실1은 전시 및 공연 용도로 사용되며 전시마당에 인접한다. ⑧
(7) 기존 근대건축물과 옥상정원(1층 상부)을 보행동선(연결브릿지)으로 연결한다. ⑨

(8) 기존 근대건축물은 다목적실2로 계획하고 개방형 카페와 연결한다. ⑩
(9) 개방형서재는 계단식으로 계획하여 1층과 2층을 연결하고 직통계단의 기능을 겸한다. ⑪
(10) 로비-개방형서재-개방형카페-공원으로의 시각 및 공간적인 연속성을 고려한다. ⑫
(11) 복도 폭은 사물함 비치 등 공간 활용을 고려하여 유효폭 2.4m 이상으로 계획한다. ⑬
(12) 다목적실2에 단열계획을 한다. ⑭
(13) 층간 방화구획과 방음계획(필요시)을 한다. ⑮
(14) 조경계획 시 차폐식재를 고려한다. ⑯

4. 건축물 및 외부공간 소요면적

구분	실 명	면적(m²)	비 고
지상 1층	개방형서재	40	전체 면적 120m²의 일부
	다목적실1	85	전시 및 공연용도 (개폐식 도어 활용)
	관리사무실	25	
	기계실 및 창고	80	개방형서재 하부공간
	방풍실	25	
	화장실	40	장애인화장실(남,여) 포함
	기타 공용면적	135	로비, 복도, 승강기, 승강기홀 등
	소 계	430	
지상 2층	개방형서재	80	전체 면적 120m²의 일부
	다목적실2	50	상담・강연・교육용도
	댄스연습실	70	옥상정원과 연계
	연주연습실1	30	
	연주연습실2	30	
	노래연습실	30	내부에 4개실로 구획
	방송실	30	내부에 2개실로 구획
	공방	40	공원 전망
	동아리실1	20	
	동아리실2	20	
	조리연습실	25	
	개방형카페	85	공원 전망
	화장실 및 탈의사위실	40	남녀 구분
	기타 공용면적	110	복도, 승강기, 승강기 홀
	소 계	660	
	총 계	1,090	
외부 공간	휴게마당	130 내외	다목적실1과 연계
	전시마당	100 내외	보호수 포함
	옥상정원	85	1층 상부
⑰	돌출형 발코니	10	동아리실에서 이용

주) 1. 건축물의 연면적 및 각 실의 면적은 5% 이내 증감이 가능하다.
　　2. 장애인 화장실은 1층에만 설치한다. ⑱

좌측 구성·FACTOR

1. 제목
- 건축물의 용도를 제시
- 용도를 통해 일반적인 시설의 특징을 고려한다.

① 배점 확인
- 평면은 100점의 단일과제로 구성
- 계획 및 작도에 3시간이라는 점은 중요하다.

② 계획건물의 성격
- 2개의 기능별 조닝
- 경사지 계획

2. 건축개요
- 지역/지구 제시
- 대지면적과 도로현황을 제시
- 건폐율, 용적률, 규모, 구조를 구체적으로 제시
- 층고 및 기타 설비조건 등을 제시

③ 건축개요
- 제2종 일반주거지역 이므로 정북일조권 확인
- 지상 2층
- 건폐율/용적률 고려
- 층고 : 각 층 4.5m
- 조경 10% : 136.4m²
- 주차 : 200m²당 1대 건물바닥면적 1,090m² = 5.45대 = 5대 (장애인주차 1대 포함, 연접주차 불가)

3. 설계조건
- 이격거리 등이 주어짐
- 출제자가 일반적인 조건이 아닌 본 시설에서 특별히 요구하는 조건으로 이는 채점의 기준으로 해석해도 좋다.

④ 이격조건
- 대지경계선에서 1m 이상 이격

⑤ 주출입, 차량진출입
- 같은 도로선상에서 출입
- 주차장 : 필로티 하부

⑥ 보호수목 : 전시마당

⑦ 휴게마당 : 지형이용, 계단식(객석)

⑧ 다목적실1 : 전시마당 인접
- 전시, 공연용도

⑨ 기존 근대건축물-연결브릿지-옥상정원 (1층 상부)

우측 FACTOR·구성

⑩ 기존 근대건축물(다목적실2)
- 연결-개방형카페

⑪ 개방형 서재(계단식, 직통계단기능)
- 연결-1층, 2층

⑫ 로비-개방형서재-개방형 카페
- 공원 : 시각적, 공간적 연속성

⑬ 복도폭 : 유효폭 2.4m (사물함 비치 등 공간활용)

⑭ 다목적실2 : 단열계획

⑮ 층간방화구획, 방음계획

⑯ 조경계획시 차폐식재

⑰ 외부공간
- 휴게마당
- 전시마당
- 옥상정원
- 돌출형 발코니

⑱ 장애인 화장실 : 1층만 설치

4. 실별면적표
- 계획시설의 각실별 면적과 용도가 제시
- 1, 2층의 층별조닝이 되어있는 경우와 주어지지 않는 경우가 있다.
- 각 실의 기능과 사용성을 고려해 그룹별로 그룹핑을 통해 각 용도별로 영역을 나누어야 한다.
- 최근의 경향은 설계조건은 비교적 자세하고 다양하게 요구하고 있지만 실별 요구사항은 많지 않아지고 있음에 유의한다.
- 각실은 건축계획적 측면에서 합리적이고 보편적인 계획되도록 해야 한다.

5. 도면작성요령

- 요구도면을 제시
- 실명, 치수, 출입구, 기둥 등을 반드시 표기해야 한다.
- 출제자가 도면표현상에서 특별히 요구하는 요소를 제시
- 단위 및 축척을 제시

⑲ 외부공간 관련표현
- 각층 평면도에

⑳ 현황도 분석
- 대지 레벨차
- 대지에 2면 도로 접함.
- 대지내 기존건물
- 대지내 수목

과목: 건축설계1　　　　제1과제 (평면설계)　　　　배점: 100/100점

5. 도면작성요령

(1) 조경, 옥외주차장 등 외부공간과 관련된 배치계획은 각 층 평면도에 표시한다. ⑲
(2) 중심선, 주요치수, 출입문, 바닥레벨, 실명, 실면적 등을 표기한다.
(3) 벽과 개구부가 구분되도록 표시한다.
(4) 1층 평면도에 2층 건축물 외곽선과 등고 조정선을 표시한다.
(5) 단위 : mm, m, m²
(6) 축척 : 1/200

6. 유의사항

(1) 답안작성은 반드시 흑색 연필로 한다.
(2) 명시되지 않은 사항은 현행 관계법령의 범위 안에서 임의로 한다.
(3) 치수 표기 시 답안지의 여백이 없는 경우에는 융통성 있게 표기한다.

<대지 현황도> 축척없음 ⑳

---

6. 유의사항

- 도면작성 도구
- 현행법령안에서 계획할 것

■ 문제풀이 Process

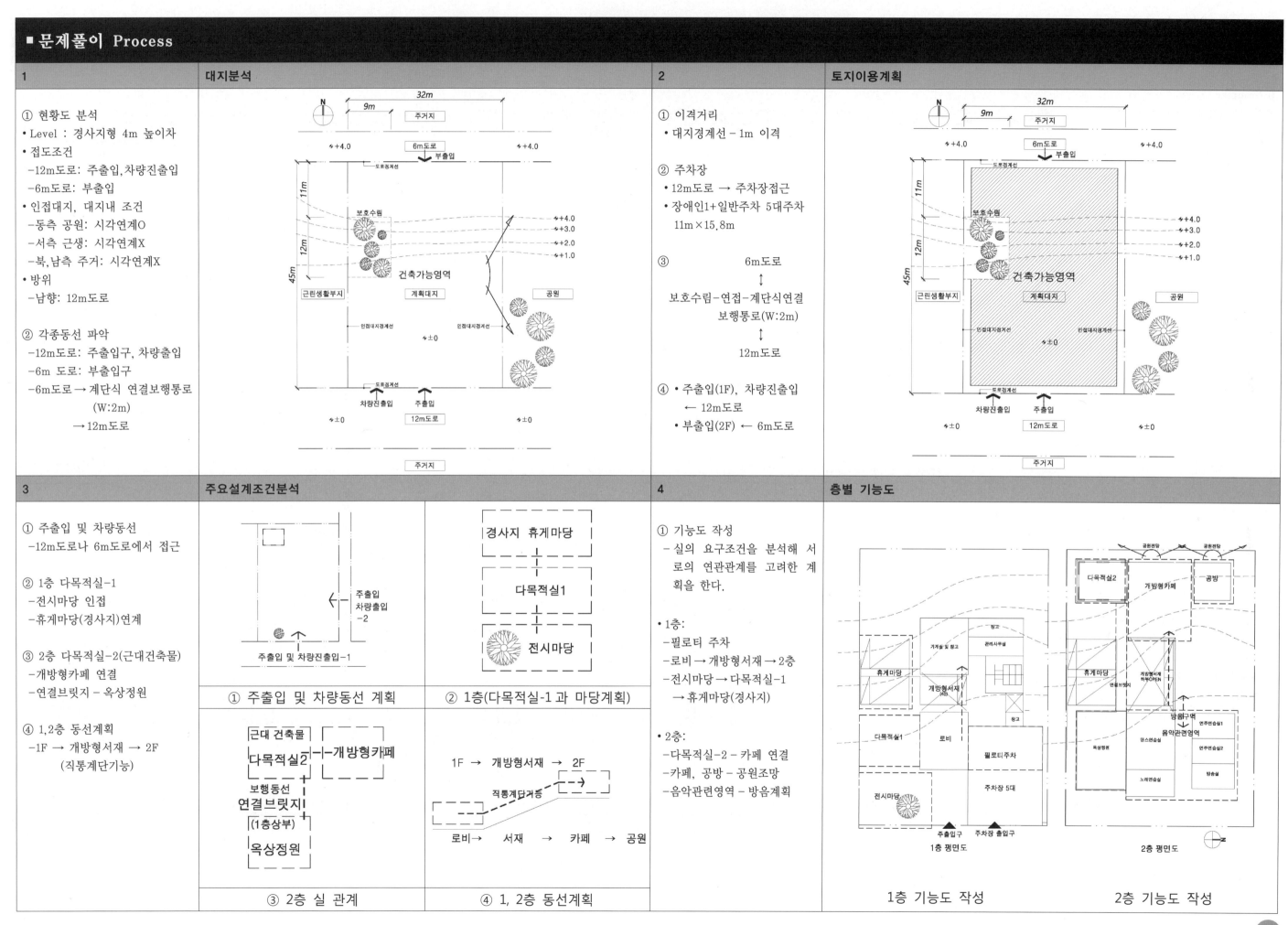

1 대지분석

① 현황도 분석
- Level : 경사지형 4m 높이차
- 접도조건
  -12m도로: 주출입,차량진출입
  -6m도로: 부출입
- 인접대지, 대지내 조건
  -동측 공원: 시각연계O
  -서측 근생: 시각연계X
  -북,남측 주거: 시각연계X
- 방위
  -남향: 12m도로

② 각종동선 파악
- -12m도로: 주출입구, 차량출입
- -6m 도로: 부출입구
- -6m도로→ 계단식 연결보행통로
  (W:2m)
  → 12m도로

2 토지이용계획

① 이격거리
- 대지경계선 – 1m 이격

② 주차장
- 12m도로 → 주차장접근
- 장애인1+일반주차 5대주차
  11m×15.8m

③   6m도로
         ↕
    보호수림-연접-계단식연결
    보행통로(W:2m)
         ↕
        12m도로

④ • 주출입(1F), 차량진출입
     ← 12m도로
   • 부출입(2F) ← 6m도로

3 주요설계조건분석

① 주출입 및 차량동선
- -12m도로나 6m도로에서 접근

② 1층 다목적실-1
- -전시마당 인접
- -휴게마당(경사지)연계

③ 2층 다목적실-2(근대건축물)
- -개방형카페 연결
- -연결브릿지 – 옥상정원

④ 1,2층 동선계획
- -1F → 개방형서재 → 2F
  (직통계단기능)

① 주출입 및 차량동선 계획

② 1층(다목적실-1 과 마당계획)

③ 2층 실 관계

④ 1, 2층 동선계획

4 층별 기능도

① 기능도 작성
- 실의 요구조건을 분석해 서로의 연관관계를 고려한 계획을 한다.

• 1층:
- -필로티 주차
- -로비 → 개방형서재 → 2층
- -전시마당 → 다목적실-1
  → 휴게마당(경사지)

• 2층:
- -다목적실-2 – 카페 연결
- -카페, 공방 – 공원조망
- -음악관련영역 – 방음계획

1층 기능도 작성

2층 기능도 작성

5	면적 분석 및 면적 조정		6	블럭다이어그램	

5 면적 분석 및 면적 조정

① Grouping

1층: -서재/(기계,창고)40(25)/120
　　　-다목적실1　　85
　　　-사무관리　　25

2층: -개방형서재　　80/120
　　　-다목적실2　　50
　　　-음악 관련　　190
　　　-동아리 관련　　105
　　　-개방형카페　　85

② 층별면적검토

2층:660+85(옥상정원)+10(발코니)
　= 755 (19.375Mo)

1층:430+325(필로티)
　= 755 (19.375Mo)

③ 단위모듈

$40m^2 → 6.3m×6.3m로 계획$
　　　→ 6.2×6.4 / 6.0×6.6
　　　변형모듈 고려가능

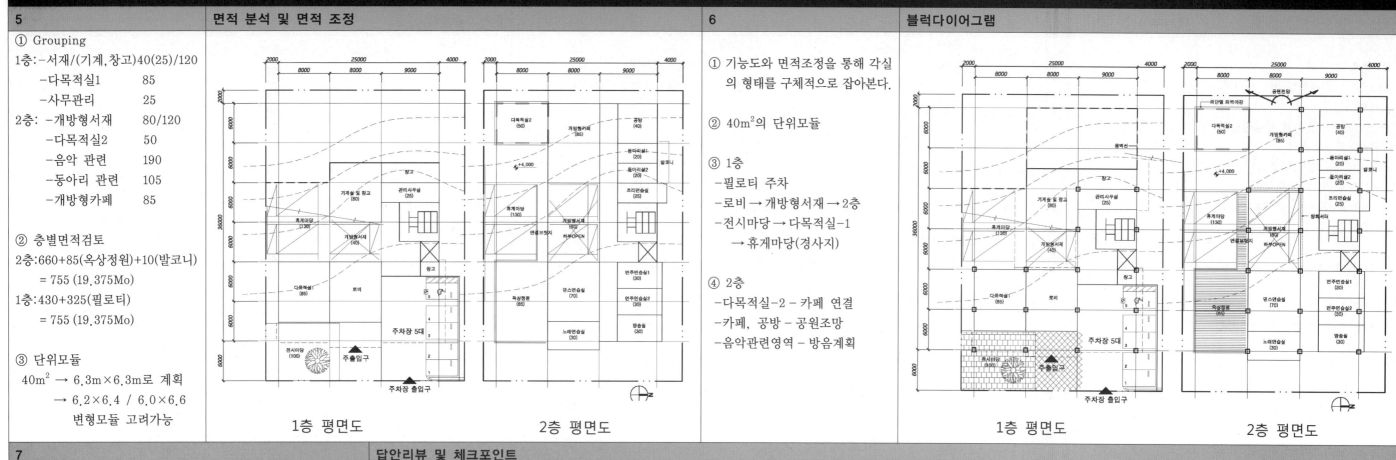

1층 평면도　　　　　2층 평면도

6 블럭다이어그램

① 기능도와 면적조정을 통해 각실의 형태를 구체적으로 잡아본다.

② $40m^2$의 단위모듈

③ 1층
-필로티 주차
-로비 → 개방형서재 →2층
-전시마당 → 다목적실-1
　→ 휴게마당(경사지)

④ 2층
-다목적실-2 - 카페 연결
-카페, 공방 - 공원조망
-음악관련영역 - 방음계획

1층 평면도　　　　　2층 평면도

7	답안리뷰 및 체크포인트	

7 답안리뷰 및 체크포인트

① 접근동선
　-12m도로, 6m도로방향 선택 : 주출입구, 차량출입구

② 주요시설 검토
• 1층
　-필로티 주차
　-로비 → 개방형서재 → 2층
　-전시마당 → 다목적실-1 → 휴게마당(경사지)
• 2층
　-다목적실-2-카페 연결
　-카페, 공방 - 공원조망
　-음악관련영역 - 방음계획

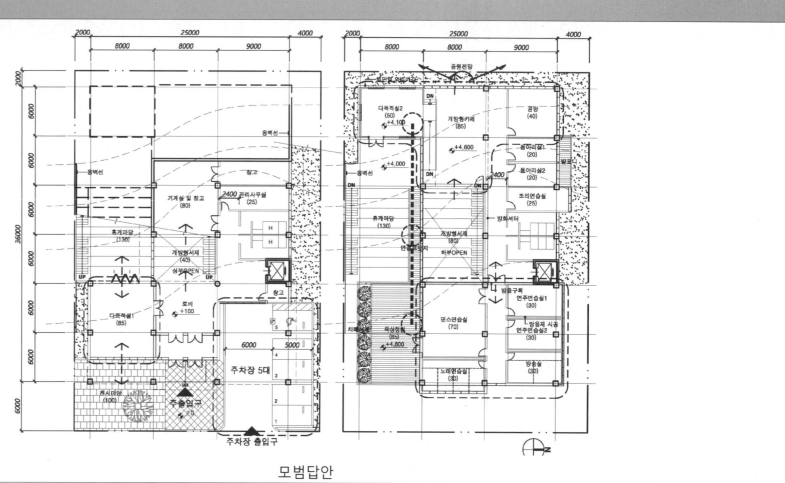

모범답안

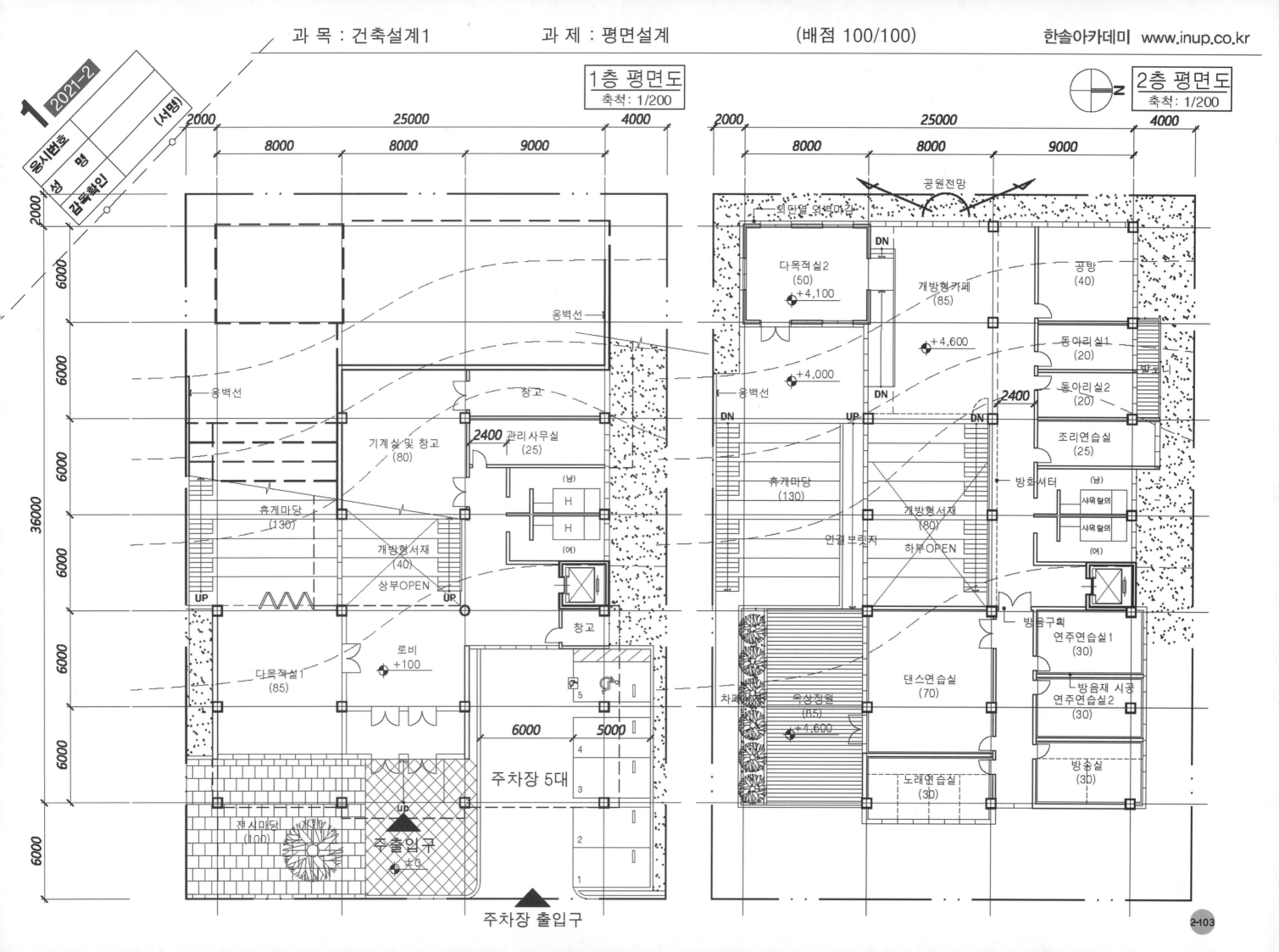

1. 제목

- 건축물의 용도를 제시
- 용도를 통해 일반적인 시설의 특징을 고려한다.

2.(1) 건축개요

- 지역/지구 제시
- 대지면적과 도로현황을 제시
- 건폐율, 용적률, 규모, 구조를 구체적으로 제시
- 층고 및 기타 설비조건 등을 제시

2.(2) 실별면적표

- 계획시설의 각실별 면적과 용도가 제시
- 1, 2층의 층별조닝이 되어있는 경우와 주어지지 않는 경우가 있다
- 각 실의 기능과 사용성을 고려해 그룹별로 그룹핑을 통해 각 용도별로 영역을 나누어야 한다.
- 최근의 경향은 설계조건은 비교적 자세하고 다양하게 요구하고 있지만 실별 요구사항은 많지 않아지고 있음에 유의한다.
- 각실은 건축계획적 측면에서 합리적이고 보편적인 계획되도록 해야 한다.

FACTOR

① 배점 확인
- 평면은 100점의 단일과제로 구성
- 계획 및 작도에 3시간이라는 점은 중요하다.

② 계획건물의 성격
- 분동형
- 주변맥락, 각 동의 기능과 동선

③ 건축개요
- 준주거지역 : 일조권 ×
- 지하1층, 지상2층
- 건폐율 70% : 993.3m² 이하
- 주차대수 200m²당 1대 : 8대
- 조경면적 5% : 70.95m² 이상

④ 외부공간
- 옥외휴게데크 : 미디어동 2층, 공원조망

2022년도 제1회 건축사자격시험 문제

과목 : 건축설계1   제1과제 (평면설계)   ① 배점: 100/100점

제목 : 창작미디어센터 설계

1. 과제개요

디지털 대전환 시대를 맞아 지역 주민의 미디어 생산과 활용을 위한②분동형 창작미디어센터를 건립하고자 한다. 대지의 지역적 맥락, 각 동의 기능과 동선을 고려하여 지상 1층과 지상 2층 평면도를 작성하시오.

2. 설계조건

(1) 건축개요 ③

구분	내용	구분	내용
용도지역	준주거지역	구 조	철근콘크리트조
계획대지	<대지현황도> 참조	승강기	2대(각 동당 1대)
용 도	근린생활시설	주 차	시설면적 200m² 당 1대
대지면적	1,419m²	조 경	대지면적의 5% 이상
규 모	지하 1층, 지상 2층		지하층 3.6m
건 폐 율	70% 이하	층 고	지상 1층 4.5m
용 적 률	200% 이하		지상 2층 4.2m

(2) 건축물 및 외부공간 소요면적

구분		실명	면적(m²)	비고
창작동	지상 1층	오픈스튜디오	150	접이식 도어 활용
		분장실/소품실	60	
		창고	20	
		세미나실	50	
		공용면적	160	
	지상 2층	관람석	30	오픈스튜디오 내 설치
		편집실/영상자료실	60	
		개인스튜디오-1	40	
		개인스튜디오-2	40	
		개인스튜디오-3	40	
		공용면적	150	
		소계	800	
미디어동	지상 1층	정보나눔실	60	
		아이맘도서실	120	미디어카페와 연계
		미디어카페	60	접이식 도어 활용
		공용면적	180	
	지상 2층	사무실	90	센터 운영 관리
		회의실	50	
		교육실	90	
		공용면적	160	
		소계	810	
		총계	1,610	
외부공간		옥외휴게데크 ④	60	미디어동 2층, 공원 조망

주) 1. 건축물의 연면적 및 각 실의 면적은 5% 이내 증감 가능
    2. 각 승강로 내부치수는 2.4m × 2.4m (장애인 겸용)
    3. 장애인 화장실 내부 유효폭 치수는 1.6m × 2.0m 이상
    4. 장애인전용주차 1대는 지상 1층에 배치
    5. 공용면적 : 화장실, 승강기, 계단, 복도, 홀, 로비 등

3. 고려사항

(1) 건축물은 대지 경계선으로부터⑤1m 이상 이격하여 배치한다. (단, 보행통로에서의 이격 거리는 고려하지 않는다.)

(2) 대지 내 보행통로를 고려하여⑥분동형 건축물로 계획하고, 지상 2층에 두 개의 동을 연결하는 연결통로(폭 3m 이내)를 계획한다.

(3) 보행통로 상부는 개방감을 최대한 확보한다.

(4) 창작동의 주출입구는 8m 도로로, 미디어동의 주출⑦입구는 12m 도로에서 계획한다.

(5) 차량 출입구는 8m 도로에서 계획하고, 지하층은 대지 내 통합 설치한다. ⑨

(6) 지상층 평면계획(기둥 간격, 코어 배치 등)은 지하⑩주차장을 고려하여 계획한다.

(7) 오픈스튜디오와 미디어카페는 공원시설을 이용한 행사가 가능하도록 개방형으로 설계한다.

(8) 오픈스튜디오는 층고를 8m 이상 확보하고, 2층⑪에서 출입⑫한 발코니형 관람석을 설계한다.

(9) 분장실/소품실은 오픈스튜디오 내에서 출입하도록⑬설계한다.

(10) 개인스튜디오는 8m 도로에 면한다.⑭

(11) 정보나눔실과 아이맘도서실은 남향으로 배치한다.

(12) 사무실, 회의실, 교육실은 남향으로 배치한다.⑮

(13) 방화구획, 무장애 기준(BF), 에너지절약을 고려⑯하여 계획한다. ⑰

(14) 장애인 화장실은 각 동의 지상 1층에 남녀 구분하여 설계한다.⑱

4. 도면작성요령

(1) 조경, 옥외주차장, 지하주차 경사로 등 외부공간과 관련된 배치계획은 지상 1층 평면도에 표현한다.⑲

(2) 중심선, 주요치수, 출입문, 바닥레벨, 실명, 실면적 등을 표기한다.

(3) 벽과 개구부가 구분되도록 표현한다.

(4) 단위 : mm, m², m²

(5) 축척 : 1/200

FACTOR

⑤ 이격조건
- 대지경계선 : 1m 이상
- 보행통로 : 고려 ×

⑥ 분동형 건축물
- 2층 : 연결통로(w : 3.0m 이내)

⑦ 보행통로
- 상부 개방감

⑧ 주출입구
- 창작동 : 8m 도로
- 미디어동 : 12m 도로

⑨ 차량 출입
- 차량출입구 : 8m 도로
- 지하층은 통합 설치

⑩ 지하주차 고려한 구조계획

⑪ 공원이용 행사 고려 개방형
- 오픈스튜디오, 미디어카페

⑫ 오픈스튜디오
- 층고 : 8m
- 2층 출입 : 발코니형 관람석

⑬ 분장실/소품실
- 오픈스튜디오 내에서 출입

⑭ 개인스튜디오
- 8m 도로에 면함

⑮ 정보나눔실/아이맘 도서실
- 남향 배치

⑯ 사무실, 회의실, 교육실
- 남향 배치

⑰ 방화구획, 무장애 기준, 에너지절약
- 고려계획

⑱ 장애인 화장실
- 각 동 1층에 남녀구분

⑲ 배치계획 옥외시설
- 1층 평면도 표현

---

3. 설계조건

- 이격거리 등이 주어짐
- 출제자가 일반적인 조건이 아닌 본 시설에서 특별히 요구하는 조건으로 이는 채점의 기준으로 해석해도 좋다.

4. 도면작성요령

- 요구도면을 제시
- 실명, 치수, 출입구, 기둥 등을 반드시 표기해야 한다.
- 출제자가 도면표현상에서 특별히 요구하는 요소를 제시
- 단위 및 축척을 제시

5. 유의사항

- 도면작성 도구
- 현행법령안에서 계획
  할 것

과목: 건축설계1　　　　　제1과제 (평면설계)　　　　　배점: 100/100점

5. 유의사항

(1) 답안작성은 반드시 흑색 연필로 한다.

(2) 명시되지 않은 사항은 현행 관계법령의 범위 안
에서 임의로 한다.

(3) 치수표기 시 답안지의 여백이 없는 경우에는
융통성 있게 표기한다.

<대지 현황도> 축척없음

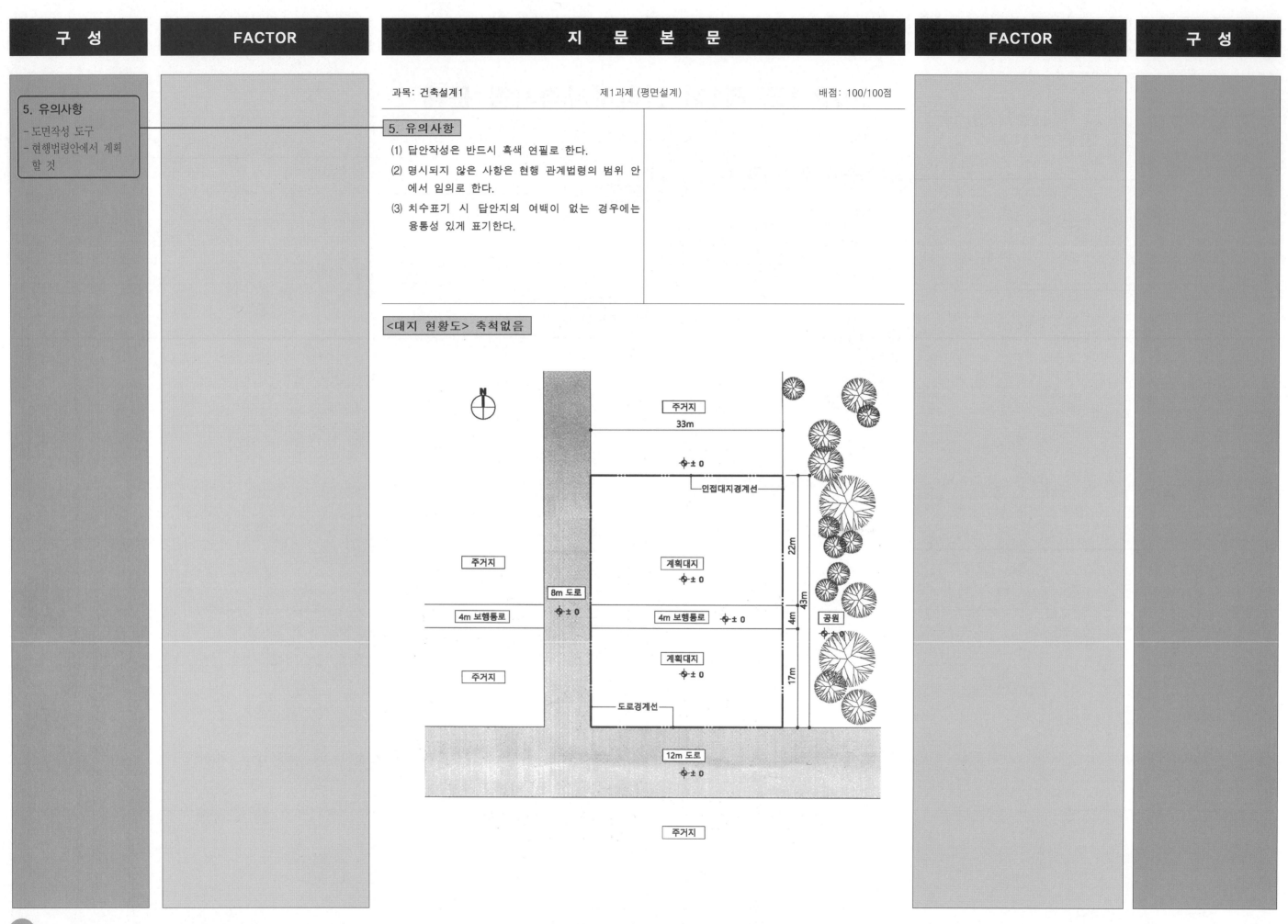

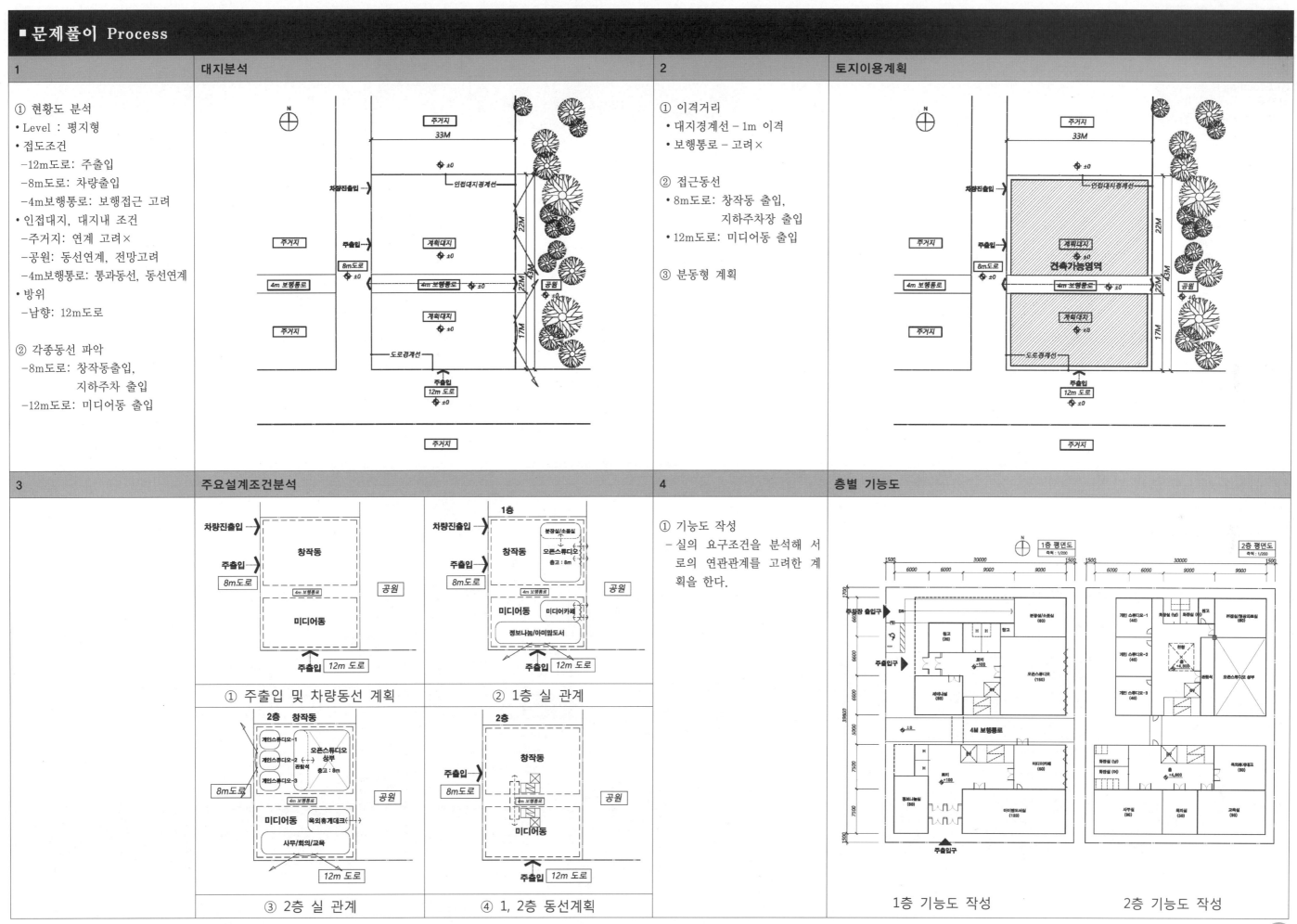

■ 문제풀이 Process

1 대지분석

① 현황도 분석
• Level : 평지형
• 접도조건
　-12m도로: 주출입
　-8m도로: 차량출입
　-4m보행통로: 보행접근 고려
• 인접대지, 대지내 조건
　-주거지: 연계 고려×
　-공원: 동선연계, 전망고려
　-4m보행통로: 통과동선, 동선연계
• 방위
　-남향: 12m도로

② 각종동선 파악
　-8m도로: 창작동출입,
　　　　　지하주차 출입
　-12m도로: 미디어동 출입

2 토지이용계획

① 이격거리
• 대지경계선 - 1m 이격
• 보행통로 - 고려×

② 접근동선
• 8m도로: 창작동 출입,
　　　　　지하주차장 출입
• 12m도로: 미디어동 출입

③ 분동형 계획

3 주요설계조건분석

① 주출입 및 차량동선 계획

② 1층 실 관계

③ 2층 실 관계

④ 1, 2층 동선계획

4 층별 기능도

① 기능도 작성
　- 실의 요구조건을 분석해 서로의 연관관계를 고려한 계획을 한다.

1층 기능도 작성

2층 기능도 작성

■ 문제풀이 Process

| 5 | 면적 분석 및 면적 조정 | 6 | 블럭다이어그램 |

5 면적 분석 및 면적 조정

① Grouping
창작동
1층:-스튜디오 분장/소품 210
　　-창고　　　　20
　　-세미나　　　50
2층:-관람스튜디오상부30(+150)
　　-편집/영상　　60
　　-개인스튜디오　120
미디어동
1층:-정보/아이맘　180
　　-미디어카페　　60
2층:-사무/회의/교육　230

② 층별면적검토
창작동
2층 : 360+150(스튜디오상부)
　　　=510 (19.375Mo)
1층 : 440+ 70(필로티)
미디어동
2층 : 390+60(옥외휴게데크)
　　　=450 (19.375Mo)
1층 : 420+ 30(필로티)

③ 단위모듈
창작동　40m² → 6.0m X 6.6m
미디어동 50m² → 6.0m X 7.5m

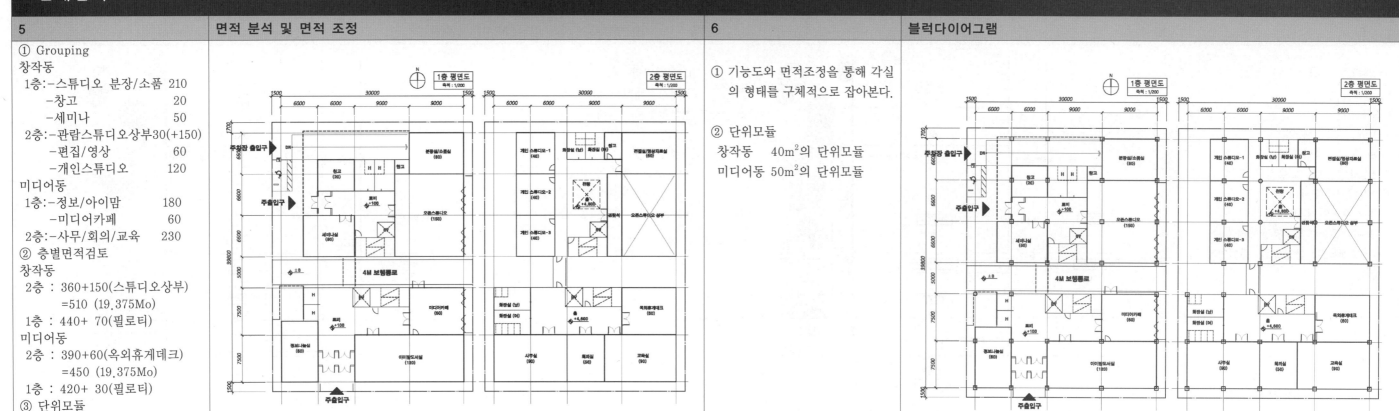

1층 평면도　　　　　　2층 평면도

6 블럭다이어그램

① 기능도와 면적조정을 통해 각실
　의 형태를 구체적으로 잡아본다.

② 단위모듈
　창작동　40m²의 단위모듈
　미디어동 50m²의 단위모듈

1층 평면도　　　　　　2층 평면도

| 7 | 답안리뷰 및 체크포인트 |

① 접근동선

② 주요시설 검토

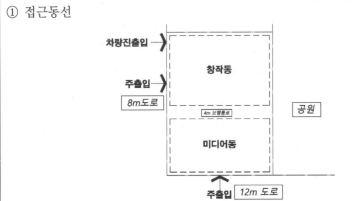

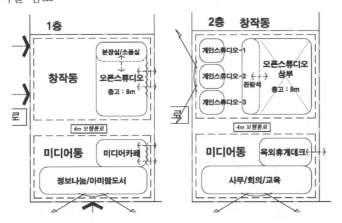

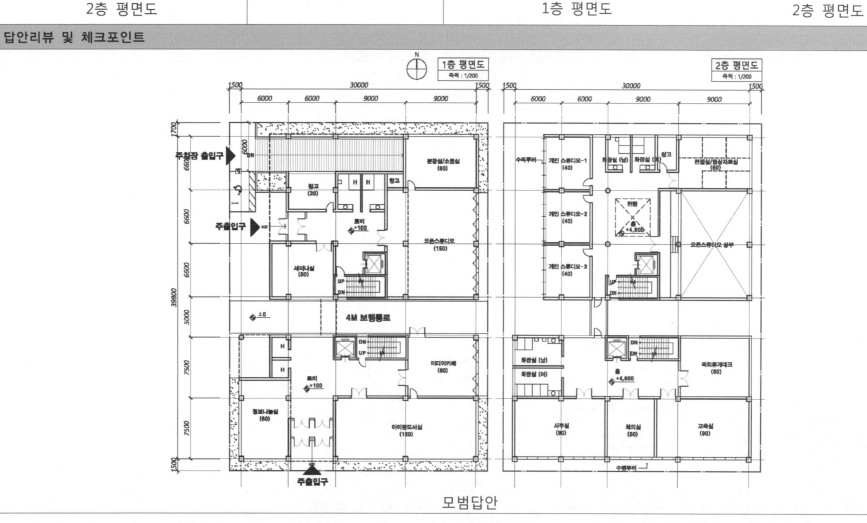

모범답안

2-108

1 2022-1
수험번호
성명
감독확인

N

1층 평면도
축척 : 1/200

2층 평면도
축척 : 1/200

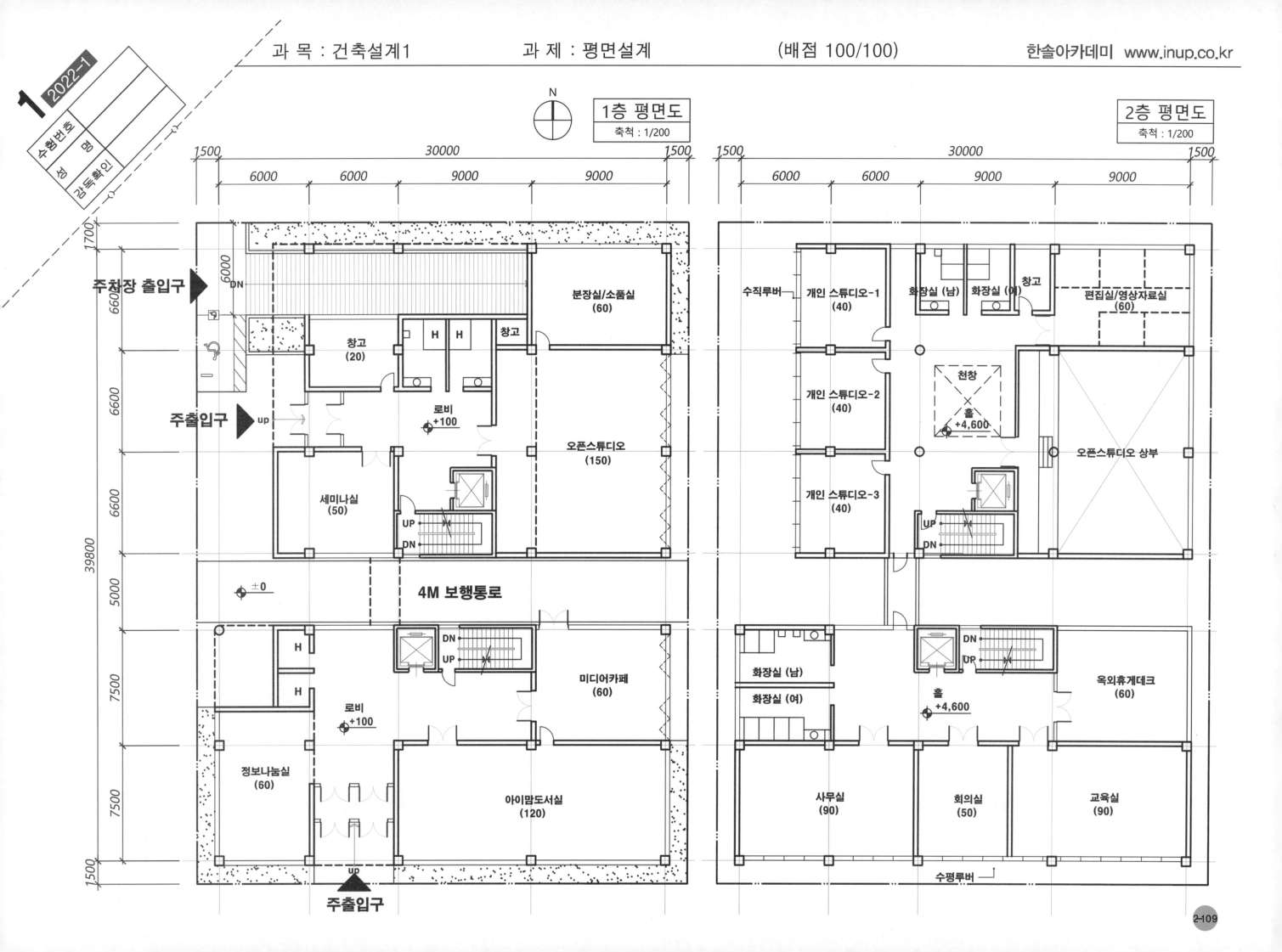

1층 평면도

주차장 출입구

주출입구 up

분장실/소품실
(60)

창고
(20)

창고

로비
+100

오픈스튜디오
(150)

세미나실
(50)

UP
DN

±0

4M 보행통로

DN
UP

미디어카페
(60)

로비
+100

정보나눔실
(60)

아이맘도서실
(120)

주출입구

2층 평면도

수직루버

개인 스튜디오-1
(40)

화장실 (남) 화장실 (여) 창고

편집실/영상자료실
(60)

개인 스튜디오-2
(40)

천창

홀
+4,600

개인 스튜디오-3
(40)

오픈스튜디오 상부

UP
DN

DN
UP

화장실 (남)

화장실 (여)

홀
+4,600

옥외휴게데크
(60)

사무실
(90)

회의실
(50)

교육실
(90)

수평루버

2-109

2022년도 제2회 건축사자격시험 문제

과목: 건축설계1　　　제1과제 (평면설계)　　　① 배점: 100/100점

제목 : 생활 SOC 체육시설 증축 설계

1. 과제개요

초등학교 내에 지역사회와 공유하는② 생활체육시설을 증축하고자 한다. 대지의 지역적 맥락 및 교사동과 연결동선을 고려하여 지상 1층과 지상 2층 평면도를 작성하시오.

2. 설계조건

2. 건축개요 ③

구분	내용	구분	내용
용도지역	일반주거지역	구 조	철근콘크리트 구조
계획대지	<대지현황도> 참조	승강기	1대 (장애인 겸용)
용 도	교육연구시설	주 차	장애인주차 1대 비상주차 1대
사업부지면적	1,518㎡	조 경	고려하지 않음
규 모	지하 1층, 지상 2층		지하 1층 4.5m
건 폐 율	고려하지 않음	층 고	지상 1층 4.2m
용 적 률	고려하지 않음		지상 2층 4.2m

(2) 건축물 및 외부공간 소요면적

구분		실명	면적(㎡)	비고
생활체육시설	지상 1층 수영장	수조 및 수영장데크	390	20m×4레인 및 수조 경사로 1개 포함
		락커룸	140	탈의실/파우더룸/샤워실 (남, 여 구분/ 70㎡×2개)
		가족락커룸	20	유아 및 장애인 동반
		유아룸	40	레인은 설치하지 않음
		체온유지탕	20	
		의무실	20	
		기구창고	20	
		강사실 및 강사휴게실	30	
		스포츠카페	60	
		공용면적	310	장애인화장실 남, 여 각 1개소 포함
		소 계	1,050	
	지상 2층 주민체육공간	교육실	70	내부데크(20㎡), 창고 포함
		사무실	70	내부데크(20㎡), 창고 포함
		회의실	25	
		체력단련실	190	
		락커룸	60	탈의실/파우더룸/샤워실 (남, 여 구분/ 30㎡×2개)
		요가룸	45	
		공용면적	240	
		소 계	700	
		총 계	1,750	
외부공간 ④		진입마당	90	
		옥외휴게데크 1	60	체력단련실과 연접
		옥외휴게데크 2	30	요가룸과 연접

주) 1. 증축 총면적 및 실별 면적은 5% 이내 증감 가능
　　2. 승강로 내부치수는 2.4m×2.4m (장애인 겸용)
　　3. 장애인화장실 내부 유효치 치수는 1.6m×2.0m 이상
　　4. 공용면적은 화장실, ELEV., 계단, 복도, 홀, 로비 등으로 구성
　　5. 직통계단 개소의 법적 기준은 고려하지 않음

3. 고려사항

(1) 건축물은 인접대지 및 도로 경계선으로부터⑤ 1m 이상 이격하여 배치한다. (단, 학교부지 내 사업부지경계선에서는 이격을 고려하지 않음)

(2) 주출입구에 면하는 진입마당은 8m 도로와 12m⑥ 도로에 접한다.

(3) 주차장 출입구는 8m 도로에 계획하며 지상에⑦ 배치한다. (그 외의 주차는 고려하지 않음)

(4) 건축물의 부출입구는 주차장과 연계하여 계획한다.⑧

(5) 스포츠카페는 8m 도로에 면하고 별도운영이⑨ 가능하도록 계획한다.

(6) 수영장의 수조는 학교 운동장과 공원 측 조망이 가능⑩ 하도록 계획한다.

(7) 수영장 내 수영장데크(Pool Deck)의 일부는 수영 전⑪ 사전교육을 위해 폭 4m 이상을 확보한다.

(8) 기존 교사동 2층과 연결되는 증축동의 내부통로는⑫ 폭 3m 이상으로 계획한다.

(9) 의무실은 수영장에서 주차장으로 통하는 별도의⑬ 출입구와 연접하여 계획한다.

(10) 교육실과 사무실은 내부데크를 통해 수영장 내부의⑭ 조망이 가능하도록 계획한다.

(11) 체력단련실에서 수영장 및 공원을 조망할 수 있도록⑮ 계획한다.

(12) 모든 락커룸 내 탈의실, 파우더룸 및 샤워실의⑯ 이용 동선은 사용자 편리성을 고려하여 계획한다.

(13) 방화구획, 무장애 기준(BF) 및 에너지절약을 고려⑰ 하여 계획한다.

4. 도면작성요령

(1) 중심선, 주요치수, 출입문, 바닥레벨, 실명 및 실면적⑱ 등을 표기한다.

(2) 벽과 개구부가 구분되도록 표현한다.⑲

(3) 레인 및 수조 경사로는 <예시>를 참조하여 표현한다.

(4) 단위 : mm, ㎡

(5) 축척 : 1/200

왼쪽 구성 / FACTOR

1. 제목
- 건축물의 용도를 제시
- 용도를 통해 일반적인 시설의 특징을 고려한다.

2.(1) 건축개요
- 지역/지구 제시
- 대지면적과 도로현황을 제시
- 건폐율, 용적률, 규모, 구조를 구체적으로 제시
- 층고 및 기타 설비조건 등을 제시

2.(2) 소요면적
- 계획시설의 각실별 면적과 용도가 제시
- 1, 2층의 층별 조닝이 되어있는 경우와 주어지지 않는 경우가 있다
- 각 실의 기능과 사용성을 고려해 그룹별로 그룹핑을 통해 각 용도별로 영역을 나누어야 한다.
- 최근의 경향은 설계조건은 비교적 자세하고 다양하게 요구하고 있지만 실별 요구사항은 많지 않아지고 있음에 유의한다.
- 각실은 건축계획적 측면에서 합리적이고 보편적인 계획되도록 해야 한다.

FACTOR

① 배점 확인
- 평면은 100점의 단일과제로 구성
- 계획 및 작도에 3시간이라는 점은 중요하다.

② 계획건물의 성격
- 초등학교내 체육시설 증축
- 대지맥락, 교사동 연결동선

③ 건축개요
- 일반주거지역: 일조권 체크
- 지하 1층, 지상 2층
- 건폐율, 용적률: 고려×
- 장애인주차1 + 비상주차1

④ 외부공간
- 진입마당
- 옥외휴게데크 1
- 옥외휴게데크 2

오른쪽 FACTOR / 구성

⑤ 이격조건
- 인접대지, 도로경계에서 1m 이격
- 사업부지경계 이격고려 ×

⑥ 진입마당
- 8m 도로, 12m 도로에 접함.
- 주출입구에 면함

⑦ 주차장 출입구
- 8m 도로에서 지상배치

⑧ 부출입구
- 주차장과 연계

⑨ 스포츠 카페
- 8m 도로에 면함
- 별도 운영

⑩ 수영장 수조
- 학교운동장, 공원 조망

⑪ 수영장 데크
- 폭 4m 확보

⑫ 증축동 내부통로
- 교사동 2층 연결
- 폭 3m 이상

⑬ 의무실
- 주차장으로 출입구 고려

⑭ 교육실, 사무실
- 내부데크 통해 수영장 조망

⑮ 체력단련실
- 수영장, 공원 조망

⑯ 락커룸
- 내부시설 이용 편리성

⑰ 방화구획, 무장애기준, 에너지절약
- 고려계획

⑱ 표기
- 중심선, 치수, 출입문, 레벨, 실명, 실면적

⑲ 구분 표현
- 벽, 개구부

3. 고려사항
- 이격거리 등이 주어짐
- 출제자가 일반적인 조건이 아닌 본 시설에서 특별히 요구하는 조건으로 이는 채점의 기준으로 해석해도 좋다.

4. 도면작성요령
- 요구도면을 제시
- 실명, 치수, 출입구, 기둥 등을 반드시 표기해야 한다.
- 출제자가 도면표현상에서 특별히 요구하는 요소를 제시
- 단위 및 축척을 제시

5. 유의사항

- 도면작성 도구
- 현행법령안에서 계획할 것

과목: 건축설계1   제1과제 (평면설계)   배점: 100/100점

5. 유의사항

(1) 답안작성은 반드시 흑색 연필로 한다.

(2) 명시되지 않은 사항은 현행 관계법령의 범위 안에서 임의로 한다.

(3) 치수표기 시 답안지의 여백이 없는 경우에는 융통성 있게 표기한다.

< 예시 > 레인 및 수조 경사로

⑳ 레인 및 수조, 경사로
- 20m 4레인, 수조 경사로 치수 확보

<대지 현황도> 축척없음

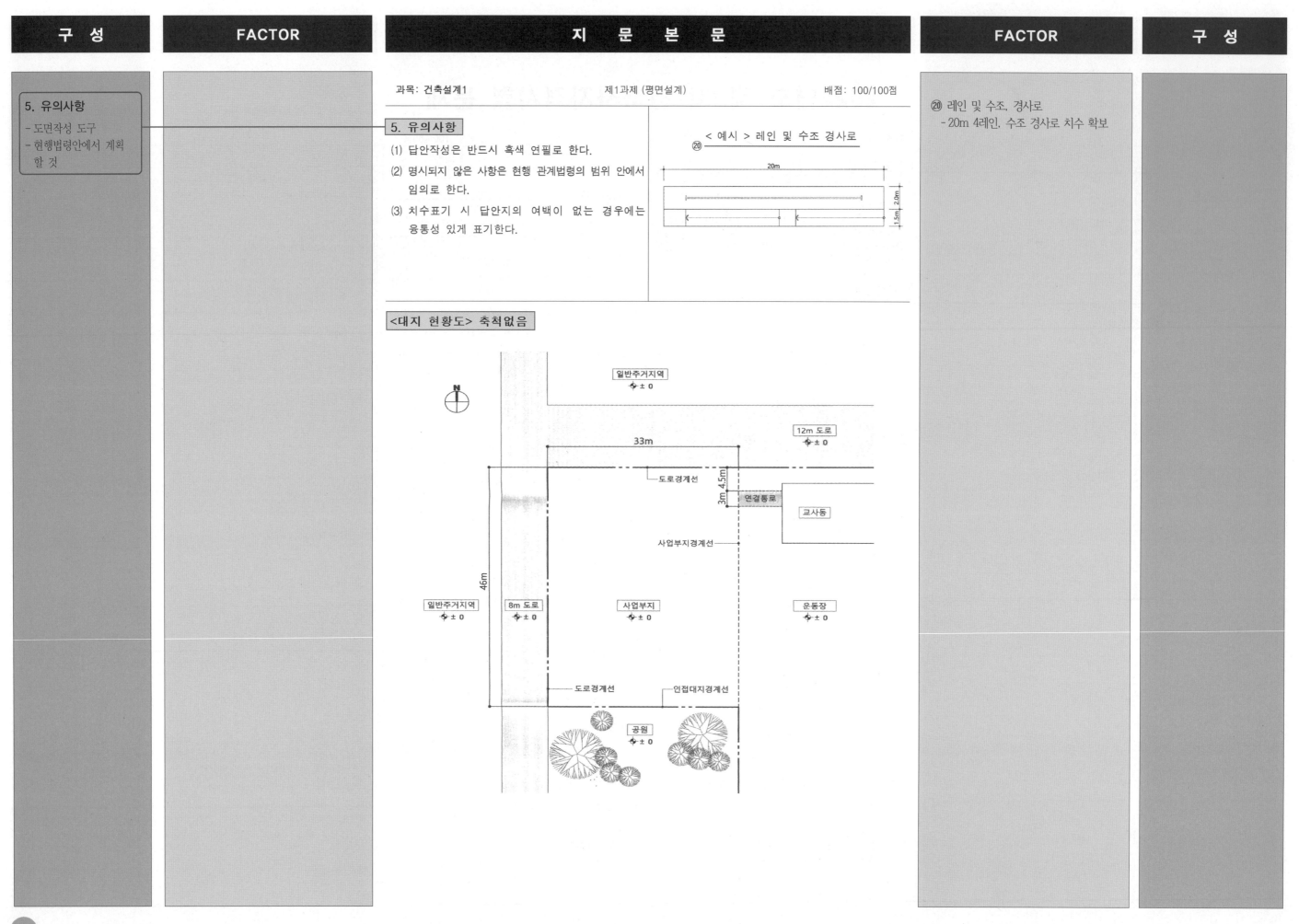

■ 문제풀이 Process

1	대지분석	2	토지이용계획

1 대지분석

① 현황도 분석
- Level : 평지형
- 접도조건
  - –12m도로: 주출입
  - –8m도로: 부출입, 차량출입

- 인접대지, 대지내 조건
  - –교사동: 동선연결 고려
  - –운동장: 전망고려
  - –공원: 전망고려

- 방위
  - –남향: 공원방향

② 각종동선 파악
  - –주출입 동선: 12m도로
  - –차량출입동선: 8m도로

2 토지이용계획

① 이격거리
- 대지경계선 – 1.0m 이격
- 사업부지경계선 – 이격없음

② 접근동선
- 주출입: 12m도로, 8m도로
- 차량출입: 8m도로
- 동선연계: 교사동2층

③ 전망방향
- 운동장
- 공원

3	주요설계조건분석	4	층별 기능도

4 층별 기능도

① 기능도 작성
- 실의 요구조건을 분석해 서로의 연관관계를 고려한 계획을 한다.

- 1층:

- 2층:

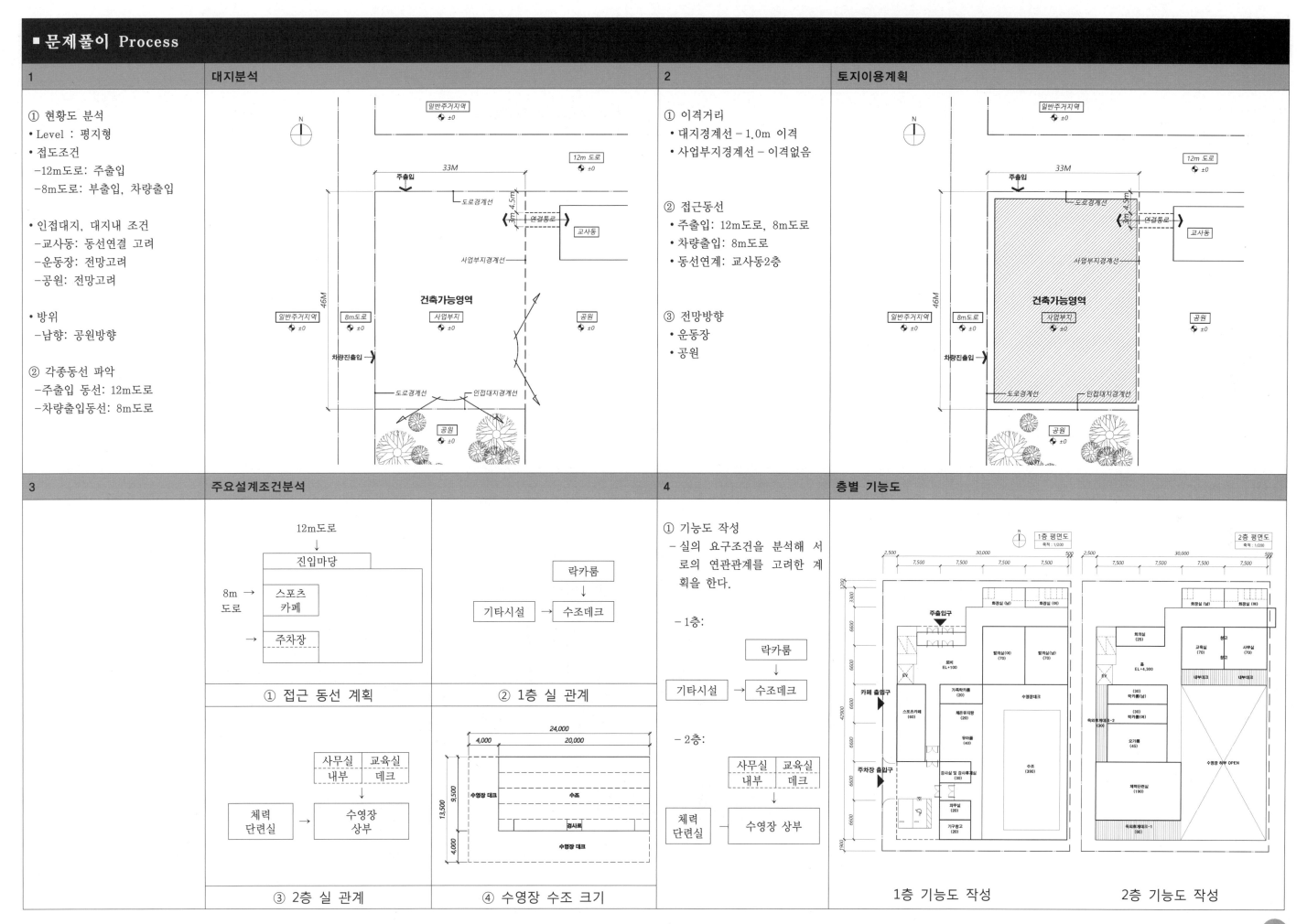

① 접근 동선 계획

② 1층 실 관계

③ 2층 실 관계

④ 수영장 수조 크기

1층 기능도 작성

2층 기능도 작성

| 5 | 면적 분석 및 면적 조정 | 6 | 블럭다이어그램 |

5 면적 분석 및 면적 조정

① Grouping
1층: -수영장   680
    -스포츠카페   60

2층: -교육, 사무, 회의 165
    -체육공간   295

② 층별면적검토
2층: 700+120+390(수영장상부)
    = 1,210 (30.25Mo)
1층: 1050+160(필로티주차)
    = 1,210 (30.25Mo)

③ 단위모듈
$40m^2 \rightarrow 6.3m \times 6.3m$로 계획
    $\rightarrow 6.0m \times 6.6m$
    변형모듈 고려가능

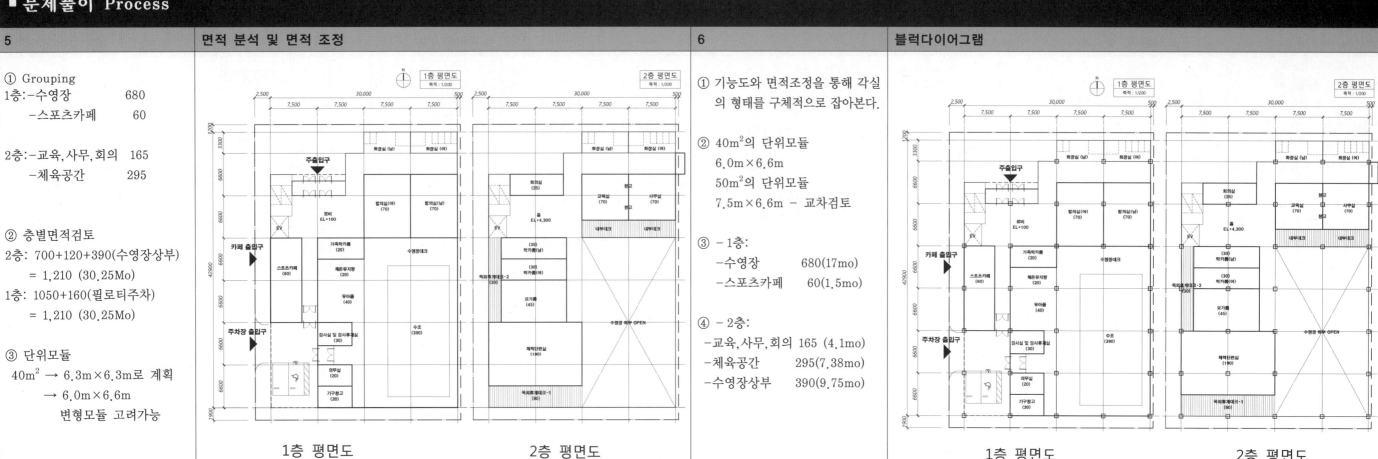

1층 평면도   2층 평면도

6 블럭다이어그램

① 기능도와 면적조정을 통해 각실의 형태를 구체적으로 잡아본다.

② $40m^2$의 단위모듈
    $6.0m \times 6.6m$
    $50m^2$의 단위모듈
    $7.5m \times 6.6m$ - 교차검토

③ - 1층:
    -수영장   680(17mo)
    -스포츠카페   60(1.5mo)

④ - 2층:
    -교육, 사무, 회의 165 (4.1mo)
    -체육공간   295(7.38mo)
    -수영장상부 390(9.75mo)

1층 평면도   2층 평면도

| 7 | 답안리뷰 및 체크포인트 |

모범답안

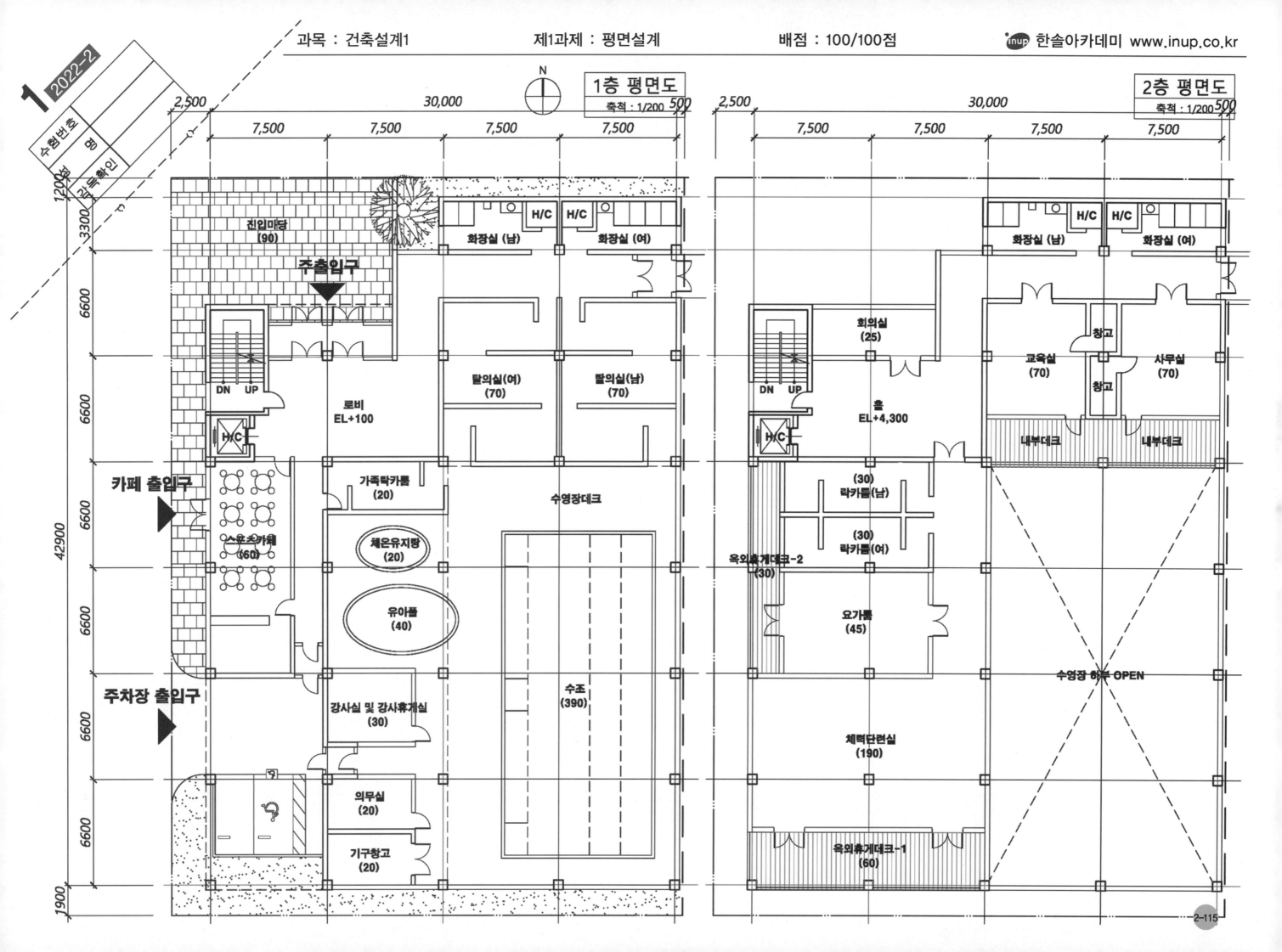

1 2022-2

수험번호
명
감독확인

N

1층 평면도
축척 : 1/200

2,500　30,000　500

7,500　7,500　7,500　7,500

3300
6600
6600
6600
6600
6600
6600
1900
42900
120600

진입마당 (90)

주출입구

화장실 (남)　H/C　H/C　화장실 (여)

로비 EL+100

탈의실(여) (70)　탈의실(남) (70)

카페 출입구

가족탁카룸 (20)

스포츠카페 (60)

체온유지탕 (20)

유아풀 (40)

수영장데크

주차장 출입구

강사실 및 강사휴게실 (30)

수조 (390)

의무실 (20)

기구창고 (20)

DN　UP　H/C

2층 평면도
축척 : 1/200

2,500　30,000　500

7,500　7,500　7,500　7,500

화장실 (남)　H/C　H/C　화장실 (여)

회의실 (25)

교육실 (70)　창고　창고　사무실 (70)

홀 EL+4,300

내부데크　내부데크

(30) 락카룸(남)

(30) 락카룸(여)

옥외휴게데크-2 (30)

요가룸 (45)

수영장 하부 OPEN

체력단련실 (190)

옥외휴게데크-1 (60)

DN　UP　H/C

2-115

2023년도 제1회 건축사자격시험 문제

과목: 건축설계1 　　　　　제1과제 (평면설계) 　　　　　① 배점: 100/100점

제목 : 어린이 도서관 설계

1. 과제개요
근린공원에 ② 어린이 도서관과 편의시설을 신축하고자 한다. 대지의 환경적 맥락과 이용자 동선을 고려하여 지상 1층과 지상 2층 평면도를 작성하시오.

2. 설계조건

2. 건축개요 ③

구분	내용	구분	내용
용도지역	자연녹지지역	용도	제1종 근린생활시설
대지면적	1,610m²	구조	철근콘크리트조
규모	지상 2층	층고	지상 1층 4.2m
			지상 2층 4.2m
승강기	2대(장애인 겸용)	계획대지	<대지현황도> 참고

(2) 소요면적 및 주요 설계조건 (단위: m²)

구분		실명	면적	주요 설계조건
④ 어린이 도서관	지상 1층	정기간행물실	50	
		어린이열람실	100	인접 배치
		독서계단공간	140	
		사무실	20	
		상담실	15	인접 배치
		수유실	20	부출입구와 연계
		보건실	15	
		서고	35	
		화장실	35	남: 대변기 2개·소변기 2개 여: 대변기 2개 장애인화장실: 남녀구분 설치
		공용공간	185	계단실·승강기·복도·로비 등
	지상 2층	A/V열람실	70	독서계단공간과 인접
		유아열람실	50	인접 배치
		세미나실	30	
		화장실	35	남: 대변기 2개·소변기 2개 여: 대변기 2개 장애인화장실: 남녀구분 설치
		공용공간	150	계단실·승강기·복도·홀 등
		소계	950	
⑤ 편의 시설	지상 1층	편의점	120	
		화장실	45	남: 대변기 2개·소변기 2개 여: 대변기 4개 장애인화장실: 남녀구분 설치
		공용공간	70	계단실·승강기·복도·로비 등
	지상 2층	카페	145	남향 배치
		화장실	25	남: 대변기 2개·소변기 2개 여: 대변기 2개
		공용공간	65	계단실·승강기·복도·홀 등
		소계	470	
합계			1,420	
⑥ 외부공간		옥외휴게데크	60	브릿지형
		놀이마당	157	<대지현황도> 참고

* 연면적과 각 실의 면적은 5% 이내 증감 가능

3. 고려사항

(1) 계획대지경계선으로부터의 ⑦ 이격거리는 1m 이상으로 계획한다.

(2) ⑧ 어린이 도서관과 편의시설은 분동형으로 계획하고, 두 건물물 사이에는 보행통로(유효너비 7.5m 이상)를 설치하여 공원주차장과 남측 공원을 연결한다.

(3) 도서관과 편의점의 주출입구는 보행통로와 ⑨ 남측 공원에서의 접근성을 고려하여 계획한다. ⑩

(4) 도서관의 부출입구는 공원주차장에서의 접근성을 고려하여 계획한다. ⑪

(5) 보행통로 상부를 이용하여 카페와 도서관을 연결하는 옥외휴게데크를 계획하고, 옥외휴게데크와 ⑫ 보행통로를 연결하는 외부계단을 계획한다. ⑬

(6) 정기간행물실은 로비에 인접한 개방형 평면으로 ⑭ 계획하고, 상부를 일부 오픈(면적: 30m² 이상)하여 개방감을 확보한다.

(7) 어린이열람실은 독서계단공간에 인접하여 배치하고, 수공간을 ⑮ 조망할 수 있도록 계획한다.

(8) 어린이열람실은 놀이마당으로 출입이 가능하도록 하고, 천장고를 2개층 높이로 계획하여 개방감을 확보한다.

(9) 독서계단공간은 독서, 휴식을 위한 넓은 계단식 형태이며, 어린이열람실을 ⑯ 조망할 수 있는 방향으로 계획한다.

(10) 독서계단공간은 1층과 2층을 연결하는 주요 이동 동선으로 너비 2.1m 이상의 직선형 계단을 포함하여 계획한다.

(11) 서고는 경사진 독서계단공간의 하부를 활용하여 ⑰ 계획한다.

(12) A/V열람실은 실의 특성을 고려하여 북향으로 ⑱ 배치한다.

(13) 유아열람실은 남향으로 배치한다. ⑲

(14) 건폐율, 용적률, 주차계획 및 조경계획은 고려하지 않는다. ⑳

(15) 승강기(장애인 겸용)의 승강로 내부 치수는 2.4m × 2.4m로 계획한다. ㉑

(16) 장애인화장실 내부 유효 치수는 1.6m × 2.0m 이상으로 계획한다. ㉒

(17) 방화구획, 피난·안전, 무장애 및 에너지 절약을 고려하여 계획한다. ㉓

좌측 컬럼 (구성 / FACTOR)

1. 제목
- 건축물의 용도를 제시
- 용도를 통해 일반적인 시설의 특징을 고려한다.

① 배점 확인
- 평면은 100점의 단일과제로 구성
- 계획 및 작도에 3시간이라는 점은 중요하다.

② 계획건물의 성격
- 근린공원에 어린이도서관, 편의시설
- 대지 환경맥락, 이용자 동선

2.(1) 건축개요
- 지역/지구 제시
- 대지면적 제시
- 건폐율, 용적률, 규모, 구조를 구체적으로 제시
- 층고 및 기타 설비조건 등을 제시

③ 건축개요
- 자연녹지지역
- 지상 2층
- 승강기 2대
- 콘크리트조
- 층고

2.(2) 실별면적표
- 계획시설의 각실별 면적과 용도가 제시
- 1, 2층의 층별조닝이 되어있는 경우와 주어지지 않는 경우가 있다
- 각 실의 기능과 사용성을 고려해 그룹별로 그룹핑을 통해 각 용도별로 영역을 나누어야 한다.
- 최근의 경향은 설계조건은 비교적 자세하고 다양하게 요구하고 있지만 실별 요구사항은 많지 않아지고 있음에 유의한다.
- 각실은 건축계획적 측면에서 합리적이고 보편적인 계획되도록 해야 한다.

④ 외부공간
- 옥외휴게데크: 브릿지 형태(2F)
- 놀이마당: 현황도 참조(1F)

⑤ 어린이도서관(1동)
- 1F, 2F 요구실, 설계조건

⑥ 편의시설(2동)
- 1F, 2F 요구실, 설계조건

우측 컬럼 (FACTOR / 구성)

⑦ 이격조건
- 계획대지경계선: 1m 이격

⑧ 분동형 계획
- 어린이도서관, 편의시설

⑨ 보행통로(폭 7.5m 이상)
- 공원주차장, 남측공원 연결

⑩ 주출입구
- 보행통로, 남측공원 접근성

⑪ 부출입구(도서관)
- 공원주차장에서 접근성

⑫ 옥외휴게데크
- 보행통로상부: 카페, 도서관 연결

⑬ 외부계단
- 보행통로, 옥외휴게데크 연결

⑭ 정기간행물실
- 로비 인접 개방형 평면
- 상부 오픈(30m² 이상) 개방감

⑮ 어린이열람실
- 독서계단공간 인접, 수공간 조망
- 놀이마당 출입
- 천정고 2개층 높이

⑯ 독서계단공간
- 넓은 계단식 형태
- 어린이열람실 조망
- 1, 2층 연결동선(직선형 계단) 너비 2.1m 이상

⑰ 서고
- 독서계단공간 하부 활용

⑱ A/V 열람실
- 북향

⑲ 유아열람실
- 남향

⑳ 고려X 사항
- 건폐율, 용적율, 주차, 조경

㉑ 승강기(장애인 겸용)

㉒ 장애인 화장실
- 유효치수 1.6m×2.0m 이상

㉓ 방화구획, 피난안전, 무장애, 에너지절약 계획 고려

3. 고려사항
- 이격거리 등이 주어짐
- 출제자가 일반적인 조건이 아닌 본 시설에서 특별히 요구하는 조건으로 이는 채점의 기준으로 해석해도 좋다.

4. 도면작성기준
- 요구도면을 제시
- 실명, 치수, 출입구, 기둥 등을 반드시 표기해야 한다.
- 출제자가 도면표현상에서 특별히 요구하는 요소를 제시
- 단위 및 축척을 제시

5. 유의사항
- 현행법령안에서 계획할 것
- 치수표기 융통성 있게

과목: 건축설계1　　　　　제1과제 (평면설계)　　　　　배점: 100/100점

4. 도면작성기준

(1) 중심선, 주요치수, 출입문, 각 층의 바닥레벨, 실명 및 실면적 등을 표기한다.

(2) 벽과 개구부가 구분되도록 표현한다.

(3) 지상 1층 평면도에 지상 2층 외곽선을 점선으로 표시한다.

(4) 단위: mm, m²

5. 유의사항

(1) 명시되지 않은 사항은 현행 관계법령의 범위 안에서 임의로 한다.

(2) 치수표기 시 답안지의 여백이 없는 경우에는 융통성 있게 표기한다.

<대지 현황도> 축척없음

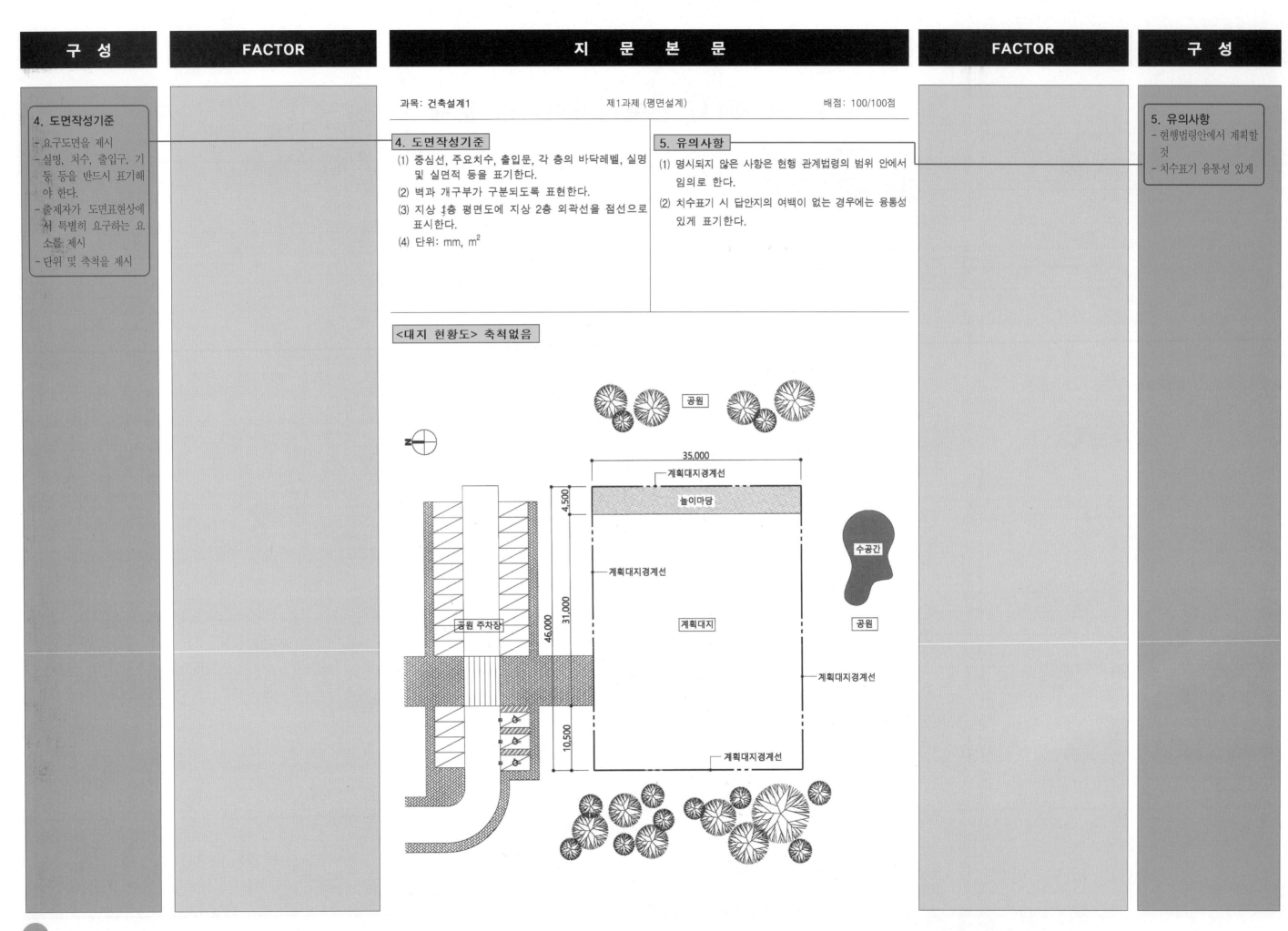

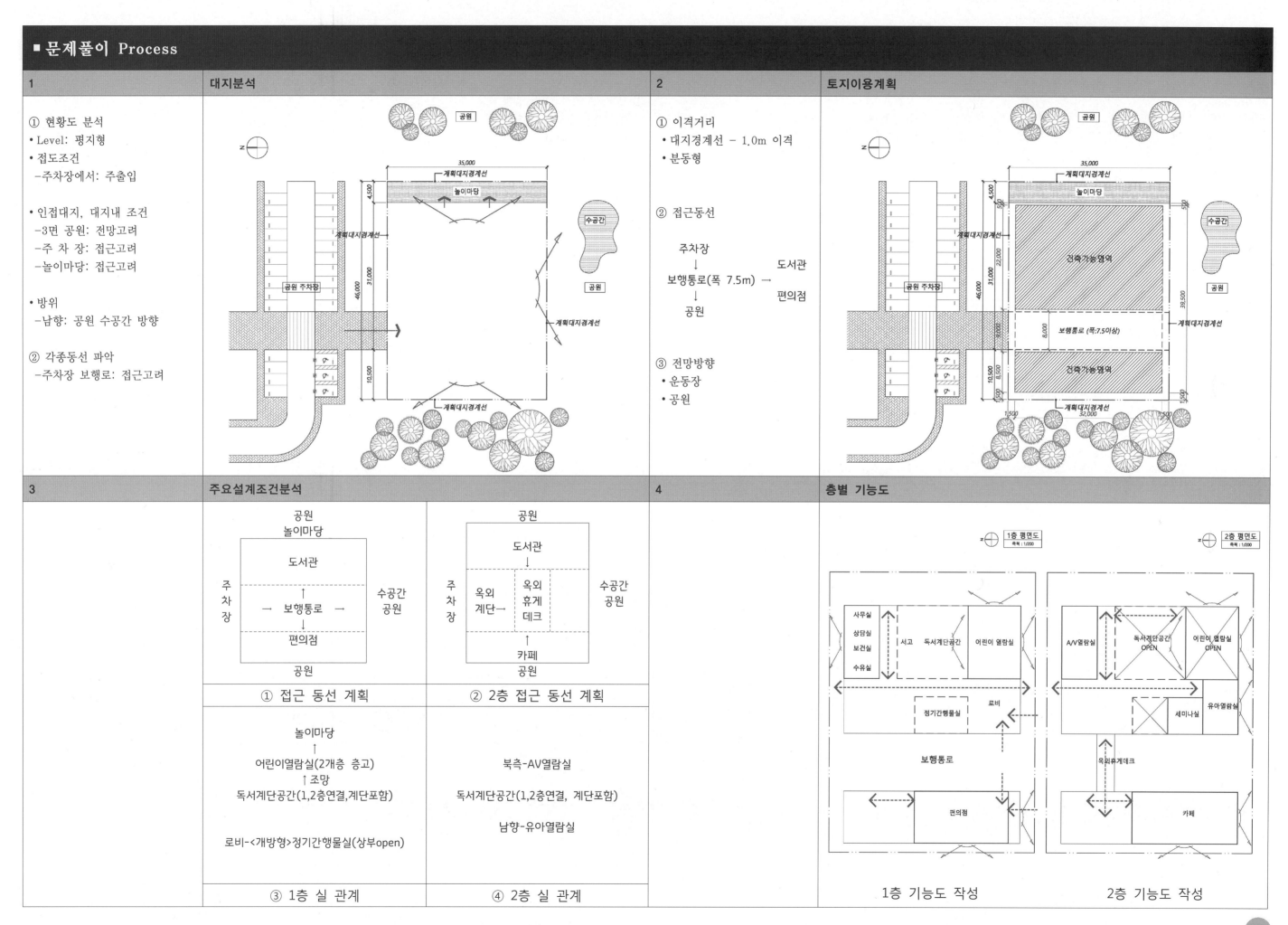

1 대지분석

① 현황도 분석
• Level: 평지형
• 접도조건
 −주차장에서: 주출입

• 인접대지, 대지내 조건
 −3면 공원: 전망고려
 −주 차 장: 접근고려
 −놀이마당: 접근고려

• 방위
 −남향: 공원 수공간 방향

② 각종동선 파악
 −주차장 보행로: 접근고려

2 토지이용계획

① 이격거리
• 대지경계선 − 1.0m 이격
• 분동형

② 접근동선

주차장
↓
보행통로(폭 7.5m) →   도서관
↓   편의점
공원

③ 전망방향
• 운동장
• 공원

3 주요설계조건분석

① 접근 동선 계획
② 2층 접근 동선 계획

놀이마당
↑
어린이열람실(2개층 증고)
↑ 조망
독서계단공간(1,2층연결,계단포함)

로비-<개방형>정기간행물실(상부open)

③ 1층 실 관계

북측-AV열람실

독서계단공간(1,2층연결, 계단포함)

남향-유아열람실

④ 2층 실 관계

4 층별 기능도

1층 기능도 작성   2층 기능도 작성

5 면적 분석 및 면적 조정

① Grouping

어린이도서관

1층: -정기간행물실 50
　　 -어린이열람, 독서계단 240
　　 -사무, 상담, 수유, 보건 70

2층: -AV열람 165
　　 -유아열람, 세미나 80

편의시설

1층: -편의점 120
2층: -카페 145

② 층별면적검토

어린이도서관

　　 열람 독서계단 정간실
2층: 335 + 100 + 140 + 30
　　 = 605 + 10 (17.57Mo)
1층: 615 = (17.57Mo)

편의시설

2층: 235 = (6.71Mo)
1층: 235 = (6.71Mo)

③ 단위모듈

$35m^2$ → 5.9m X 5.9m로 계획
　　 → 6.0m X 6.0m

6 블럭다이어그램

① 기능도와 면적조정을 통해 각실
의 형태를 구체적으로 잡아본다.

② $35m^2$의 단위모듈
6.0m X 6.6m

③ 1층:
-수영장 680(17mo)
-스포츠카페 60(1.5mo)

④ 2층:
-교육, 사무, 회의 165 (4.1mo)
-체육공간 295(7.38mo)
-수영장상부 390(9.75mo)

어린이도서관

1층: -정기간행물실 50
　　 -어린이열람, 독서계단 240
　　 -사무, 상담, 수유, 보건 70

2층: -AV열람 165
　　 -유아열람, 세미나 80

편의시설

1층: -편의점 120
2층: -카페 145

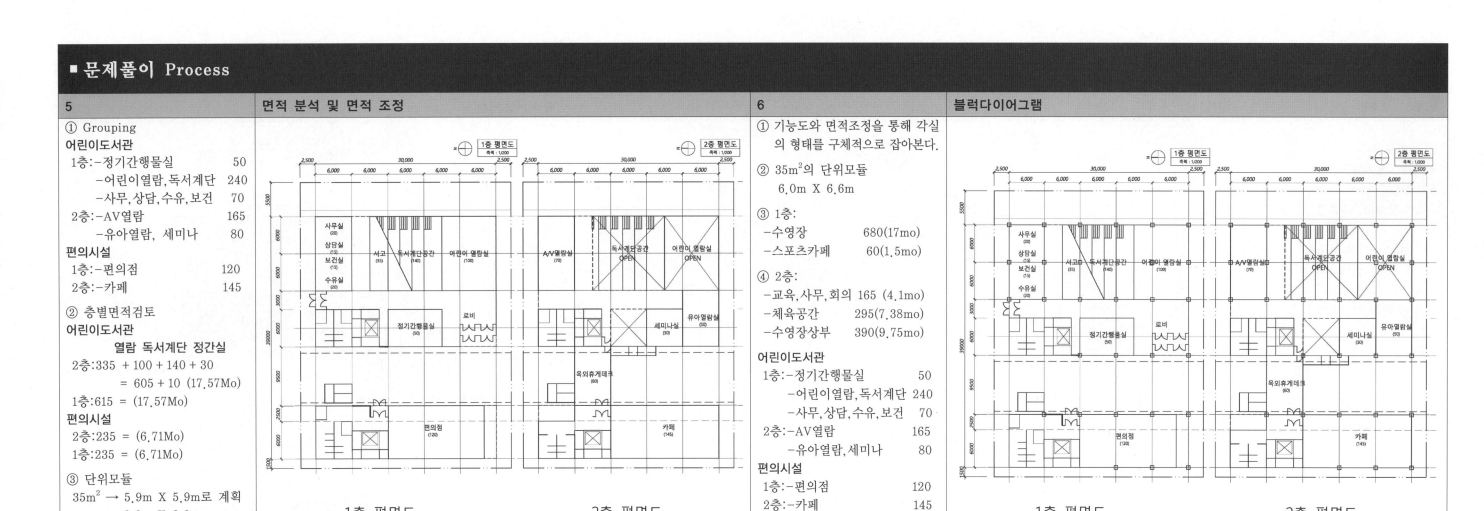

1층 평면도　　　　　2층 평면도

7 답안리뷰 및 체크포인트

모범답안

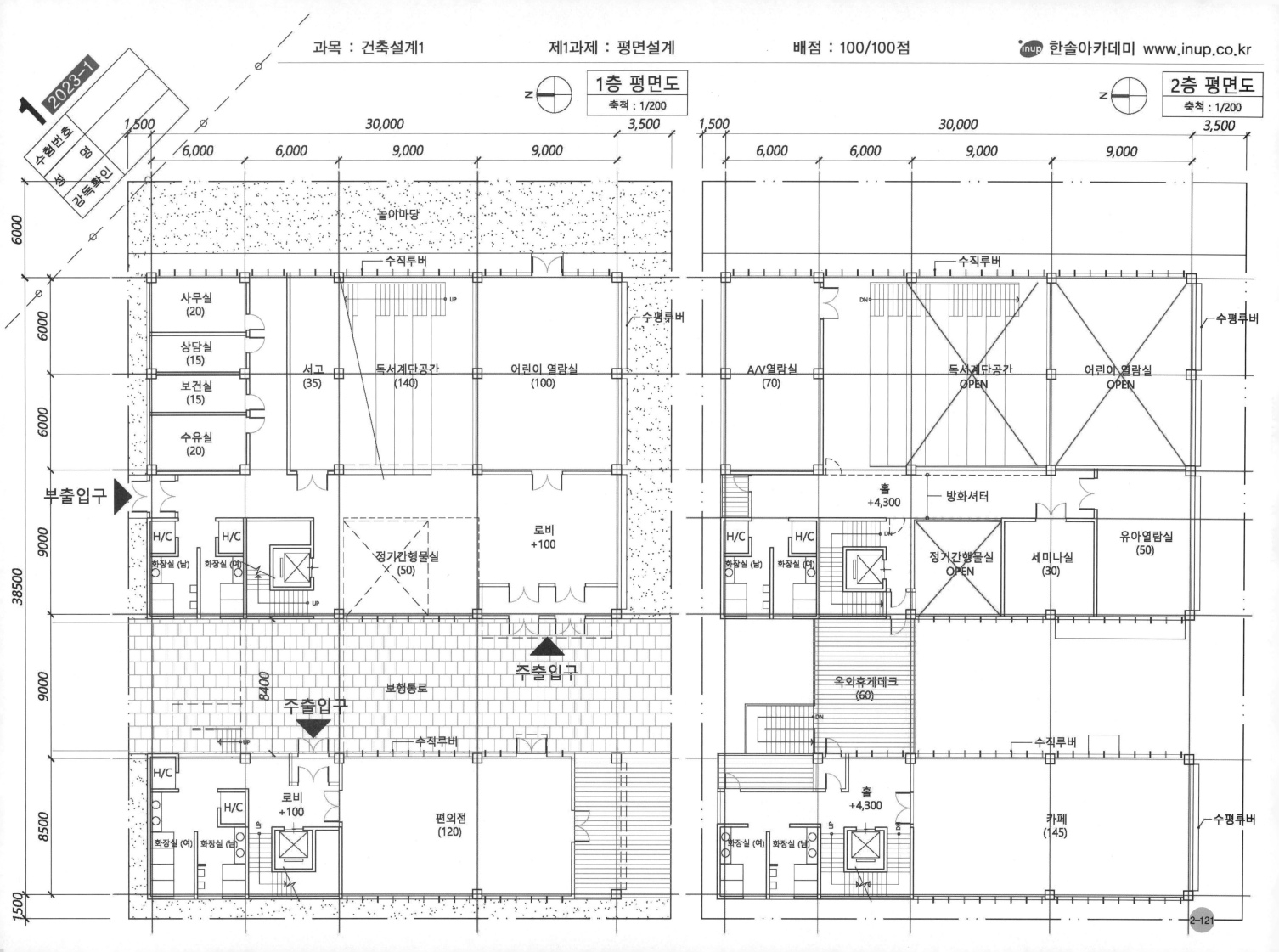

1층 평면도
축척 : 1/200

2층 평면도
축척 : 1/200

(1층 평면도)

놀이마당

수직루버

사무실 (20)
상담실 (15)
보건실 (15)
수유실 (20)

서고 (35)
독서계단공간 (140)
어린이 열람실 (100)

수평루버

부출입구

H/C　H/C
화장실 (남)　화장실 (여)
정기간행물실 (50)
로비 +100

UP

주출입구

보행통로

주출입구

8400

수직루버

H/C
H/C
로비 +100
편의점 (120)

화장실 (여)　화장실 (남)

1,500　30,000　3,500
6,000　6,000　9,000　9,000
6000　6000　6000　9000　9000　8500　1500
38500

(2층 평면도)

수직루버

DN

A/V열람실 (70)
독서계단공간 OPEN
어린이 열람실 OPEN

수평루버

홀 +4,300
방화셔터

H/C　H/C
화장실 (남)　화장실 (여)
정기간행물실 OPEN
세미나실 (30)
유아열람실 (50)

DN

옥외휴게데크 (60)

수직루버

홀 +4,300
카페 (145)

화장실 (여)　화장실 (남)

수평루버

1,500　30,000　3,500
6,000　6,000　9,000　9,000

2-121

구 성	FACTOR	지 문 본 문	FACTOR	구 성

2023년도 제2회 건축사자격시험 문제

과목: 건축설계1 　　　　제1과제 (평면설계) 　　　① 배점: 100/100점

왼쪽 구성

1. 제목
- 건축물의 용도를 제시
- 용도를 통해 일반적인 시설의 특성을 고려한다.

2.(1) 건축개요
- 지역/지구 제시
- 대지면적과 도로현황을 제시
- 건폐율, 용적률, 규모, 구조를 구체적으로 제시
- 층고 및 기타 설비조건 등을 제시

2.(2) 실별면적표
- 계획시설의 각실별 면적과 용도가 제시
- 1, 2층의 층별조닝이 되어있는 경우와 주어지지 않는 경우가 있다
- 각 실의 기능과 사용성을 고려해 그룹별로 그룹핑을 통해 각 용도별로 영역을 나누어야 한다.
- 최근의 경향은 설계조건은 비교적 자세하고 다양하게 요구하고 있지만 실별 요구사항은 많지 않아지고 있음에 유의한다.
- 각실은 건축계획적 측면에서 합리적이고 보편적인 계획되도록 해야 한다.

왼쪽 FACTOR

① 배점 확인
- 평면은 100점의 단일과제로 구성
- 계획 및 작성에 3시간이라는 점은 중요하다.

② 계획건물의 성격
- 다목적 공연장, 복합상가
- 주변맥락, 이용자 동선 고려

③ 건축개요
- 준주거
- 주차장 8대

④ 외부공간
- 진입마당
- 야외무대

제목 : 다목적 공연장이 있는 복합상가

1. 과제개요

② 다목적 공연장이 있는 복합상가를 신축하고자 한다. **대지의 환경적 맥락과 이용자 동선**을 고려하여 지상 1층과 지상 2층 평면도를 작성하시오.

2. 설계조건

2. 건축개요 ③

구분	내용	구분	내용
용도지역	준주거지역	규모	지상 2층
계획대지	<대지현황도> 참고	구조	철근콘크리트구조
건축물 용도	제1, 2종 근린생활시설	층고	지상 1층 : 4m 지상 2층 : 5~7m
대지면적	1,428m²	조경	고려하지 않음
건폐율	70% 이하	승강기	1대 (장애인 겸용)
용적률	300% 이하	주차	8대 (장애인 전용주차 1대 포함)

(2) 소요면적 및 주요 설계조건 (단위: m²)

구분		실명	면적	주요 설계조건
지상 1층	근린 상가	전면상가	150	개별 상가 (25m² x 6개)
		후면상가	125	개별 상가 (25m² x 5개)
		청년카페	25	
		공용공간(로비,복도, 계단실,승강기,화장실)	100	
		주차장	300	주차진입로 폭 3.5m 이상
		소계	700	
지상 2층	공연장	다목적 공연장	270	고정형 객석과 내부의 기둥이 없는 공연장
		공연지원공간	50	공연장에 연접
		카페테리아	40	포이어 공간과 연계된 실내 개방형
	근린 상가	운영사무실	40	
		임대사무실	150	개별 사무실 (50m² x 3개)
		공용공간(로비,포이어, 복도,계단실,승강기,화장실)	270	장애인 화장실 설치 (남녀 구분 설치)
		소계	820	
		합계	1,520	
④ 외부공간		진입마당	100	자연지반에 배치
		야외무대	100	자연지반에 배치

* 외부공간과 각 실의 면적은 5% 이내에서 증감이 가능하다.

* 연결통로나 노대 등의 하부는 면적에 산입하지 않는다.

* 포이어는 공연장 관객의 대기공간이자 휴게공간이다.

3. 고려사항

(1) 건축물은 인접대지 및 도로경계선으로부터 <u>1m 이상 이격</u>하여 배치한다. ⑤

(2) <u>주차장은 20m 도로에서 진출입</u>하며 지상 1층에 배치한다. ⑥

(3) <u>근린상가</u>는 주변 대지의 도시적 맥락을 연계하여 배치하며 ⑦ <u>전면상가와 후면상가 사이는 채광을 고려하여 상부 개방형으로 계획</u>한다.

(4) 지상 1층 근린상가는 외부에서 <u>직접 진입</u>하도록 하며 개별 상가의 평면 비율은 1 : 2 를 넘지 않도록 계획한다.

(5) <u>후면상가</u>를 위한 개방형 보행통로는 20m 도로에서 ⑧ 접근하도록 계획한다.

(6) <u>청년카페</u>는 10m 도로에 면하여 계획한다. ⑨

(7) <u>진입마당과 야외무대</u>는 북측 보행자전용도로에 면하여 계획한다. ⑩

(8) <u>다목적 공연장</u>의 주진입은 북측 보행자전용도로에서 계획하며 ⑪ <u>야외무대와 연계</u>한다.

(9) <u>운영사무실과 임대사무실</u>은 공연장 영역을 잇는 연결통로를 계획한다. ⑫

(10) <u>운영사무실과 임대사무실</u>은 별도의 직통계단을 설치한다.

(11) 승강기(장애인 겸용)의 승강로 내부 치수는 2.4m × 2.4m 이상으로 계획한다. ⑬

(12) <u>장애인 화장실</u> 내부 유효 치수는 1.6m × 2.0m 이상으로 계획한다. ⑭

(13) <u>방화구획, 피난·안전, 무장애 및 에너지 절약</u>을 고려하여 계획한다. ⑮

4. 도면작성기준

(1) <u>중심선, 주요 치수, 출입문, 각 층의 바닥레벨, 실명 및 실면적</u> 등을 표기한다. ⑯

(2) <u>벽과 개구부가 구분</u>되도록 표현한다. ⑰

(3) 지상 1층 평면도에 지상 2층 <u>상부 외곽선을 점선</u>으로 표시한다. ⑱

(4) 흙에 묻힌 부분은 지상 1층 평면도에 표현한다. ⑲

(5) 단위: mm, m²

(6) 축척: 1/200

오른쪽 FACTOR

⑤ 이격조건
- 인접대지. 도로: 1m 이격

⑥ 주차장
- 20m 도로 진출입
- 1층에 배치

⑦ 근린상가
- 주변맥락 연계 배치
- 전·후면 상가 사이 상부개방
- 1층 상가: 외부 직접 진입 상가비율 1:2

⑧ 후면상가
- 개방형 보행통로: 20m 도로에서 접근

⑨ 청년카페
- 10m 도로에 면함

⑩ 진입마당, 야외무대
- 보행자 전용도로에 면함.

⑪ 다목적공연장
- 주진입: 보행자전용도로
- 야외무대와 연계

⑫ 운영, 임대사무실
- 공연장 영역 잇는 연결통로
- 별도직통계단

⑬ 승강기 장애인 겸용
- 내부치수 2.4m×2.4m

⑭ 장애인 화장실
- 내부 유효치수 1.6m×2.0m

⑮ 방화구획, 피난·안전
- 무장애, 에너지계획

⑯ 표기
- 중심선, 치수, 출입문 레벨, 실명, 면적

⑰ 구분 표현
- 벽, 개구부

⑱ 상부외곽선 점선
- 1층 평면에 표현

⑲ 흙에 묻히는 부분
- 1층 평면에 표현

오른쪽 구성

3. 고려사항
- 이격거리 등이 주어짐
- 출제자가 일반적인 조건이 아닌 본 시설에서 특별히 요구하는 조건으로 이는 채점의 기준으로 해석해도 좋다.

4. 도면작성기준
- 요구도면을 제시
- 실명, 치수, 출입구, 기둥 등을 반드시 표기해야 한다.
- 출제자가 도면표현상에서 특별히 요구하는 요소를 제시
- 단위 및 축척을 제시

5. 유의사항
- 도면작성 도구
- 현행법령안에서 계획할 것
- 답안지 도면명 확인

과목: 건축설계1　　　　　제1과제 (평면설계)　　　　　배점: 100/100점

5. 유의사항

(1) 명시되지 않은 사항은 현행 관계법령의 범위 안에서 임의로 한다.

(2) 치수표기 시 답안지의 여백이 없는 경우에는 융통성 있게 표기한다.

(3) 도면작성 시 답안지에 표기된 도면명을 확인한다.

<대지 현황도> 축척없음

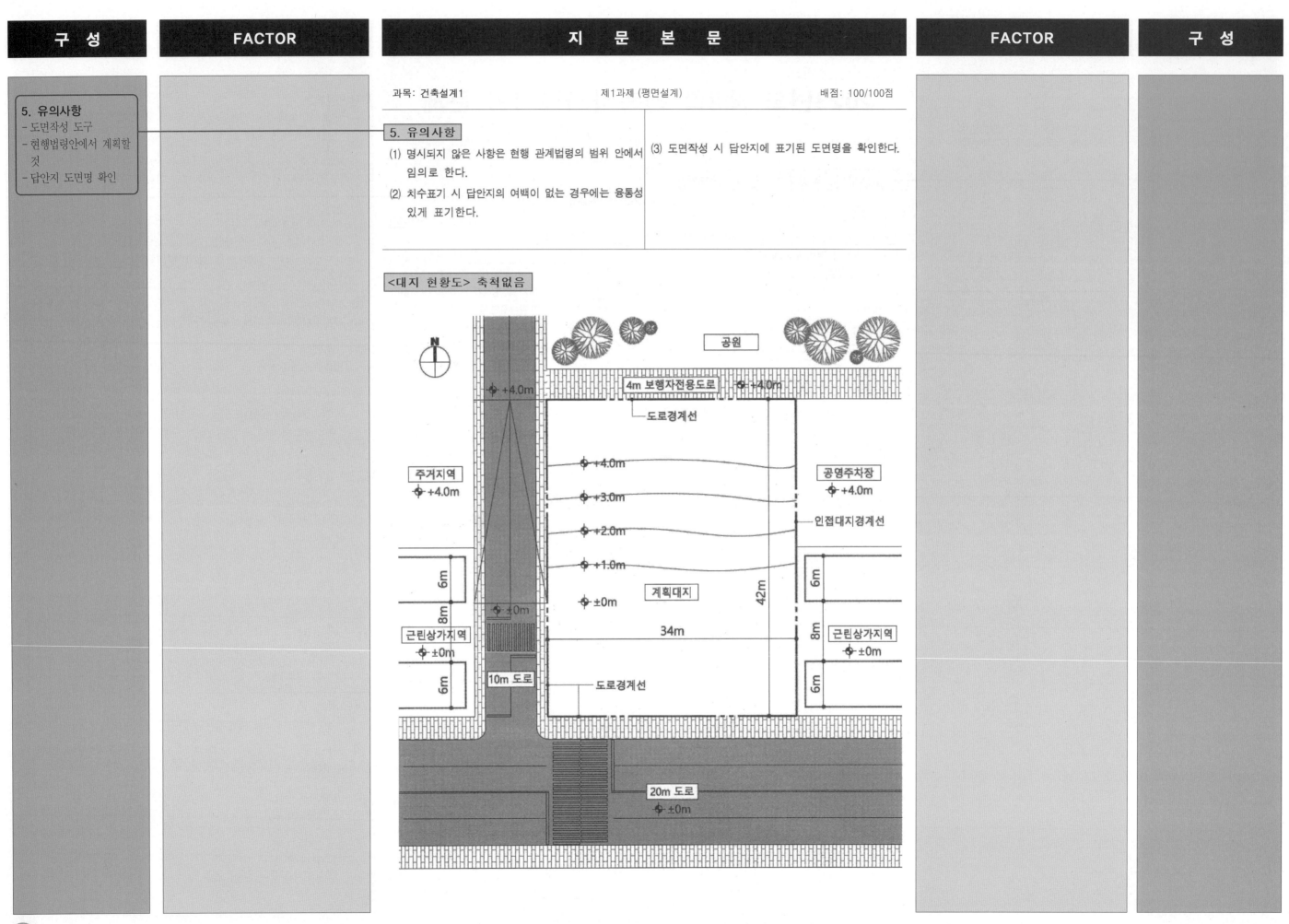

| 1 | 대지분석 | 2 | 토지이용계획 |

1. 대지분석

① 현황도 분석
- Level: 경사지형 4.0m높이차
- 접도조건
  - 20m 도로: 주출입,차량출입
  - 10m 도로: 경사도로
  - 4m보행자로: 부출입
- 인접대지, 대지내 조건
  - 공　　원: 전망고려
  - 주 차 장:
  - 근린상가: 맥락고려
  - 4m경사대지: 층별 출입고려
- 방위
  - 남향: 20m도로

② 각종동선 파악
  - 4m보행로: 공연장 출입
  - 20m도로: 주차장 출입
  - 횡단보도: 상가접근

2. 토지이용계획

① 이격거리
- 대지경계선 – 1.5m 이격
- 분동형

② 접근동선
- 횡단보도: 1층 상가출입
- 4m보행로: 공연장 출입
- 20m도로: 차량출입

③ 주변맥락고려
- 주변 상가 배치고려

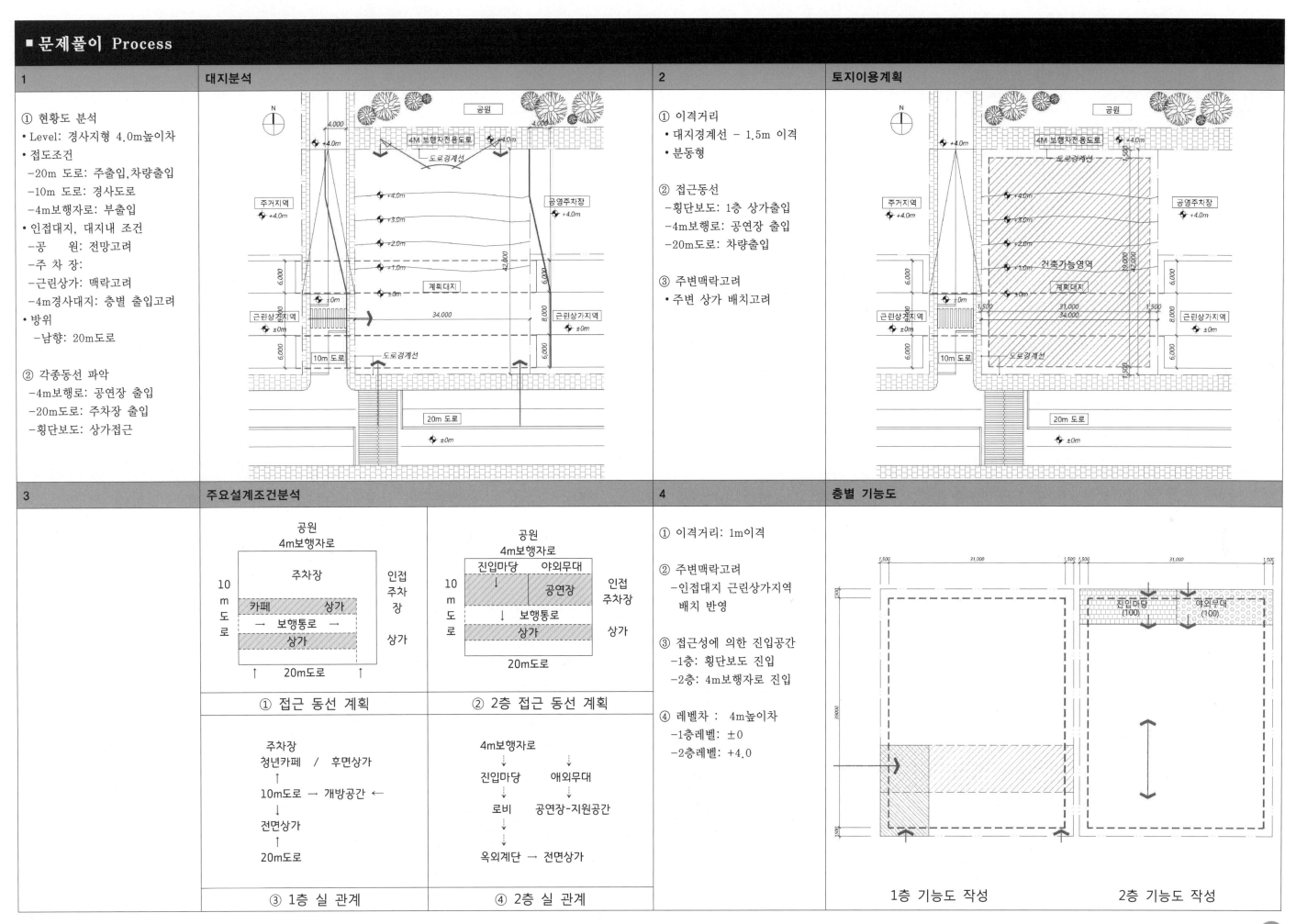

| 3 | 주요설계조건분석 | 4 | 층별 기능도 |

3. 주요설계조건분석

① 접근 동선 계획
② 2층 접근 동선 계획

③ 1층 실 관계
④ 2층 실 관계

4. 층별 기능도

① 이격거리: 1m이격

② 주변맥락고려
  - 인접대지 근린상가지역 배치 반영

③ 접근성에 의한 진입공간
  - 1층: 횡단보도 진입
  - 2층: 4m보행자로 진입

④ 레벨차 : 4m높이차
  - 1층레벨: ±0
  - 2층레벨: +4.0

1층 기능도 작성　　　2층 기능도 작성

| 5 | 면적 분석 및 면적 조정 | 6 | 블럭다이어그램 |

5 면적 분석 및 면적 조정

① Grouping
1층:-상가   300
　　-주차장   300

2층:-공연장   300
　　-상가   190

② 층별면적검토
　　상가 공용 공연장
2층: 190 + 270 + 360
　= 820 (16.4Mo)
1층: 300 + 100 + 300 (주차장)
　= 700(14.0Mo) + 120(2.4Mo)

③ 단위모듈
$50m^2 \rightarrow$ 7.0m X 7.0m로 계획
　　　 $\rightarrow$ 6.0m X 8.3m

6 블럭다이어그램

① 기능도와 면적조정을 통해 각실
　의 형태를 구체적으로 잡아본다.

② $50m^2$의 단위모듈
　7.0m X 7.0m

③ 2층:
　-상가   190 (3.8mo)
　-공연장   300 (6.0mo)

④ 1층:
　-전면상가   150 (3.0mo)
　-후면상가/카페   150 (3.0mo)
　-주차장   300 (6.0mo)

⑤ 수평동선, 수직동선 위치결정

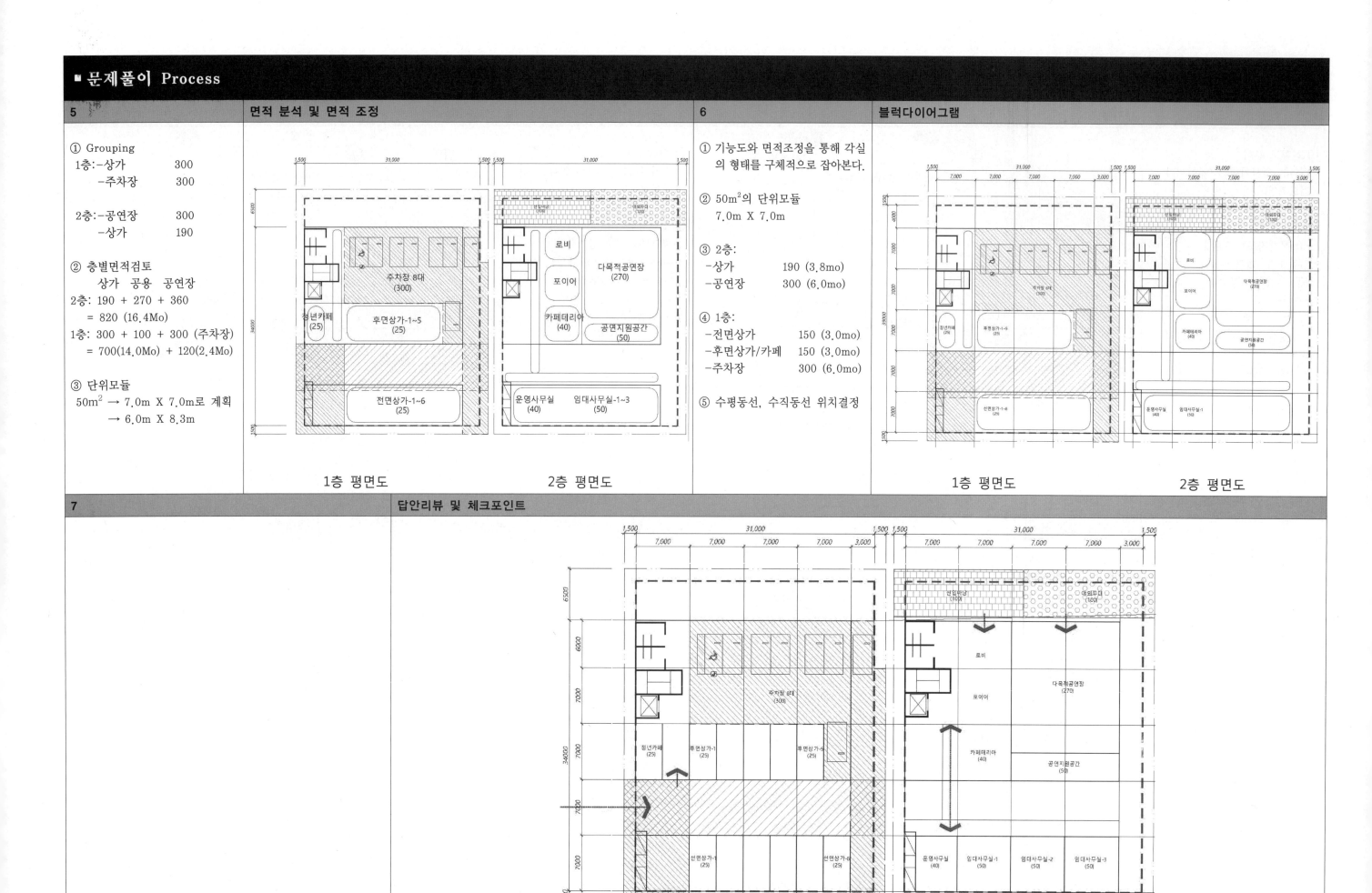

1층 평면도　　　　　2층 평면도　　　　　1층 평면도　　　　　2층 평면도

| 7 | 답안리뷰 및 체크포인트 |

모범답안

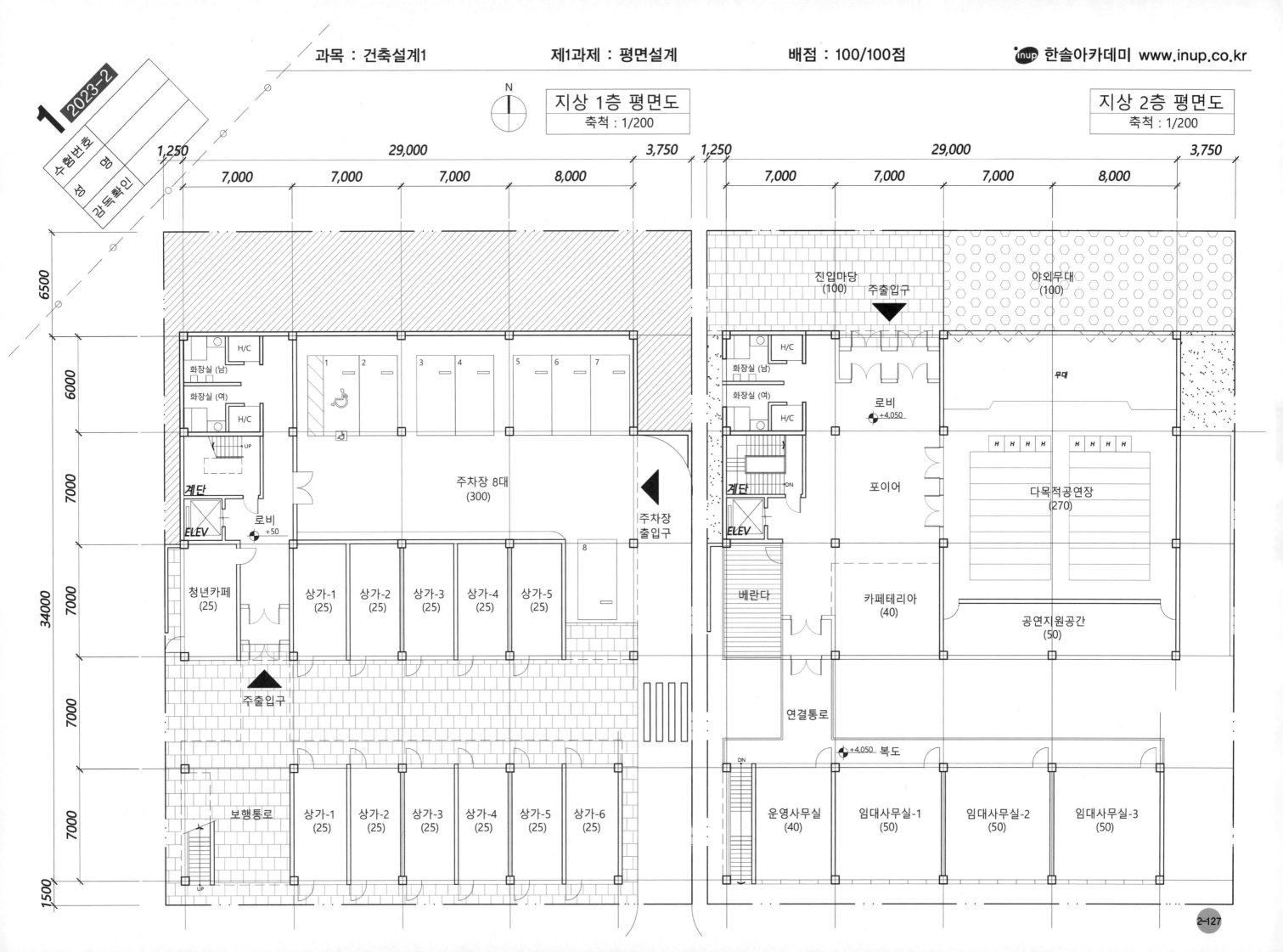

1 2023-2

수험번호 성명 감독확인

N

지상 1층 평면도
축척 : 1/200

지상 2층 평면도
축척 : 1/200

지상 1층 평면도

1,250　　29,000　　3,750

7,000　7,000　7,000　8,000

6500
6000
7000
7000
7000
34000
1500

화장실 (남)
H/C
화장실 (여)
H/C

계단
ELEV
로비 +50

1　2　3　4　5　6　7

주차장 8대
(300)

8

주차장
출입구

청년카페
(25)
상가-1 (25)
상가-2 (25)
상가-3 (25)
상가-4 (25)
상가-5 (25)

주출입구

보행통로
상가-1 (25)
상가-2 (25)
상가-3 (25)
상가-4 (25)
상가-5 (25)
상가-6 (25)

UP

지상 2층 평면도

1,250　　29,000　　3,750

7,000　7,000　7,000　8,000

진입마당
(100)
주출입구

야외무대
(100)

화장실 (남)
H/C
화장실 (여)
H/C

무대

로비 +4,050

계단
ELEV
DN

포이어

H H H H　H H H H

다목적공연장
(270)

베란다

카페테리아
(40)

공연지원공간
(50)

연결통로

DN

+4,050 복도

운영사무실
(40)
임대사무실-1
(50)
임대사무실-2
(50)
임대사무실-3
(50)

건축사자격시험 과년도 출제문제

2교시 건축설계1

定價 33,000원

편 저	한 솔 아 카 데 미
	건축사수험연구회
발행인	이 종 권

2013年	5月	22日	초 판 발 행
2015年	5月	26日	2차개정발행
2016年	5月	12日	3차개정발행
2017年	5月	29日	4차개정발행
2018年	4月	27日	5차개정발행
2019年	4月	9日	6차개정발행
2019年	12月	9日	7차개정발행
2020年	12月	22日	8차개정발행
2022年	5月	4日	9차개정발행
2024年	1月	10日	10차개정발행

發行處 (주) 한솔아카데미

(우)06775 서울시 서초구 마방로10길 25 트원타워 A동 2002호
TEL : (02)575-6144/5   FAX : (02)529-1130
〈1998. 2. 19 登錄 第16-1608號〉

ISBN 979-11-6654-444-6 14540
ISBN 979-11-6654-442-2 (세트)